新起点电脑教程

五笔打字与排版基础教程
(第 3 版)(微课版)

文杰书院　编著

清華大學出版社
北　京

内 容 简 介

本书以通俗易懂的语言、翔实生动的操作案例、精挑细选的使用技巧，指导初学者快速掌握电脑打字操作，提高打字的实际操作能力。全书共 7 章，主要包括从零开始学电脑打字、键盘操作与指法练习、五笔字型字根分布与记忆、拆分与输入汉字、使用五笔字型输入汉字、98 版王码五笔字型以及制作招聘启事等内容。

全书结构清晰、图文并茂，以实战演练的方式介绍知识点，让读者一看就懂，一学就会，学有所成。本书面向学习五笔打字的初、中级用户，适合无基础又想快速掌握五笔打字入门操作的读者，特别适合作为初、中级电脑培训班的培训教材或者学习辅导书。

图书在版编目(CIP)数据

五笔打字与排版基础教程：微课版/文杰书院编著. —3 版. —北京：清华大学出版社，2020
新起点电脑教程
ISBN 978-7-302-54169-1

Ⅰ. ①五…　Ⅱ. ①文…　Ⅲ. ①五笔字型输入法—教材 ②文字处理系统—教材　Ⅳ. ①TP391.1

中国版本图书馆 CIP 数据核字(2019)第 248663 号

责任编辑：魏　莹　杨作梅
封面设计：杨玉兰
责任校对：王明明
责任印制：刘海龙
出版发行：清华大学出版社
　　网　　址：http://www.tup.com.cn, http://www.wqbook.com
　　地　　址：北京清华大学学研大厦 A 座　　**邮　　编**：100084
　　社 总 机：010-62770175　　**邮　　购**：010-62786544
　　投稿与读者服务：010-62776969, c-service@tup.tsinghua.edu.cn
　　质量反馈：010-62772015, zhiliang@tup.tsinghua.edu.cn
印 装 者：北京鑫丰华彩印有限公司
经　　销：全国新华书店
开　　本：185mm×260mm　　**印　张**：13　　**字　数**：307 千字
版　　次：2011 年 12 月第 1 版　2020 年 1 月第 3 版　　**印　次**：2020 年 1 月第 1 次印刷
定　　价：49.00 元

产品编号：083395-01

致 读 者

“全新的阅读与学习模式 + 微视频课堂 + 全程学习与工作指导”三位一体的互动教学模式，是我们为您量身定做的一套完美的学习方案，为您奉上的丰盛的学习盛宴！

创建一个微视频全景课堂学习模式，是我们一直以来的心愿，也是我们不懈追求的动力，愿我们奉献的图书和视频课程可以成为您步入神奇电脑世界的钥匙，并祝您在最短时间内能够学有所成、学以致用。

全新改版与升级行动

“新起点电脑教程”系列图书自 2011 年年初出版以来，其中有数十个图书分册多次加印，赢得来自国内各高校、培训机构以及各行各业读者的一致好评。

本次图书再度改版与升级，汲取了之前产品的成功经验，针对读者反馈信息中常见的需求，我们精心改版并升级了主要产品，以此弥补不足，希望通过我们的努力能不断满足读者的需求，不断提高我们的服务水平，进而达到与读者共同学习和共同提高的目的。

全新的阅读与学习模式

如果您是一位初学者，当您从书架上取下并翻开本书时，将获得一个从一名初学者快速晋级为电脑高手的学习机会，并将体验到前所未有的互动学习的感受。

我们秉承“打造最优秀的图书、制作最优秀的电脑学习课程、提供最完善的学习与工作指导”的原则，在本系列图书编写过程中，聘请电脑操作与教学经验丰富的老师和来自工作一线的技术骨干倾力合作编著，为您系统化地学习和掌握相关知识与技术奠定扎实的基础。

轻松快乐的学习模式

在图书的内容与知识点设计方面，我们更加注重学习习惯和实际学习感受，设计了更加贴近读者学习的教学模式，采用“基础知识讲解+实际工作应用+上机指导练习+课后小结与练习”的教学模式，帮助读者从初步了解与掌握到实际应用，循序渐进地成为电脑应用的高手与行业精英。“为您构建和谐、愉快、宽松、快乐的学习环境，是我们的目标！”

赏心悦目的视觉享受

为了更加便于读者学习和阅读本书，我们聘请专业的图书排版与设计师，根据读者的阅读习惯，精心设计了赏心悦目的版式。全书图案精美、布局美观，读者可以轻松完成整个学习过程。“使阅读和学习成为一种乐趣，是我们的追求！”

更加人文化、职业化的知识结构

作为一套专门为初、中级读者策划编著的系列丛书，在图书内容安排方面，我们尽量摒弃枯燥无味的基础理论，精选了更适合实际生活与工作的知识点，帮助读者快速学习、快速提高，从而达到学以致用的目的。

- 内容起点低，操作上手快，讲解言简意赅，读者不需要复杂的思考，即可快速掌握所学的知识与内容。
- 图书内容结构清晰，知识点分布由浅入深，符合读者循序渐进与逐步提高的学习习惯，从而使学习达到事半功倍的效果。
- 对于需要实践操作的内容，全部采用分步骤、分要点的讲解方式，图文并茂，使读者不但可以动手操作，还可以在大量的实践案例练习中，不断提高操作技能和经验。

精心设计的教学体例

在全书知识点逐步深入的基础上，根据知识点及各个知识板块的衔接，我们科学地划分章节，在每个章节中，采用了更加合理的教学体例，帮助读者充分掌握所学的知识。

- 本章要点：在每章的章首页，我们以言简意赅的语言，清晰地表述了本章即将介绍的知识点，读者可以有目的地学习与掌握相关知识。
- 知识精讲：对于软件功能和实际操作应用比较复杂的知识，或者难以理解的内容，进行更为详尽的讲解，帮助您拓展、提高与掌握更多的技巧。
- 实践案例与上机指导：读者通过阅读和学习此部分内容，可以边动手操作，边阅读书中所介绍的实例，一步一步地快速掌握和巩固所学知识。
- 思考与练习：通过此栏目内容，不但可以温习所学知识，还可以通过练习，达到巩固基础、提高操作能力的目的。

微视频课堂

本套丛书配套的在线多媒体视频讲解课程，旨在帮助读者完成“从入门到提高，从实践操作到职业化应用”的一站式学习与辅导过程。

- 图书每个章节均制作了配套视频教学课程，读者在阅读过程中，只需拿出手机扫一扫标题处的二维码，即可打开对应的知识点视频学习课程。
- 视频课程不但可以在线观看，还可以下载到手机或者电脑中观看，灵活的学习方式，可以帮助读者充分利用碎片时间，达到最佳的学习效果。
- 关注微信公众号“文杰书院”，还可以免费学习更多的电脑软、硬件操作技巧，我们会定期免费提供更多视频课程，供读者学习、拓展知识。

图书产品与读者对象

“新起点电脑教程”系列丛书涵盖电脑应用各个领域，为各类初、中级读者提供了全面的学习与交流平台，帮助读者轻松实现对电脑技能的了解、掌握和提高。本系列图书具体书目如下。

分　类	图　书	读者对象
电脑操作基础入门	电脑入门基础教程(Windows 10+Office 2016 版)(微课版)	适合刚刚接触电脑的初级读者，以及对电脑有一定的认识、需要进一步掌握电脑常用技能的电脑爱好者和工作人员，也可作为大中专院校、各类电脑培训班的教材
	五笔打字与排版基础教程(第 3 版)(微课版)	
	Office 2016 电脑办公基础教程(微课版)	
	Excel 2013 电子表格处理基础教程	
	计算机组装·维护与故障排除基础教程(第 3 版)(微课版)	
	计算机常用工具软件基础教程(第 2 版)(微课版)	
	电脑入门与应用(Windows 8+Office 2013 版)	
电脑基本操作与应用	电脑维护·优化·安全设置与病毒防范	适合电脑的初、中级读者，以及对电脑有一定基础、需要进一步学习电脑办公技能的电脑爱好者与工作人员，也可作为大中专院校、各类电脑培训班的教材
	电脑系统安装·维护·备份与还原	
	PowerPoint 2010 幻灯片设计与制作	
	Excel 2013 公式·函数·图表与数据分析	
	电脑办公与高效应用	
图形图像与辅助设计	Photoshop CC 中文版图像处理基础教程	适合对电脑基础操作比较熟练，在图形图像及设计类软件方面需要进一步提高的读者，适合图像编辑爱好者、准备从事图形设计类的工作人员，也可作为大中专院校、各类电脑培训班的教材
	After Effects CC 影视特效制作案例教程(微课版)	
	会声会影 X8 影片编辑与后期制作基础教程	
	Premiere CC 视频编辑基础教程(微课版)	
	Adobe Audition CC 音频编辑基础教程(微课版)	
	AutoCAD 2016 中文版基础教程	

续表

分　类	图　书	读者对象
图形图像与辅助设计	CorelDRAW X6 中文版平面创意与设计	适合对电脑基础操作比较熟练，在图形图像及设计类软件方面需要进一步提高的读者，适合图像编辑爱好者、准备从事图形设计类的工作人员，也可作为大中专院校、各类电脑培训班的教材
	Flash CC 中文版动画制作基础教程	
	Dreamweaver CC 中文版网页设计与制作基础教程	
	Creo 2.0 中文版辅助设计入门与应用	
	Illustrator CS6 中文版平面设计与制作基础教程	
	UG NX 8.5 中文版基础教程	

全程学习与工作指导

为了帮助您顺利学习、高效就业，如果您在学习与工作中遇到疑难问题，欢迎来信与我们及时交流与沟通，我们将全程免费答疑。希望我们的工作能够让您更加满意，希望我们的指导能够为您带来更大的收获，希望我们可以成为志同道合的朋友！

最后，感谢您对本系列图书的支持，我们将再接再厉，努力为您奉献更加优秀的图书。衷心地祝愿您能早日成为电脑高手！

编　者

前　　言

五笔字型输入法是国内广泛使用的一种中文输入法。五笔字型输入法具有重码少、输入汉字速度快等优点，赢得了广大专业文字录入人员的青睐。为了帮助读者尽快掌握五笔字型输入法，我们编写了本书。

购买本书能学到什么？

本书从初学者学习的规律和角度出发，根据初学者的学习习惯，由浅入深、由易到难地讲解五笔字型输入法的知识。全书结构清晰，主要包括以下 5 个方面的内容。

1. 输入法的基础知识

第 1、2 章介绍输入法的基础知识，包括键盘操作和指法练习等，同时介绍了安装与选择输入法的方法。

2. 五笔字型基础和知识及字根分布

第 3 章介绍汉字编码的基础知识，包括五笔字型的字根、字根助记词和字根的快速记忆。

3. 汉字的输入

第 4、5 章全面介绍汉字的结构关系、汉字的拆分原则、键面字和键外字的输入、简码汉字和词组的输入方法，以及重码、万能码和容错码等方面的知识，帮助读者进一步掌握汉字的输入方法。

4. 98 版王码五笔字型

第 6 章介绍了 98 版王码五笔字型输入法码元分布、码元助记词详解、汉字和词组的输入方法。

5. 使用五笔字型创建 Word 文档

最后一章介绍使用五笔字型输入法制作招聘启事的方法。

如何获取本书的学习资源

为帮助读者高效、快捷地学习本书的知识点，我们不但为读者准备了与本书知识点有关的配套素材文件，而且设计并制作了精品视频教学课程，还为教师准备了 PPT 课件资源。购买本书的读者，可以通过以下途径获取相关的配套学习资源。

1. 扫描书中二维码获取在线学习视频

读者在学习本书的过程中，可以使用微信的扫一扫功能，扫描本书标题左下角的二维码，在打开的视频播放页面中可以在线观看视频课程。这些课程读者也可以下载并保存到手机或电脑中离线观看。

2. 登录网站获取更多学习资源

本书配套素材和 PPT 课件资源，读者可登录网址 http://www.tup.com.cn(清华大学出版社官方网站)下载相关学习资料，也可关注“文杰书院”微信公众号获取更多的学习资源。

本书由文杰书院组织编写，参与本书编写工作的有李军、袁帅、文雪、李强、高桂华、蔺丹、张艳玲、李统财、安国英、贾亚军、蔺影、李伟、冯臣、宋艳辉等。

我们真切希望读者在阅读本书之后，可以开阔视野，增长实践操作技能，并从中学习和总结操作的经验和规律，达到灵活运用的水平。鉴于编者水平有限，书中纰漏和考虑不周之处在所难免，热忱欢迎读者予以批评、指正，以便我们日后能为您编写更好的图书。

编　者

新起点 电脑教程

目　　录

第 1 章

从零开始学电脑打字

本章要点

- 电脑打字基础
- 中文输入法分类
- 五笔字型输入法
- 输入法状态条

本章主要内容

本章主要介绍电脑打字基础、中文输入法分类和五笔字型输入法方面的知识与技巧，同时还讲解了使用输入法状态条的方法；在本章的最后还针对实际的工作需求，讲解了打开记事本输入文章标题、保存后打开文件继续输入汉字及将五笔字型输入法设置为默认输入法的方法。通过本章的学习，读者可以掌握电脑打字基础方面的知识，为深入学习电脑打字知识奠定基础。

1.1 电脑打字基础

随着信息技术的不断发展，家庭电脑的普及率越来越高，因为只要接触电脑就需要进行文字输入的操作，所以学习电脑打字就变得尤为重要，电脑打字的熟练程度已经成为衡量现代人素质的一项基本标准。本节将详细介绍电脑打字基础的相关知识。

↑ 扫码看视频

1.1.1 什么是文字输入

通过某种方式，向电子设备输入文字信息的过程，称为文字输入。

文字输入包括数字录入、中文录入、英文录入(字母)、日文录入(平假名)、德文录入等。

用电脑输入文字能够通过网络很快地进行交流、搜索和学习；用电脑输入文字比手写要快而且不会累；如果有的字不会写只会念，会拼音输入法就可以正确打出来；用电脑输入文字就算打错字也可以不用橡皮擦和胶布之类的东西进行修补，只需要按删除键就行了，是非常环保和绿色的；用电脑输入文字不会担心被嫌字写得难看，因为输入的字体都是可以选择且有标准的。

1.1.2 文字输入的内容

在进行文字输入时，我们通过键盘可以把汉字(如“的”)、英文字母(如“W”)、数字(如“3”)、标点符号(如“；”)、特殊符号(如“※”)和操作命令等输入到电脑中。

1.1.3 文字输入的方式

常用的文字输入方式有以下几种。

- 键盘输入法：可细分为笔画、拼音、音节、联想等方式。
- 手写输入法：通过手写板识别输入到板面的信息，并转换成文字信息，输入到电脑中。
- 语音输入法：朗读一段文字，电脑通过语音识别功能转换成文字输入。
- 扫描输入法：将扫描的带文字的图片，转换成文字信息，输入到电脑中。最经典的软件如 ABBYY。

1.2 中文输入法分类

中文输入法又称为汉字输入法，是指为了将汉字输入电脑或手机等电子设备而采用的编码方法，是中文信息处理的重要技术。中文输入法从 1980 年发展起来，经历了以下几个阶段：单字输入、词语输入、整句输入。汉字输入法编码可分为音码、形码、音形码、形音码、无理码等。

↑扫码看视频

1.2.1 拼音输入法

随着拼音输入法的逐步改进和完善，其新功能和新特性吸引了越来越多用户的注意，加之汉语拼音是中国启蒙教育的核心内容之一，凡接受过中文教育的人对汉语拼音都不陌生，而对于刚刚接触电脑的人来说，因为只要会汉语拼音就可以使用拼音输入法打字，所以拼音输入法成为越来越多的人输入汉字的首选。

主流的拼音输入法有搜狗拼音输入法、谷歌拼音输入法、微软拼音输入法、紫光华宇拼音输入法、智能 ABC 输入法和拼音加加输入法等。

1.2.2 五笔字型输入法

五笔字型输入法(简称五笔输入)是王永民教授于 1983 年 8 月发明的一种汉字输入法。五笔字型输入法是目前中国以及一些东南亚国家如新加坡、马来西亚等国常用的汉字输入法之一。五笔字型输入法相对于拼音输入法具有重码率低的特点，熟练掌握后可快速输入汉字。现在常用的五笔字型输入法有王码五笔字型输入法、万能五笔字型输入法、极点五笔字型输入法和极品五笔字型输入法等。

1.2.3 笔画输入法

笔画输入法(俗称“百虎输入法”“惠邦五行码”等)是目前最简单易学的一种汉字输入法。由于电脑键盘上没有“横、竖、撇、捺、折”五个笔画的键，所以使用“12345”五个数字进行对应笔画输入，故也称为“12345 数字打字输入法”。常用的笔画输入法有搜狗笔画输入法、简单笔画输入法、正宗笔画输入法、笔画王和 QQ 笔画输入法等。

1.2.4 语音输入法

语音输入是利用与主机相连的话筒输入汉字的语音，然后通过电脑识别成汉字的输入方法(又称声控输入)。常用的语音输入法有讯飞语音输入法、百度语音输入法和搜狗语音输入法等。

1.2.5 五笔字型输入法的优点

与拼音类输入法相比：用五笔字型输入法只打单字，就可以达到手写无法企及的速度(打单字的速度才是真实而有意义的速度)；拼音输入法却不得不通过尽可能多地打词语来达到相同的速度，使用者始终需要监视电脑与人脑是否想的一致，因此无法彻底解放写作者的思维与眼球。拼音与五笔两种输入法，就像跑步和骑自行车的关系一样，劳动强度相差很大。

与语音输入法相比：五笔字型输入法的应用范围更广，因为语音输入法不可避免地会受到场合、时间、方言及多音字等方面的影响，不适合在人多或嘈杂的地方(比如课堂)应用。

与录音(或摄像)相比：用五笔字型输入法打出的文字，可以直接阅读、编辑或打印，甚至可以被电脑直接朗读。而录音 10 个小时，若听一遍必定要再花 10 个小时。

与手写类输入法相比：用五笔字型输入法进行单字输入就比手写速度快，准确率高，也更节省眼力。手写输入法等于又回到了没有电脑的时代。手写输入法只解决了电脑能否输入汉字的问题，而没有考虑效率问题，即使电脑技术再发展，顶多也只能达到跟在纸上手写一样的速度，与五笔字型输入法根本无法相提并论。

与整页扫描识别输入法相比：严格地讲扫描输入法只是处理已有文稿的一种技术手段，是扫描识别已有的文稿，不论是手写的，还是打出来或印在书上的，都只是对自己或者他人已有成果的一种技术处理，并非原创性的文字生产。

与笔划类输入法相比，五笔字型输入法以“字块”组字，显然比用单个的笔画组字更加直观，也更有效率。例如，我们可以轻易地说出“明”字是由“日”和“月”两个字根组成的，但却无法很快知道它有多少笔画。

与音形类输入法相比：音形类输入法的代表是认知码(输入法)，是当年“火”遍全国的“小霸王”学习机主推的输入法，知名度不可谓不高，但由于比拼音输入法更加影响写作时的思维，不久即被淘汰。

五笔字型输入法对汉字教学的意义十分重大，是信息时代汉字文化的良好传承载体，普及五笔字型输入法可以有效应对国人汉语书写能力下降的问题，这一点已日渐得到越来越多有识之士的认同。

1.2.6 如何快速掌握五笔字型输入法

汉字输入法多种多样，五笔字型输入法发明人王永民教授说过：如果把汉字输入技术比作向电脑输入汉字的“交通工具”，那么五笔字型输入法就好比是“飞机”，可以解决效率问题。那么如何快速学会五笔字型输入法呢？

1. 练习指法，实现盲打

在网络上下载键盘盲打训练软件，熟悉键盘上每个字母的位置，以实现盲打。

2. 练习字根

键盘上的每个字母键都代表很多个字根，我们在熟背五笔字根的同时，也要通过软件在键盘上不断练习，直到看到字根就可以实现手指盲打。

3. 拆字训练

脱离键盘，在网络上找出 500 个字的五笔拆法，用白纸挡住拆法，然后一个字一个字地琢磨如何拆成字根，每个字根属于哪个字母键。分析以后，再看答案，如果分析得不对，思考问题出在什么地方，及时查找原因，总结经验。

4. 开始打字训练

按照软件的进展，一步一步学习打字，刚开始打字的时候，不要追求打字速度，而是要争取每一个字都要打准打对，需要注意的是，在打字时，尽量盲打。

5. 词组训练

词组在生活中经常会用到，学会用五笔输入法输入词组可以快速提高我们的打字水平。这方面的训练一定要边练习边总结经验，然后慢慢提高速度。

6. 学习难字打法

在日常打字中，有一些字是特别难打的，这需要我们先熟悉再熟练来进行打字。通过练习难字的打法，自然就会增强对这个字的印象，这对于提高我们的打字速度是有很大帮助的。

1.3　五笔字型输入法

五笔字型输入法是一种高效率的汉字输入法，是一种只使用 25 个字母键，以键盘上汉字的笔画、字根为单位，向电脑输入汉字的方法。这是一种在世界上占主导地位、应用最广的汉字键盘输入法。本节将详细介绍五笔字型输入法的相关知识。

↑扫码看视频

1.3.1　安装五笔字型输入法

如果准备在电脑中使用五笔字型输入法，首先需要安装五笔字型输入法。下面以安装“搜狗五笔输入法”为例，介绍安装五笔字型输入法的操作方法。

第 1 步 在电脑中找到准备安装的搜狗五笔字型输入法的程序安装包，双击该安装程序图标，如图 1-1 所示。

第 2 步 进入【欢迎使用“搜狗五笔输入法 3.1 正式版”安装向导】界面，单击【下一步】按钮，如图 1-2 所示。

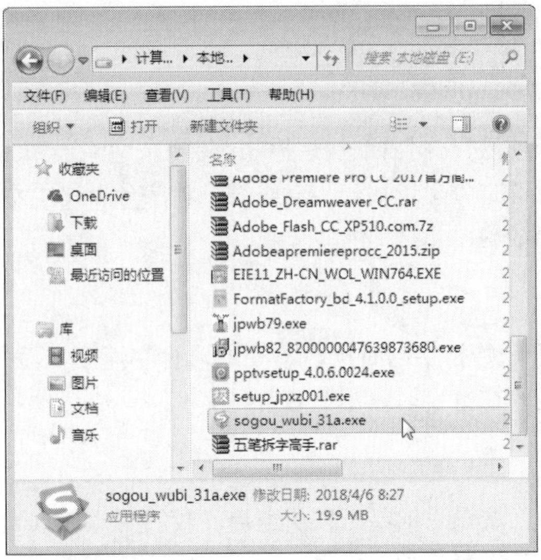

图 1-1

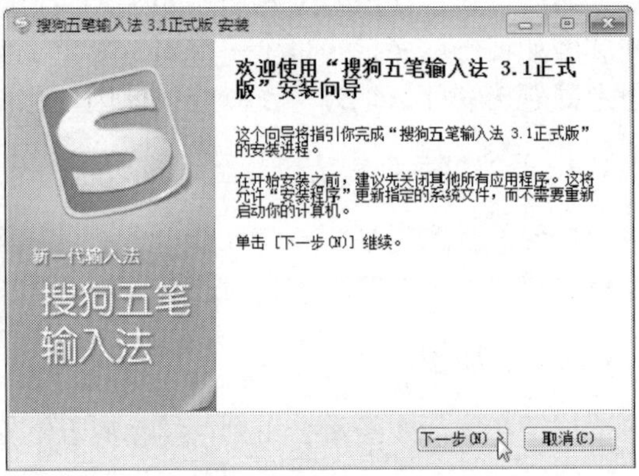

图 1-2

第 3 步 进入【许可证协议】界面，单击【我接受】按钮，如图 1-3 所示。

第 4 步 进入【选择安装位置】界面，***1.*** 在【目标文件夹】文本框中输入安装位置，***2.*** 单击【下一步】按钮，如图 1-4 所示。

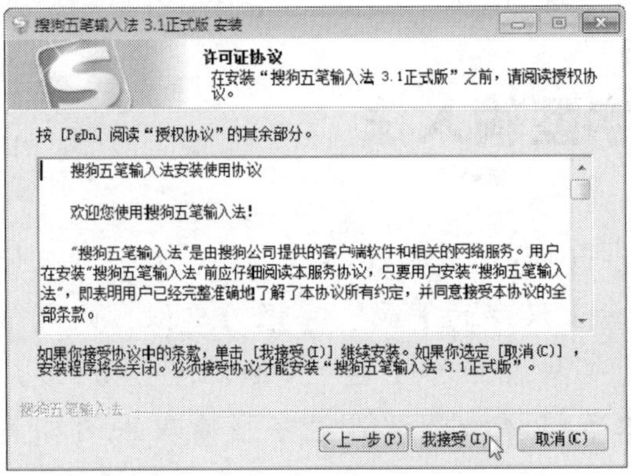

图 1-3

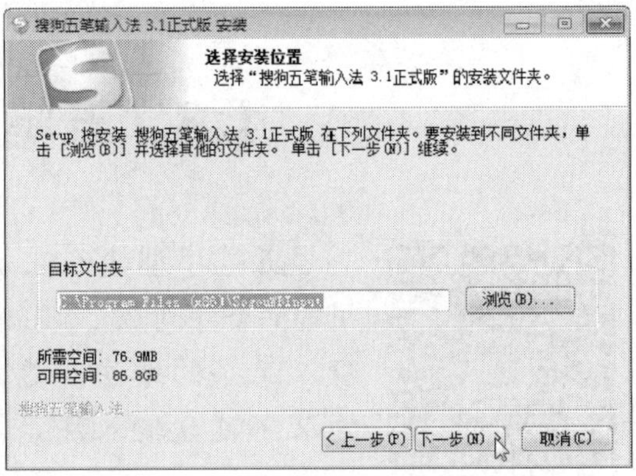

图 1-4

第 5 步 进入【选择“开始菜单”文件夹】界面，勾选【不要创建快捷方式】复选框，然后单击【安装】按钮，如图 1-5 所示。

第 6 步 进入【正在安装】界面，显示安装进度，用户需要等待一段时间，如图 1-6 所示。

第 7 步 进入【正在完成“搜狗五笔输入法 3.1 正式版”安装向导】界面，单击【完成】按钮，即可完成安装五笔字型输入法的操作，如图 1-7 所示。

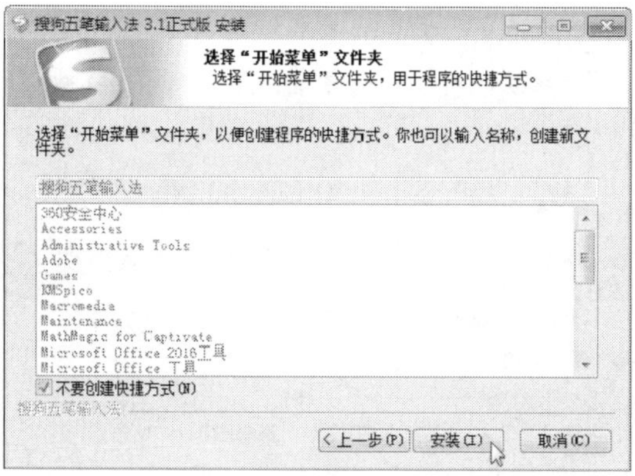

图 1-5

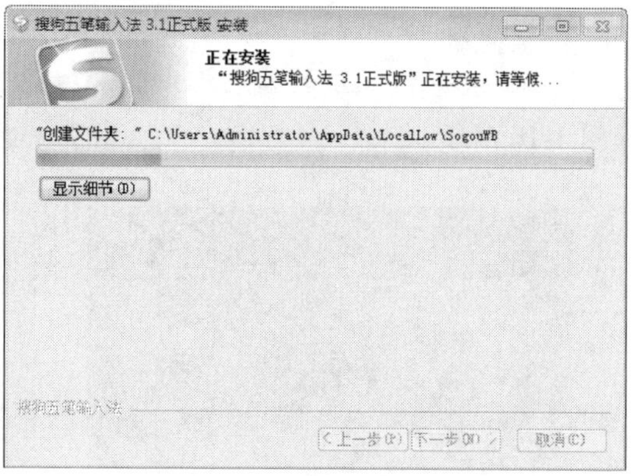

图 1-6

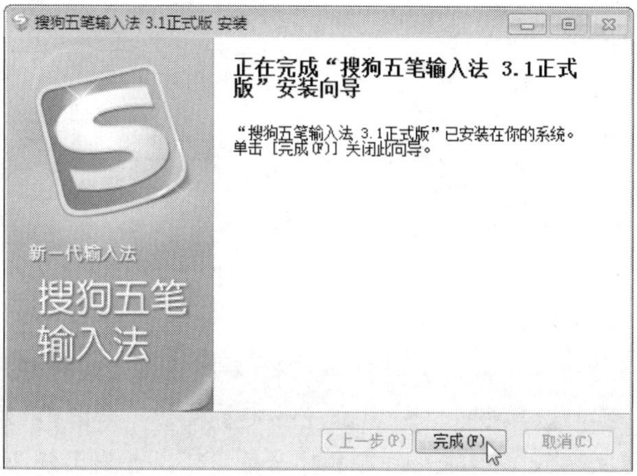

图 1-7

1.3.2　认识五笔字型输入法状态条

搜狗五笔字型输入法状态条如图 1-8 所示。状态条中包括【切换中/英文】按钮五、【全/半角】按钮、【中/英文标点】按钮、【软键盘】按钮、【登录通行证】按钮和【菜单】按钮。

图 1-8

1.3.3　设置五笔字型输入法快捷键

安装完五笔字型输入法之后，用户还可以为五笔字型输入法设置自己习惯使用的快捷键。

第 1 步　在电脑桌面的任务栏中用鼠标右键单击输入法按钮，在弹出的快捷菜单中选择【设置】菜单项，如图 1-9 所示。

第 2 步 弹出【文本服务和输入语言】对话框，1. 切换到【高级键设置】选项卡，2.在【输入语言的热键】列表框中选中搜狗五笔输入法，3. 单击【更改按键顺序】按钮，如图 1-10 所示。

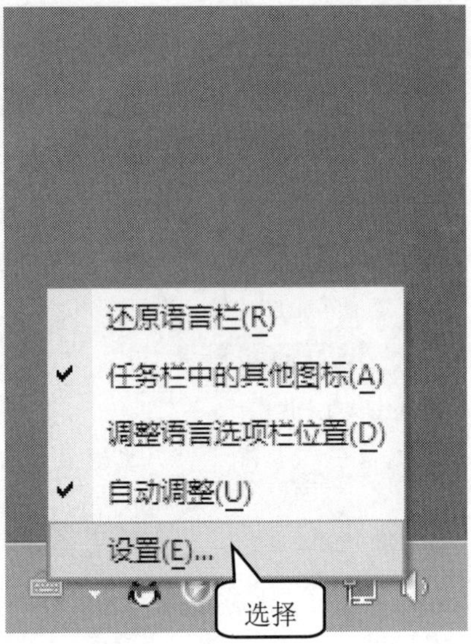

图 1-9

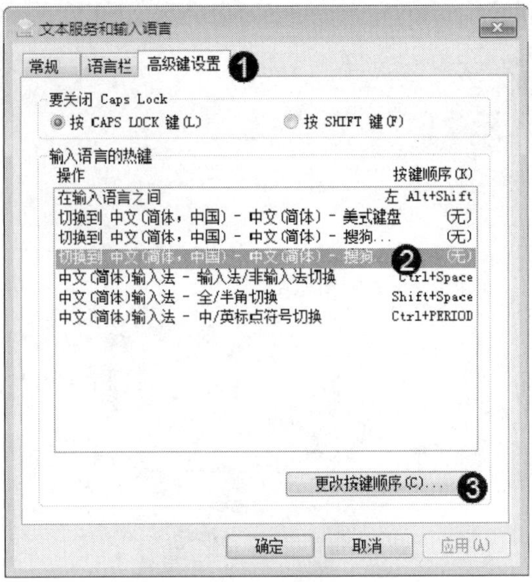

图 1-10

第 3 步 弹出【更改按键顺序】对话框，1. 勾选【启用按键顺序】复选框，2. 在该区域的两个下拉列表框中选择按键，3. 单击【确定】按钮，如图 1-11 所示。

第 4 步 返回【文本服务和输入语言】对话框，可以看到已经为搜狗五笔输入法设置了快捷键，如图 1-12 所示。

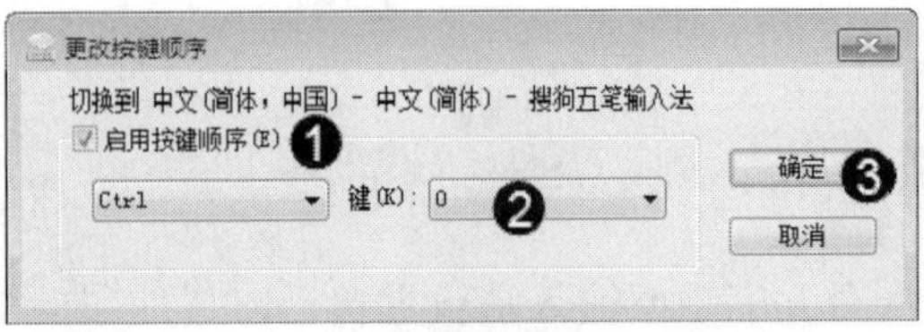

图 1-11

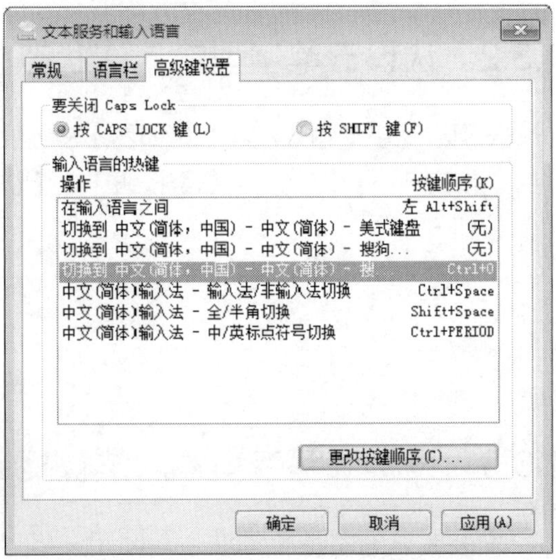

图 1-12

1.4　使用输入法状态条

在电脑中安装五笔字型输入法后，用户可以使用五笔字型输入法状态条进行切换操作，如全半角的切换、中英文的切换和中英文标点符号的切换。本节将详细介绍使用输入法状态条的知识。

↑扫码看视频

1.4.1　全半角切换

在电脑中，全角字符占两个字节的位置，半角字符占 1 个字节的位置，根据需要可以切换字符的全角/半角输入状态。下面将详细介绍全角/半角切换的方法。

第 1 步 打开电脑中的记事本程序，将输入法切换为搜狗五笔字型输入法，输入半角状态下的小写字母 a，然后单击【全/半角】按钮，如图 1-13 所示。

第 2 步 输入法此时变为全角输入状态，再次在记事本中输入小写字母 a，可以看到两个 a 所占的位置大小不同，通过上述步骤即可完成切换全半角的操作，如图 1-14 所示。

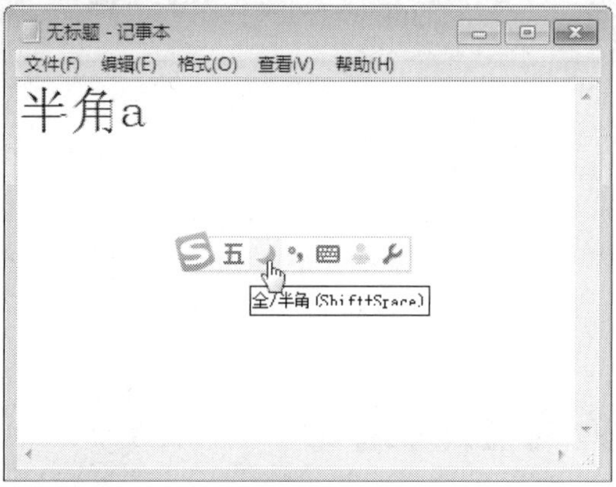

图 1-13

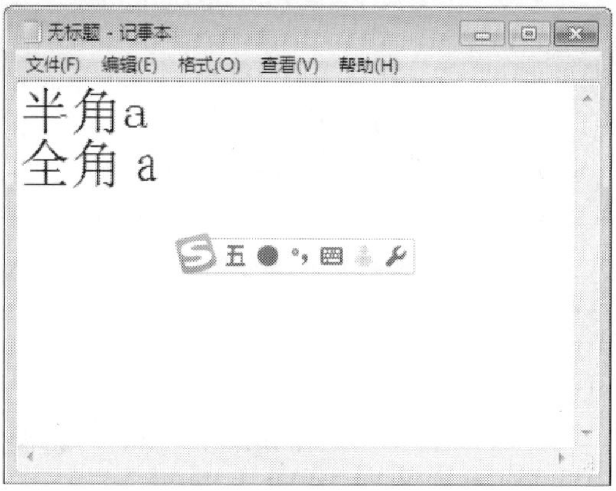

图 1-14

1.4.2　中英文切换

在电脑中进行中文输入的过程中，如果准备输入英文字符，则需要切换到英文输入状态。下面介绍切换中/英文输入状态的操作方法。

第 1 步 打开电脑中的记事本程序，将输入法切换为搜狗五笔字型输入法，输入中文汉字，然后单击【切换中/英文】按钮五，如图 1-15 所示。

第 2 步 状态条变为英文状态，在记事本中即可输入英文，如图 1-16 所示。

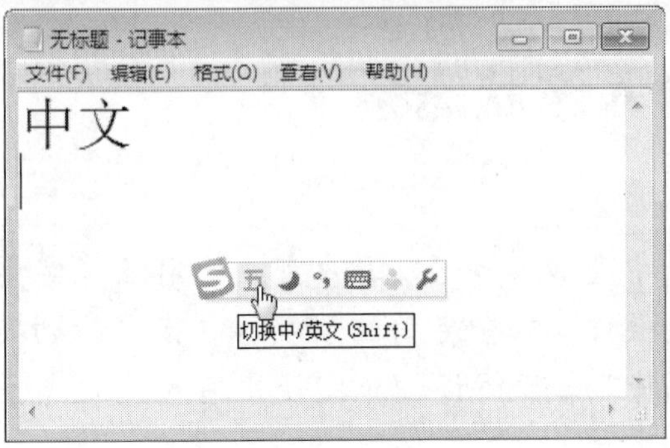

图 1-15

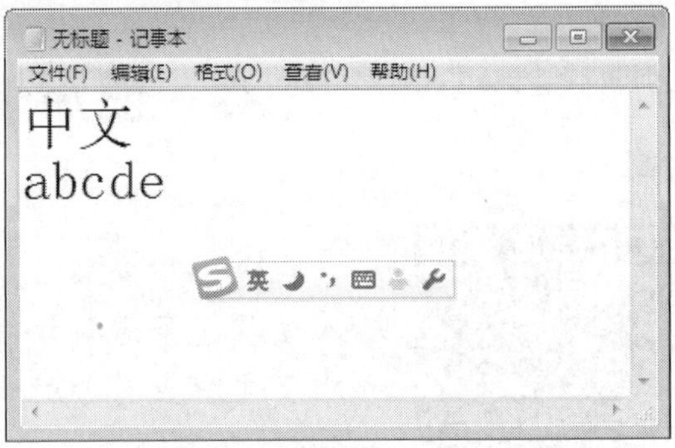

图 1-16

1.4.3 中英文标点切换

除了可以切换全半角和中英文的输入状态之外，用户还可以切换中英文标点。

第 1 步 打开电脑中的记事本程序，将输入法切换为搜狗五笔字型输入法，输入中文标点，然后单击【中/英文标点】按钮 ，如图 1-17 所示。

第 2 步 输入法此时变为英文标点输入状态 ，再次在记事本中输入标点，输入的即为英文标点，如图 1-18 所示。

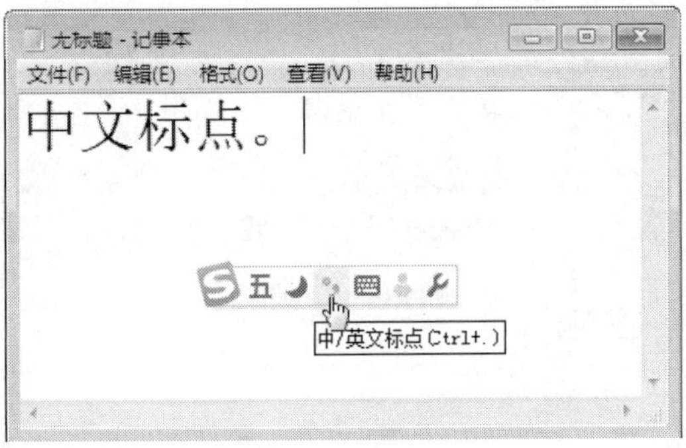

图 1-17

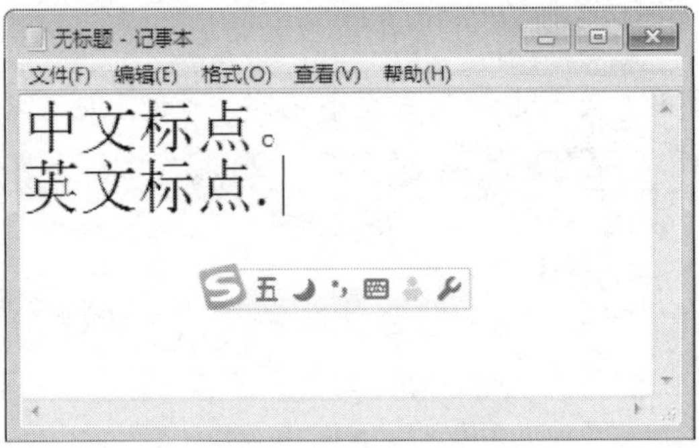

图 1-18

1.5 实践案例与上机指导

通过本章的学习，读者基本可以掌握电脑打字的基本知识、中文输入法分类以及使用五笔字型输入法状态条的操作方法。下面通过练习操作，以达到巩固学习、拓展提高的目的。

↑扫码看视频

1.5.1　打开记事本输入文章标题

本节将详细介绍使用记事本输入文章标题的操作。

素材保存路径：配套素材\第 1 章
素材文件名称：文章标题.txt

第 1 步　在电脑系统桌面上，*1.* 单击【开始】按钮，*2.* 在弹出的【开始】菜单中将鼠标移至【所有程序】命令上，如图 1-19 所示。

第 2 步　在展开的【所有程序】菜单中，*1.* 单击【附件】文件夹，*2.* 在展开的【附件】列表中单击【记事本】程序，如图 1-20 所示。

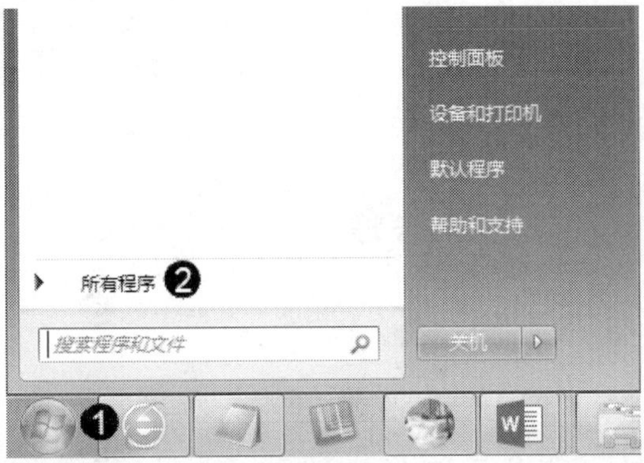

图 1-19

图 1-20

第 3 步　打开记事本程序，选择搜狗五笔字型输入法，输入文章标题，如图 1-21 所示。

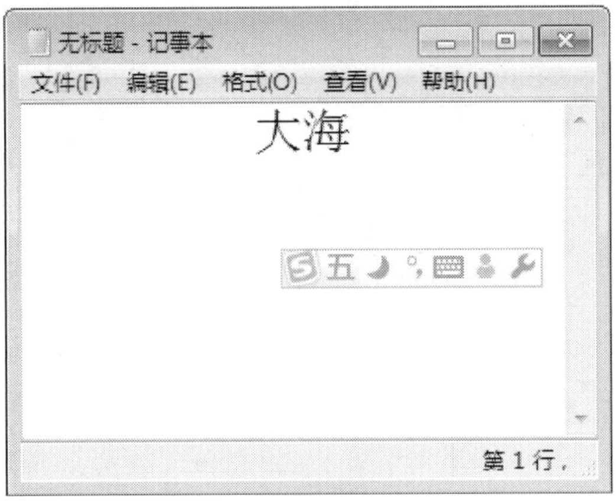

图 1-21

1.5.2　保存与打开文件继续输入汉字

输入文章标题后，用户可以将该文件保存，方便以后再次打开文件继续编辑或防止电脑出现断电情况而导致文件丢失。下面介绍保存打字文件的操作方法。

素材保存路径：配套素材\第1章
素材文件名称：文章标题.txt　保存与打开文件.txt

第1步 在记事本程序中，1. 单击【文件】菜单项，2. 在弹出的菜单中选择【另存为】菜单项，如图1-22所示。

第2步 弹出【另存为】对话框，1. 选择文件准备保存的位置，2. 在【文件名】下拉列表框中输入名称，3. 单击【保存】按钮即可完成保存操作，如图1-23所示。

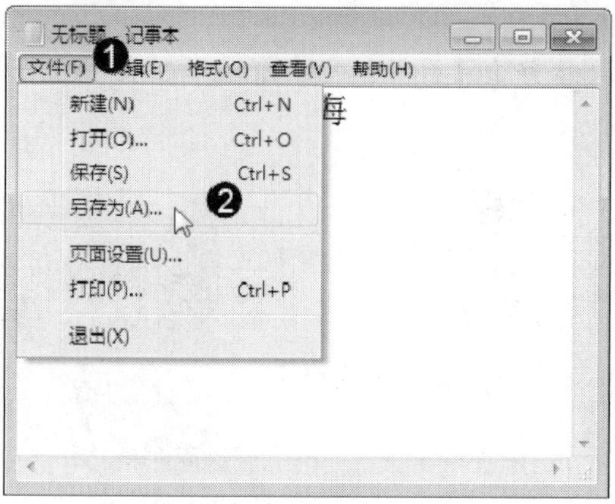

图1-22

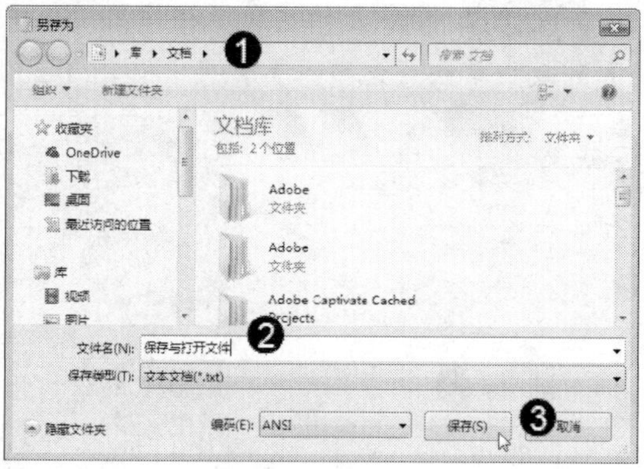

图1-23

第3步 可以看到文档标题已经变为“保存与打开文件”，单击【关闭】按钮，如图1-24所示。

第4步 找到准备打开的文件所在的位置，用鼠标双击该文件名称，如图1-25所示。

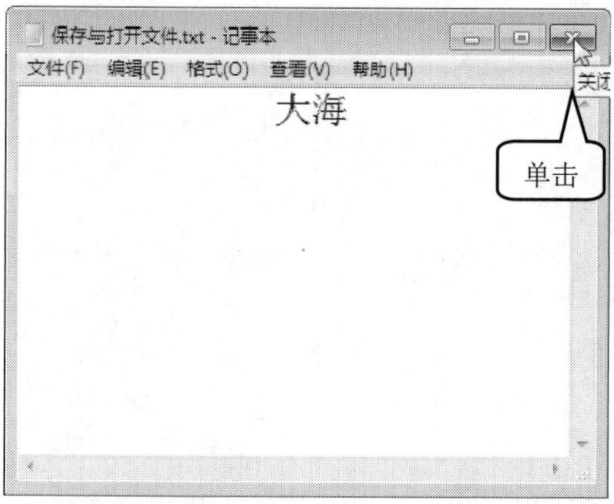

图1-24

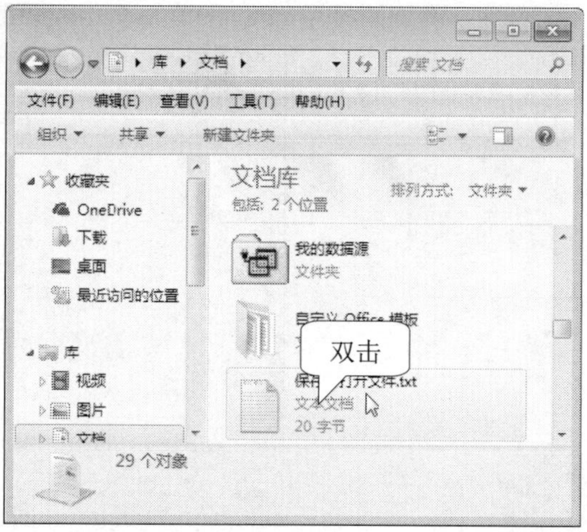

图1-25

第5步 文件被打开后，选择五笔字型输入法继续输入内容，通过以上步骤即可完成打开已保存的文件继续输入汉字的操作，如图1-26所示。

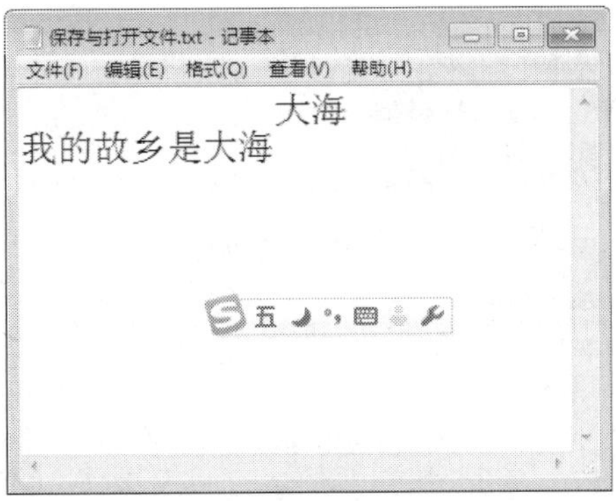

图 1-26

1.5.3　将五笔字型输入法设置为默认输入法

如果将常用的输入法设置为默认输入法，则可以省去选择输入法的操作过程，下面将详细介绍其操作方法。

素材保存路径：无

素材文件名称：无

第 1 步 右键单击【输入法】按钮，在弹出的快捷菜单中选择【设置】菜单项，如图 1-27 所示。

第 2 步 打开【文字服务和输入语言】对话框，**1.** 切换到【常规】选项卡，**2.** 在【默认输入语言】下拉列表框中选择【搜狗五笔输入法】选项，如图 1-28 所示。

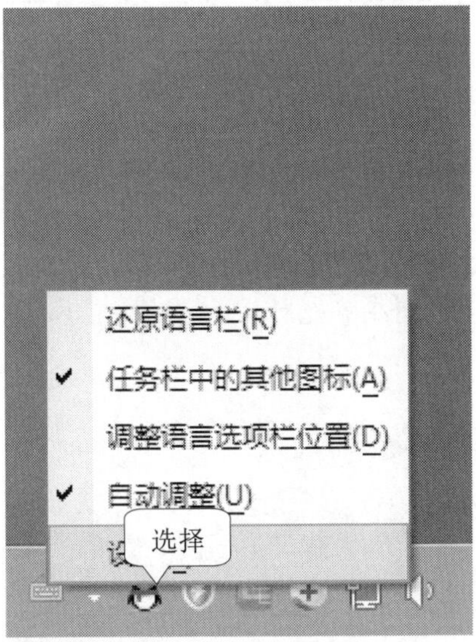

图 1-27

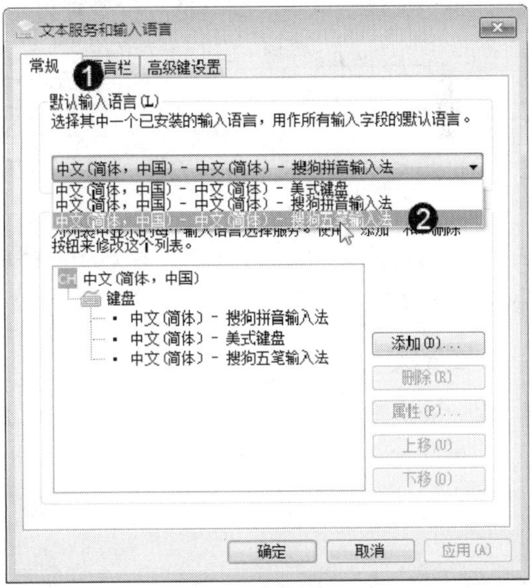

图 1-28

第 3 步 单击【确定】按钮，即可完成将五笔字型输入法设置为默认输入法的操作，如图 1-29 所示。

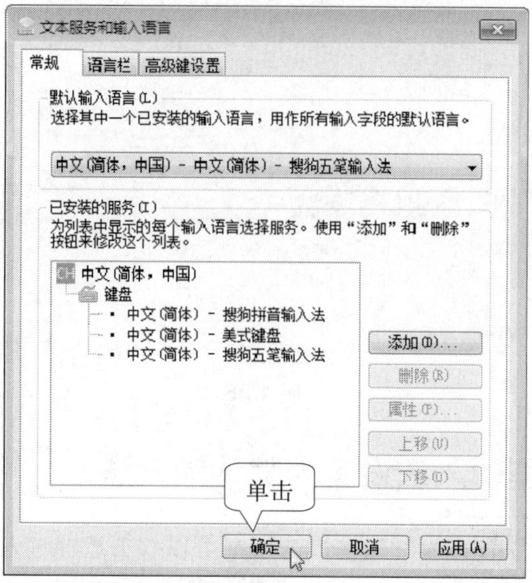

图 1-29

1.6　思考与练习

一、填空题

1. 文字输入包括数字录入、________、英文录入(字母)、日文录入(平假名)、________等。

2. 在进行文字输入时，我们通过键盘可以把汉字、________、数字(如“3”)、________、特殊符号和__________等输入到电脑中。

二、判断题

1. 常用的文字输入方式有键盘输入法、手写输入法、语音输入法和扫描输入法。（　）

2. 中文输入法自 1980 年出现，经历了单字输入、词语输入、整句输入等几个阶段。汉字输入法编码可分为音码、形码、音形码、形音码、无理码等几种。（　）

三、思考题

1. 在搜狗五笔字型输入法状态条中如何切换全半角状态?

2. 如何将搜狗五笔字型输入法设置为默认输入法?

第 2 章

键盘操作与指法练习

本章要点

- 认识键盘
- 键盘指法要领
- 练习键盘指法
- 使用金山打字通练习指法

本章主要内容

本章主要介绍认识键盘、键盘指法要领和练习键盘指法方面的知识与技巧，并针对实际的工作需求，讲解了使用金山打字通进行打字测试和五笔打字练习的方法。通过本章的学习，读者可以掌握键盘操作与指法练习方面的知识，为深入学习五笔打字与排版知识奠定基础。

2.1 认识键盘

键盘是电脑最重要的输入设备之一，通过键盘可以把汉字、英文字母、数字、标点、特殊符号和操作命令等输入到电脑中，键盘是文字信息和控制信息输入的通道。本节将详细介绍键盘的分区和分区中各类按键的功能。

↑ 扫码看视频

2.1.1 初识键盘

键盘的型号有多种，虽然现在的键盘形状各异，但键位大致都是一样的，目前比较常用的是由 107 个按键构成的“107 键盘”。107 键盘由 5 个分区组成，分别是主键盘区、功能键区、编辑键区、数字键区和状态指示灯区，如图 2-1 所示。

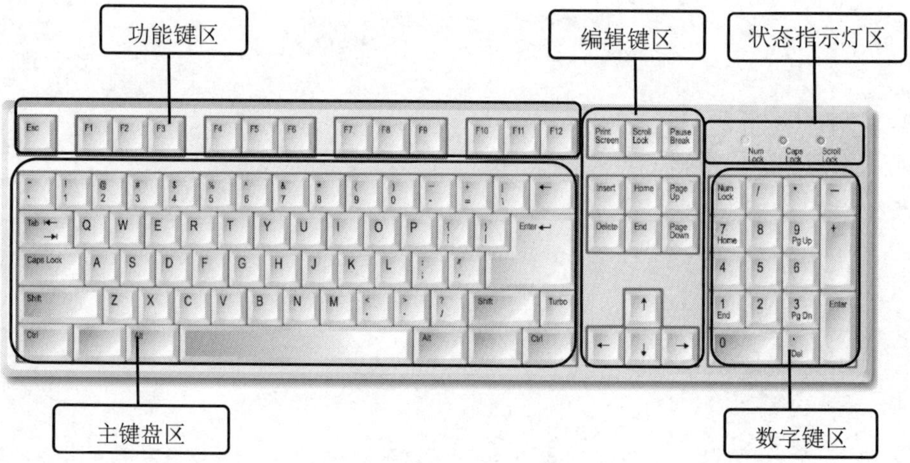

图 2-1

2.1.2 主键盘区

主键盘区是键盘的主体，共由 61 个键组成，包括数字键、字母键、符号键和控制键，下面分别予以详细介绍。

1. 数字键

数字键位于主键盘的上方，共有 10 个，每个键位由上下两种字符组成，用于在电脑中输入数字或特殊字符，如图 2-2 所示。

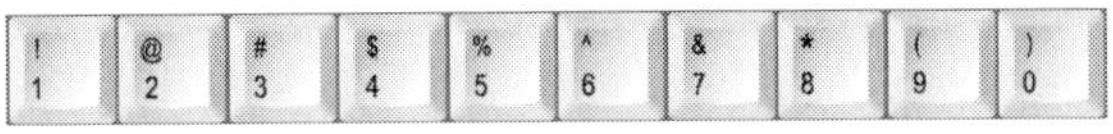

图 2-2

2. 字母键

字母键位于主键盘区的中间位置，包括从 A～Z 共 26 个字母按键，用于输入英文字符、汉字等，如图 2-3 所示。

图 2-3

3. 符号键

符号键位于主键盘区的两侧，包括 11 个键，用于在电脑中输入标点符号等，如图 2-4 所示。

图 2-4

4. 控制键

控制键位于主键盘区的下方和两侧，共有 14 个按键，其中 Shift、Ctrl、Windows 和 Alt 按键左右各有一个，主要用于在电脑中执行一些特定操作，如图 2-5 所示。

图 2-5

2.1.3 功能键区

功能键位于键盘的最上方，包括 13 个按键，用于完成特殊的功能。包括 Esc 键、F1～F12 键，如图 2-6 所示。

图 2-6

- Esc 键：取消键，一般用于取消当前正在执行的命令或取消当前输入的字符。
- F1～F12 键：特殊功能键，位于键盘上方，被均匀分成三组，为一些功能的快捷键，在不同的软件中有不同的作用。一般情况下，F1 键常用于打开帮助信息。

2.1.4 编辑键区

编辑键区位于整个键盘的中间位置、主键盘区的右侧，包括 9 个编辑按键和 4 个方向键。编辑键区主要用来移动鼠标光标和翻页，如图 2-7 所示。

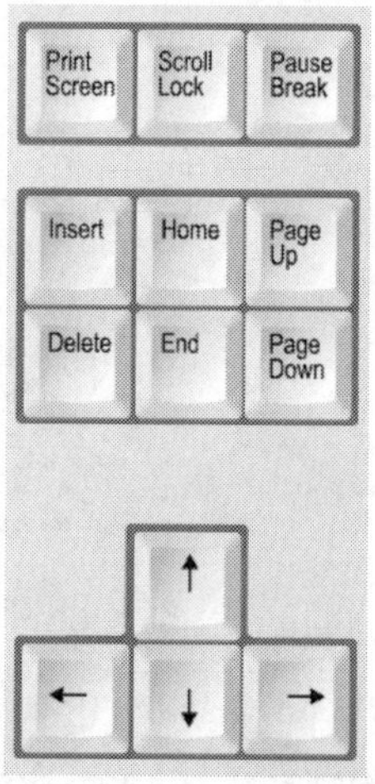

图 2-7

- Print Screen 键：按下该键可以将当前屏幕上显示的内容截取为图片并保存在剪贴板中。
- Scroll Lock 键：当电脑屏幕处于滚屏状态时，按下此键，可以使屏幕中显示的内容不再滚动，再次按下该键则可以取消滚屏锁定的操作。
- Pause Break 键：按下该键可以暂停当前某些程序的执行，再次按下即可恢复。
- Insert 键：在键盘上按下该键，输入时会覆盖掉光标后面的内容，再按下 Insert 键则还原为插入状态。
- Home 键：按下该键可以将光标定位在光标所在行的行首。
- Page Up 键：按下该键可以向前翻阅一页。
- Delete 键：按下该键可以删除光标所在位置右侧的字符。

- End 键：按下该键可以将光标定位在光标所在行的行尾。
- Page Down 键：按下该键可以向后翻阅一页。
- ↑上光标键：向上方向键，可控制光标向上移动。
- ↓下光标键：向下方向键，可控制光标向下移动。
- ←左光标键：向左方向键，可控制光标向左移动。
- →右光标键：向右方向键，可控制光标向右移动。

2.1.5　状态指示灯区

状态指示灯区位于数字键区的上方，包括 3 个状态指示灯。下面介绍状态指示灯区的组成及其功能，如图 2-8 所示。

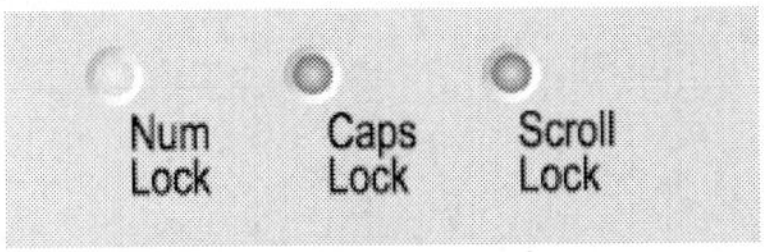

图 2-8

- Num Lock 指示灯：数字键盘区锁定灯。当指示灯亮起时，表示当前的数字键盘区为可用状态。
- Caps Lock 指示灯：大写字母锁定灯。当该指示灯亮起时，表示当前为输入大写字母的状态。
- Scroll Lock 指示灯：滚动锁定灯，在 DOS 状态下，用于控制锁定屏幕。当指示灯亮起时，表示当前屏幕为锁定状态；当指示灯不亮时，表示当前屏幕为正常状态。

2.1.6　数字键区

数字键区即小键盘区，位于键盘的右侧，包括 17 个键位，用于输入数字以及加、减、乘和除等运算符号，具有数字键和编辑键的双重功能，如图 2-9 所示。

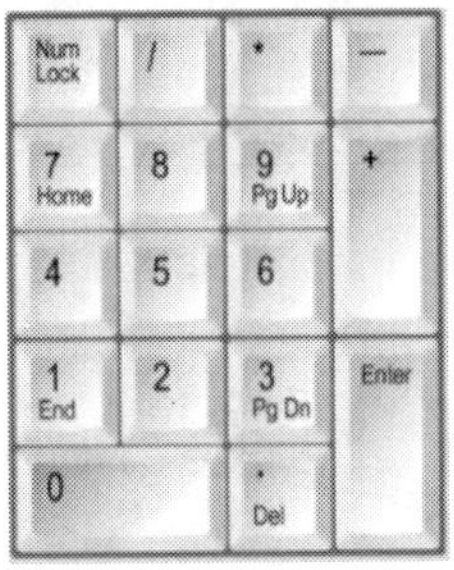

图 2-9

- Num Lock 键：数字锁定键，位于数字键区的左上方，按下该键后，可以完成锁定副键盘的操作。
- Enter 键：与主键盘区的 Enter 键功能相同，用于结束输入行，并把鼠标光标移动至下一行。

2.2 键盘指法要领

在电脑上打字之前，应该学会键盘的操作规则，正确使用键盘可以有效地减少疲劳和提高工作效率，并有助于进行盲打。本节将详细介绍键盘指法要领方面的知识。

↑扫码看视频

2.2.1 认识基准键位

基准键位于主键盘区，是打字时确定其他键位置的标准。基准键共有 8 个，左手小指控制 A 键、左手无名指控制 S 键、左手中指控制 D 键、左手食指控制 F 键、右手食指控制 J 键、右手中指控制 K 键、右手无名指控制 L 键、右手小指控制“:”键，而左、右大拇指控制空格键，其中 F 键和 J 键上都有凸起的横杠，用于盲打时进行手指定位，如图 2-10 所示。

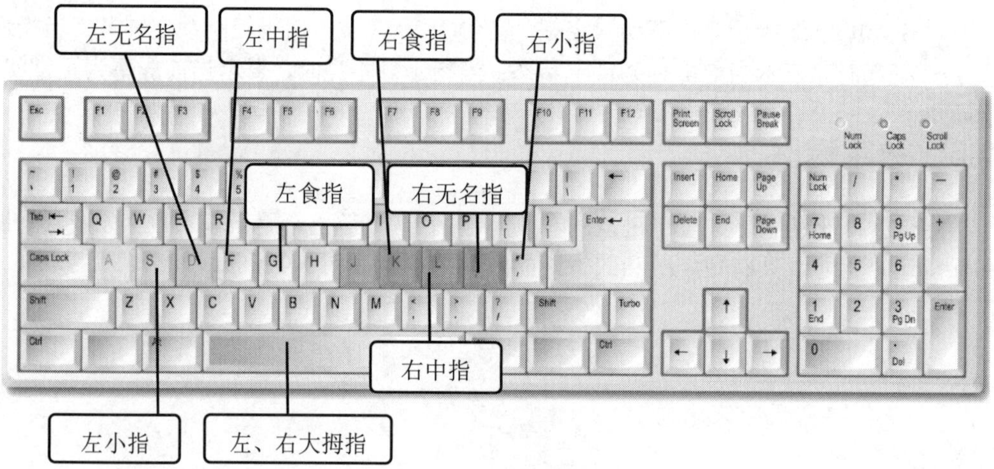

图 2-10

2.2.2 十指键位分工

使用键盘操作时，双手的十个手指在键盘上有明确的分工。按照正确的手指键位分工，将键盘上的按键合理地分配给 10 个手指，让每个手指都有负责的范围，每个手指负责固定的键盘区域。按照正确的手指键位分工，可以减少手指疲劳，提高打字速度且有助于盲打，如图 2-11 所示。

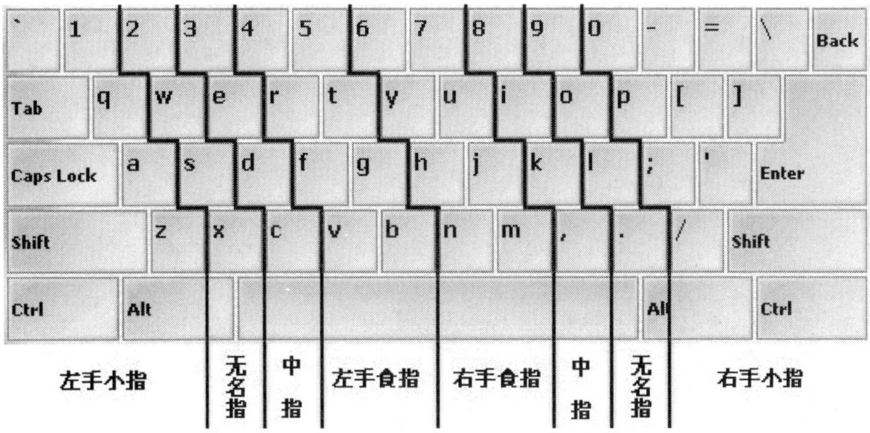

图 2-11

2.2.3　击键要领

使用键盘输入文字时，十个手指要依照一定的键位分工各尽其职。下面介绍正确的击键方法。

- 输入文字时，先将指头拱起，轻轻地按在与各个手指相关的基准键上，手腕要平直，手臂不动，手腕至手指呈弧形，指关节自然弯曲，手指头的第一关节与键面垂直。
- 按键时，动作要快速而果断，只有要击键的手指伸出，其他手指放在原位置不动。
- 按键完毕，手指应立即返回到原基准键位，为下一次击键做好充分的准备。

2.2.4　正确的打字姿势

在进行电脑操作时不要忽视姿势的重要性，正确的打字姿势不仅能大大提高工作效率，而且可以减轻长时间操作电脑的疲劳程度。如果长时间在电脑前工作的人不注意打字姿势，很容易会造成视力下降、腰酸背疼等疾病。正确的打字姿势应做到以下几点。

- 面向电脑平坐在椅子上，腰背挺直，全身放松。双手自然放置在键盘上，身体稍微前倾，双脚自然垂地。
- 选择高度适中、便于手指操作的座椅，保持眼睛与显示器的距离为 30~40 厘米。
- 两肘轻轻贴于身体两侧，手指轻放于基准键位上，手腕悬空平直，除了手部，身体的其他部位不要接触工作台和键盘。
- 使用文稿时，将文稿放置在键盘的左侧，眼睛盯着文稿和电脑屏幕，不能盯着键盘。

正确的打字姿势如图 2-12 所示。

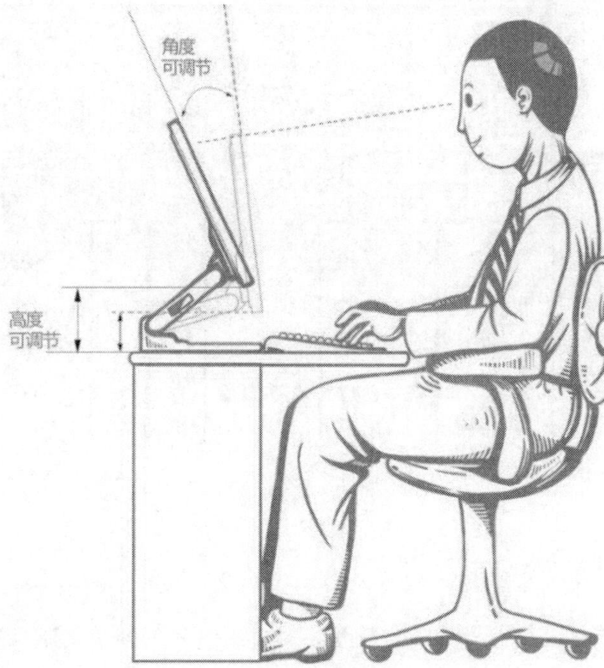

图 2-12

2.3 练习键盘指法

了解了手指的键位分工以及打字的正确姿势后，如果想要快速、准确地使用键盘在电脑中输入字符，还必须经过认真和耐心的指法训练。本节将介绍有关键盘指法练习的操作方法。

↑扫码看视频

2.3.1 基准键位练习

在写字板中可以进行基本键位指法练习。主键盘区共有 8 个基准键位，分别为 A、S、D、F、J、K、L 和“；”。按键时，两手食指分别放在 F 键和 J 键上，其余手指自然放好，大拇指在空格键上，保持正确的操作姿势，按指法要求将手准确地放在基准键盘上，击打相应的按键即可输入相应的字符。开始练习时，手指的动作是由上而下有弹性地“击”键，而不是“按”键，击键动作要轻快，击一下就缩回来。根据上述方法练习输入，如表 2-1 所示的字符。

表 2-1　基准键指法练习

ASDFJKL;	FDSAJKL;	;LKJFDSA
KLSS;	KKAAK;	LKDDK;
;LKJFDSA	ASDFJKL;	FDSAJKL;
FDSAJKL;	SDFA;LKJ	;LKJFDSA
DSDFAA	JSKKJS	ADFKLL
;LKJFDSA	FDJKL;SA	ASL;KJFD

2.3.2　G 键和 H 键练习

G 键和 H 键位于基准键位行上，是左右手食指的击键范围，击 G 键时左手食指向右伸出一个键位的距离，击完后手指迅速回到基准键位上，击 H 键也是同样，如图 2-13 所示。

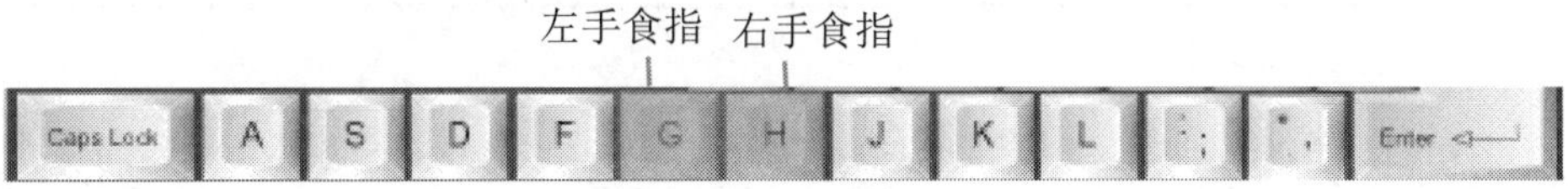

图 2-13

根据上述方法输入如表 2-2 所示字符。

表 2-2　G 键和 H 键练习

GGGGGG	HHHHHH	GGHHGH
HHGGHG	GHHGGH	GGGGHH
HHHHGG	GHGHGH	HGHGHG
GHGGGH	HGHGHH	GGHHGG
HHGGHG	GGHHGG	GHGGHG
GGGGHH	GHHGGG	HGHGGG

2.3.3　上排键位练习

上排键共包括 10 个键，分别为 Q 键、W 键、E 键、R 键、T 键、Y 键、U 键、I 键、O 键和 P 键。上排键位的手指分工如图 2-14 所示。

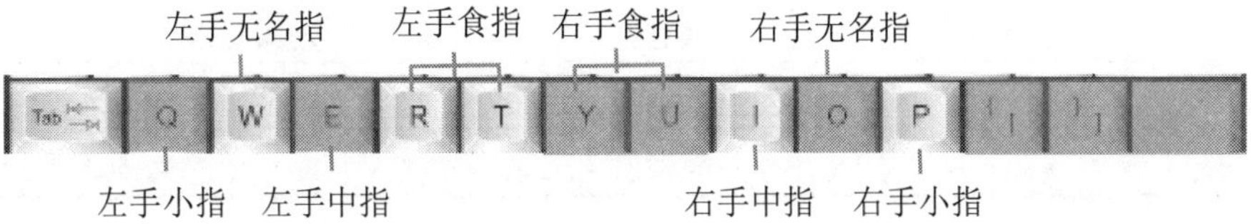

图 2-14

在击 R 键、E 键、W 键、Q 键、U 键、I 键、O 键、P 键这 8 个键时，手指都是从基准键位出发，向左上方移动一个键位击键，击完后手指立即回到基准键上。其中，T 键和 R 键都是左手食指击键，相应的，Y 键和 U 键是右手食指击键，在键入时要注意感觉这几个键与基本键位的位置和距离。根据上述方法，在键盘上输入表 2-3 中的字母。

表 2-3　上排键位练习

TREWQ	QWERTYUIOP	POIUYT
QWETUY	IOPUTREW	POIURQ
QWETPY	TTYYRRUU	URWOP
POIUYEQW	QWEPOUTE	POIUYT
TREWQ	QWERTYUIOP	POIUYT
QWETUY	IOPUTREW	POIURQ
POEWQUO	YPRWIO	POEWQYRT

2.3.4　下排键位练习

下排键就是基准键下面的一行，共包括 10 个键，分别为 Z 键、X 键、C 键、V 键、B 键、N 键、M 键、“,”键、“.”键和“/”键，如图 2-15 所示。

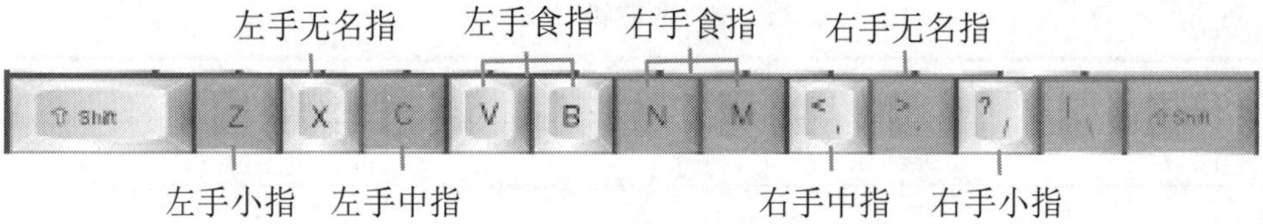

图 2-15

击键时，手指提起向下弯曲，击键要有力，击完后手指迅速回到基准键位上。根据上述方法，在键盘上输入表 2-4 中的字符。

表 2-4　下排键位练习

ZXCVBNM/	MNBVC	BMNVXZ
/,VXCBNVM	.XCVX/A	ZZBN.NX
.,MVBN,VM	/CMNB./Z	MNBVCX
ZVBNMCX	ZMNBXCVB	ZNXMVZV
MX.,CVBZM	NMZXBCV.	M,XZCBBN
NVCCCXZM	CBVZZNN/	NVCXM.//B

2.3.5 英文大、小写练习

在中文输入法状态下，按下键盘上的 Caps Lock 键，键盘右上角的 Caps Lock 指示灯变亮，这时即是大写输入法状态。下面按照表 2-5 所示字符进行英文大写指法输入练习。

表 2-5 英文大写指法练习

LKJTOW	LKTYSHE	LIYAFL
LFRGGV	OMHDU	LOCMR
LQOEIG	VNWRFO	PQKSUC
PORTUIF	LSDHTYW	UTVCPQ
LOINQD	MIDUNQ	UXNDLA

再次按下键盘上的 Caps Lock 键，键盘右上角的 Caps Lock 指示灯灭掉，这时可以切换到小写状态。如果在输入过程中遇到大写字母时，按住键盘上 Shift 键的同时按下该字母键，可以完成输入大写字母的操作。下面按照表 2-6 所示字符进行英文大、小写指法练习。

表 2-6 英文大、小写指法练习

OPnkvL	SisaAF	KADNsq
LjfwLE	LjgeKE	PASJsfe
IADkwf	LEfewO	MELFda
LdsjVFE	UAEFdfg	QfwfFEG
SAmdjdwD	AsdJINFGE	DJWljfdwD

2.3.6 符号键位指法练习

在主键盘区共有 10 个数字键和 11 个符号键，用于在电脑中输入数字和符号，其手指分工如图 2-16 所示。

图 2-16

直接击打按键可以输入键面下方数字或符号；如果在键盘上按下 Shift 键的同时击打按

键，则可输入键面上方的符号。根据上述方法，在键盘上输入表 2-7 中的字符。

表 2-7　数字与符号键位练习

11111	3333	66666
=、=、=	[][][	;;’’;
@@@##	$$$$$	%^%^^

2.3.7　小键盘指法练习

小键盘区即数字键区，位于键盘右侧，共有 17 个键位，用于输入数字以及加、减、乘和除等运算符号，如图 2-17 所示。

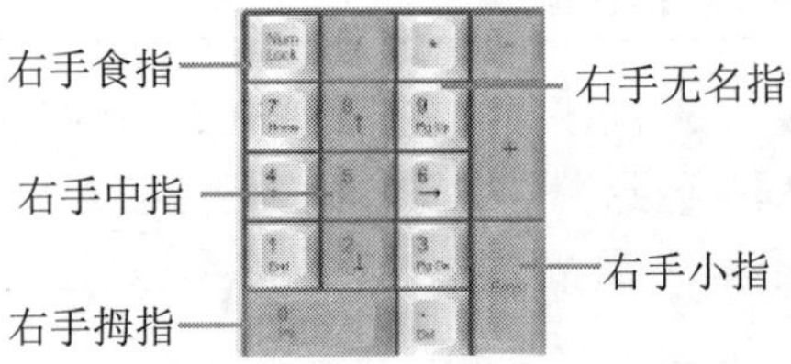

图 2-17

数字键区的基准键是 4、5 和 6 这 3 个键位，分别放置右手的食指、中指和无名指，并且在数字键 5 的键面上还有一个突起的小横杠，用于固定手指位置。下面输入表 2-8 中的字符，进行小键盘输入的指法训练。

表 2-8　小键盘指法练习

0.5556	100/5	45+50
78.45	741+6	44-56
42+52	44/64	15*52

2.4　使用金山打字通练习指法

金山打字通是金山公司推出的教育系列软件之一，是一款功能齐全、数据丰富、界面友好、集打字练习和测试于一体的打字软件。使用金山打字通可以循序渐进地突破盲打障碍，短时间内运指如飞。本节将详细介绍使用金山打字通练习键盘指法的相关操作方法。

↑扫码看视频

2.4.1　登录账号

进入金山打字通的官方网站 http://www.51dzt.com，将软件下载到自己的电脑中并进行安装即可使用金山打字通软件。在使用最新版本的金山打字通软件练习打字之前，需要登录账号才能使用其他功能。下面将详细介绍登录账号的操作方法。

第 1 步 启动并运行金山打字通软件，进入主界面，单击右上角的【登录】按钮，如图 2-18 所示。

第 2 步 弹出【登录】对话框，**1.** 在【创建一个昵称】文本框中输入准备使用的名称，**2.** 单击【下一步】按钮，如图 2-19 所示。

图 2-18

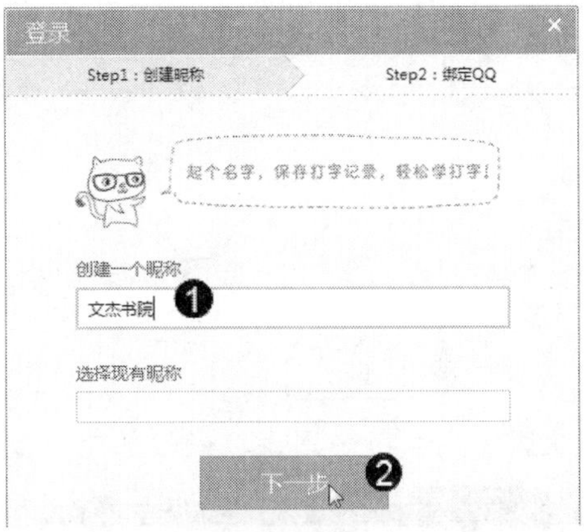

图 2-19

第 3 步 进入【绑定 QQ】界面，单击【绑定】按钮，如图 2-20 所示。

第 4 步 进入【QQ 登录】界面，如果已经启动了 QQ，可以单击 QQ 头像直接进行绑定登录，通过以上步骤即可完成登录金山打字通的操作，如图 2-21 所示。

图 2-20

图 2-21

2.4.2 英文打字练习

英文打字是为了让初学者熟悉键盘而设计的练习模块，能快速有效地提高使用者对键位的熟悉程度和打字的速度。下面详细介绍英文打字练习的操作方法。

第 1 步 启动并运行金山打字通软件，进入主界面，选择【英文打字】选项，如图 2-22 所示。

第 2 步 弹出选择模式对话框，*1.* 选择【自由模式】选项，*2.* 单击【确定】按钮，如图 2-23 所示。

图 2-22

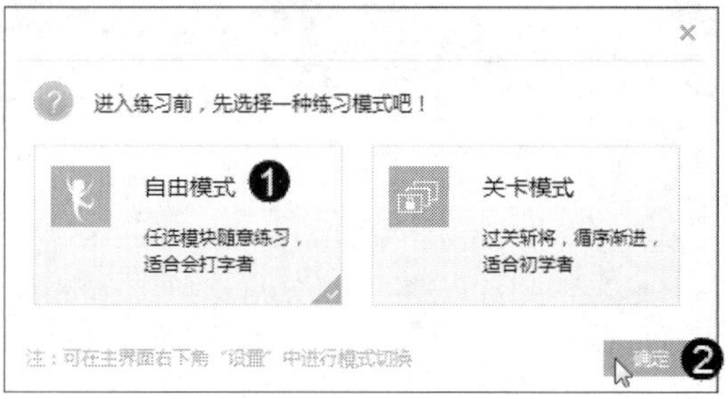

图 2-23

第 3 步 进入【英文打字】界面，选择准备进行练习的项目，如选择【单词练习】选项，如图 2-24 所示。

第 4 步 进入【第一关：单词练习】界面，在文本框中，根据上面给出的英文字母，在键盘上按下相应的按键来输入如图 2-25 所示。

图 2-24

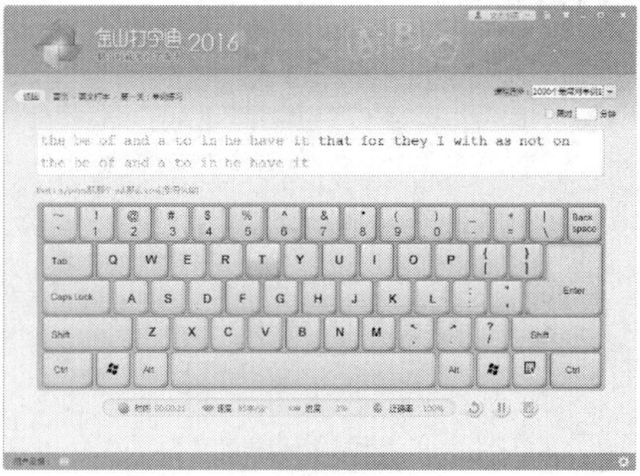

图 2-25

2.4.3 拼音打字练习

使用金山打字通软件可以练习拼音打字，从而熟练地掌握键盘键位指法，提高盲打速度。下面介绍拼音打字练习的操作方法。

第 1 步 启动并运行金山打字通软件，进入主界面，选择【拼音打字】选项，如图 2-26

所示。

第 2 步 进入【拼音打字】界面，选择进行练习的项目，如选择【音节练习】选项，如图 2-27 所示。

图 2-26

图 2-27

第 3 步 进入音节练习界面，开始音节输入练习，如图 2-28 所示。

图 2-28

2.5　实践案例与上机指导

通过本章的学习，读者基本可以掌握键盘操作与指法练习的基本知识以及一些常见的操作方法。下面通过练习操作，以达到巩固学习、拓展提高的目的。

↑扫码看视频

2.5.1 使用金山打字通进行打字测试

使用金山打字通软件可以测试打字速度，下面详细介绍使用金山打字通软件进行打字测试的操作方法。

素材保存路径：无

素材文件名称：无

第 1 步 启动并运行金山打字通软件，进入主界面，单击右下角的【打字测试】按钮，如图 2-29 所示。

图 2-29

第 2 步 进入【打字测试】界面，用户可以在文本框中输入汉字进行测试，这样即可完成打字测试的操作，如图 2-30 所示。

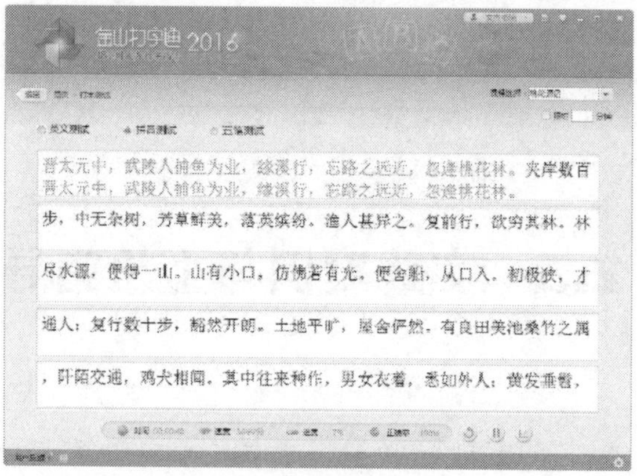

图 2-30

2.5.2 使用金山打字通进行五笔打字练习

使用金山打字通软件还可以练习五笔打字，轻松地掌握五笔输入的相关方法。下面详细介绍五笔打字练习的方法。

素材保存路径：无

素材文件名称：无

第 1 步　启动并运行金山打字通软件，进入主界面，选择【五笔打字】选项，如图 2-31 所示。

第 2 步　进入【五笔打字】界面，选择进行练习的项目，如选择【单字练习】选项，如图 2-32 所示。

图 2-31

图 2-32

第 3 步　进入【单字练习】界面，用户可以根据编码提示来练习单字输入，这样即可完成五笔打字练习的操作，如图 2-33 所示。

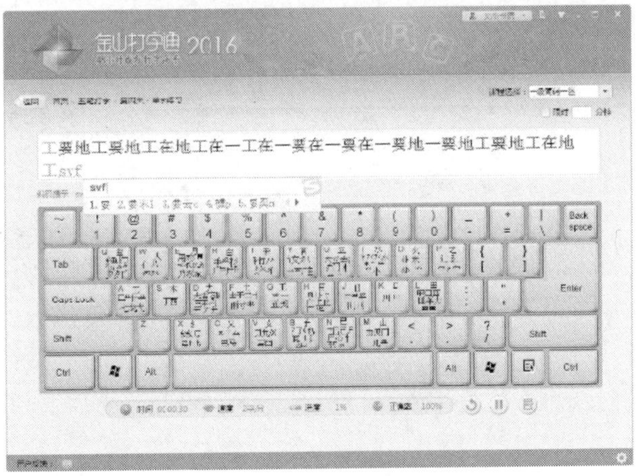

图 2-33

2.6　思考与练习

一、填空题

1. 键盘由 5 个分区组成，分别是___________、功能键区、__________、数字键区和__________。

2. 主键盘区是键盘的主体，共由__________个键组成，包括__________、字母键、符号键和__________。

二、判断题

1. 符号键位于主键盘区的两侧，包括10个键，用于在电脑中输入标点符号等。 ( )

2. F1 ~ F12键是特殊功能键，位于键盘上方，被均匀分成三组，为一些功能的快捷键，在不同的软件中有不同的作用。一般情况下，F1键常用于打开帮助信息。 ( )

3. 编辑键区位于整个键盘的中间位置、主键盘区的右侧，包括10个编辑按键和4个方向键，编辑键区主要用来进行移动鼠标光标和翻页的操作。 ( )

三、思考题

1. 在金山打字通软件中如何进行英文打字练习？

2. 在金山打字通软件中如何进行五笔打字练习？

第 3 章

五笔字型字根分布与记忆

本章要点

- 五笔字型的基础知识
- 五笔字型的字根
- 五笔字型的字根分布
- 快速记忆五笔字型字根

本章主要内容

本章主要介绍五笔字型的基础知识、五笔字根和字根分布方面的知识与技巧，同时讲解了快速记忆五笔字型字根的方法，在本章的最后还针对实际的工作需求，讲解了使用极品五笔输入生僻字、使用极品五笔输入法的外码提示和修改极品五笔输入法的造词编码的方法。通过本章的学习，读者可以掌握五笔字型字根分布与记忆方面的知识，为进一步深入学习五笔打字与排版知识奠定基础。

3.1　五笔字型的基础知识

五笔字型输入法利用键盘上的英文字符键、数字键和符号键，把一个汉字拆分成几个键位的序列，组成汉字的编码，利用编码即可在电脑中输入汉字。本节将详细介绍五笔字型的基础知识。

↑ 扫码看视频

3.1.1　汉字的3个层次

根据汉字的字形特点，五笔字型输入法把汉字分为3个层次，分别为笔画、字根和单字。

- 笔画：是指书写汉字时，不间断地一次写成的一个线条，如“一”“丨”“丿”“乙”等。
- 字根：是指由笔画与笔画单独或经过交叉连接形成的、结构相对不变的、类似于偏旁部首的结构，如“龶”“𠂇”“皿”“勹”“米”“豕”“⺌”等。
- 单字：是指由字根按一定的位置关系拼装组合成的汉字，如“话”“美”“鱼”“浏”“媚”“蓝”等。

笔画是汉字最基本的组成单位，字根是五笔输入法中组成汉字最基本的元素，三者之间的关系如表3-1所示。

表3-1　汉字的3个层次

笔　画	字　根	单　字
一、丨、乙、丶、丿	雨、文	雯
乙、一、乙、亅	纟、彐、水	绿
丶、丿、乛、乙、一	宀、子	字
丶、一、丿、乙	氵、𠂉、母、一、冫	海
一、丨、丿、乙	艹、亻、七	花
丿、一、丨、乙	禾、日	香
丨、乙、一、丿、丶	田、幺、小	累
丿、一、丶、乚	竹、丿、二、乚	笔

3.1.2　汉字的 5 种基本笔画

笔画是指书写汉字的时候，一次写成的连续不间断的线段。如果只考虑笔画的运笔方向，不考虑其轻重长短，笔画可分为 5 种类型，分别为横、竖、撇、捺和折。横、竖、撇和捺是单方向的笔画，折笔画代表一切带折拐弯的笔画。

在五笔字型输入法中，为了便于记忆和排序，分别以 1、2、3、4 和 5 作为 5 种单笔画的代号，如表 3-2 所示。

表 3-2　汉字的 5 种笔画

名　称	代　码	笔画走向	笔画及变形	说　明
横	1	左→右	一、㇀	“提”视为“横”
竖	2	上→下	丨、亅	“左竖钩”视为“竖”
撇	3	右上→左下	丿	水平调整
捺	4	左上→右下	丶	“点”视为“捺”
折	5	带转折	乙、乚、乛、㇏、乁	除“左竖钩”外所有带折的笔画

3.1.3　汉字的 3 种基本字型结构

在对汉字进行分类时，根据汉字字根间的位置关系，可以将汉字分为 3 种字型，分别为左右型、上下型和杂合型。在五笔字型输入法中，根据 3 种字型各自拥有的汉字数量，分别用代码 1、2 和 3 来表示，如表 3-3 所示。

表 3-3　汉字的 3 种基本字型结构

字　型	代　码	说　明	结　构	图　示	字　例
左右型	1	整字分成左右两部分或左中右三部分，并列排列，字根之间有较明显的距离，每部分可由一个或多个字根组成。	双合字		组、源、扩
			三合字		侧、浏、例
			三合字		佐、流、借
			三合字		部、数、封
上下型	2	整字分成上下两部分或上中下三部分，上下排列，它们之间有较明显的间隙，每部分可由一个或多个字根组成。	双合字		分、字、肖
			三合字		莫、衷、意
			三合字		恕、华、型
			三合字		磊、蓡、荡
杂合型	3	整字的每个部分之间没有明显的结构位置关系，不能明显地分为左右或上下关系。如汉字结构中的独体字、全包围和半包围结构，字根之间虽有间距，但总体呈不能分隔的一体。	单体字		乙、目、口
			全包围		回、困、因
			半包围		同、风、冈

在五笔字型输入法中，汉字字型结构的判定需要遵守几条约定，下面详细介绍判断汉字字型结构的相关知识。

➢ 凡是单笔画与一个基本字根相连的汉字，被视为杂合型，如“干、夭、自、天、千、久和乡”等。
➢ 基本字根和孤立的点组成的汉字，被视为杂合型，如“太、勺、主、斗、下、术和叉”等。
➢ 包含两个字根，并且两个字根相交的汉字，被视为杂合型，如“无、本、甩、丈和电”等。
➢ 包含字根“走、辶和廴”的汉字，被视为杂合型，如“赶、逃、建、过、延和趣”等。

3.2 五笔字型的字根

在五笔字型输入法中，字根是编码的基础，只有掌握了五笔字型的字根，才能正确地为汉字编码，从而使用字根编码输入汉字。本节将对字根和字根的输入及使用做相关介绍和说明。

↑扫码看视频

3.2.1 什么是字根

在五笔字型输入法中，字根是指汉字中由笔画与笔画连接或者交叉形成的、类似于偏旁部首的结构。字根是汉字的基本组成部分，是输入汉字的重要编码。

在五笔字型输入法中，字根的选择主要有以下几点规定。

➢ 5 种笔画：5 种笔画在五笔字型输入法中作为 5 个字根直接使用。
➢ 偏旁部首：使用频率高、组字能力强或者组成的字在日常使用时出现的频率较高的部首直接被选为字根，如亻、宀、讠、灬、纟、扌、白、人、大、手和木等。
➢ 特殊字根：不是部首，但是使用频率较高的笔画组合，如龶、ス和マ等。

3.2.2 五笔字型字根键盘

在五笔字型输入法中，根据编辑需要优选出 130 多种基本字根，分布在键盘中主键盘区的 25 个字母键(Z 键除外)上，作为输入汉字的基本单位。五笔汉字编码原理是把汉字拆分成字根，并把它们按一定的规律分配在键盘上，如图 3-1 所示。

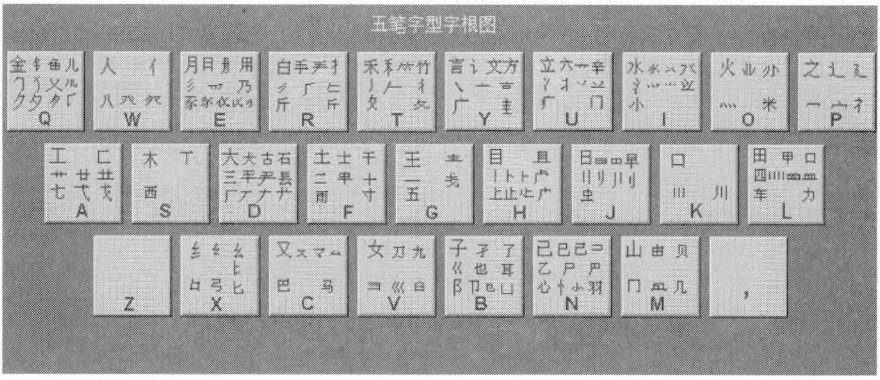

图 3-1

3.2.3　五笔字型键盘的区位号

在五笔字型输入法中，字根按照起始笔画，分布在主键盘区的 A～Y 键共 25 个字母键(Z 键为学习键，不定义字根)中，每个字母键都有唯一的区位号。下面详细介绍字根的区号和位号的划分。

1. 字根的区号

在五笔字型的字根键盘中，根据字根的起笔笔画将字根分为 5 个区，按照横、竖、撇、捺和折的顺序分别用代号 1、2、3、4 和 5 表示，如图 3-2 所示。

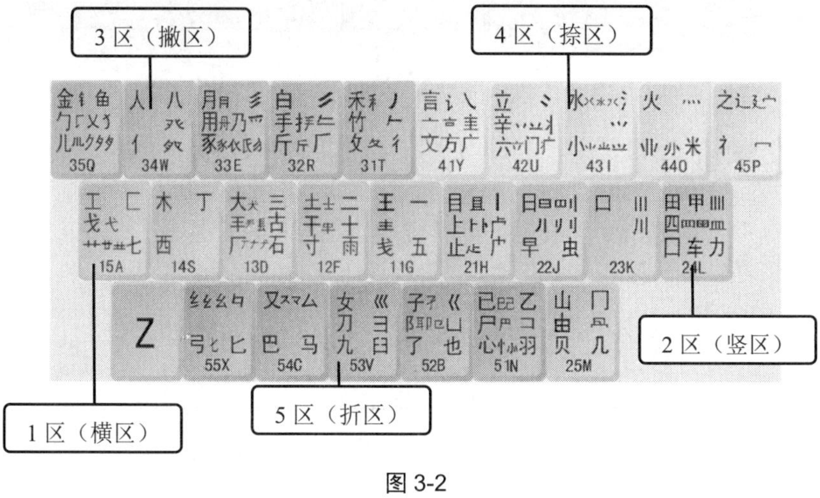

图 3-2

2. 字根的区位号

在五笔字型的字根键盘中，每个区都由 5 个字母键组成，每个字母键都对应一个位号，依次用代码 1、2、3、4 和 5 来表示。字根的位号与区号组合即为字根的区位号，如表 3-4 所示。

表 3-4　字根的区位号

汉　字	末 笔 画	字　型	区 位 码	末笔字型识别码
备	一	上下	12	f
但	一	左右	11	g
匡	一	杂合	13	d

3.2.4　键名字根

五笔字型的汉字编码规则分为“键面汉字”和“非键面汉字”两大类，键面汉字包括键名字根和成字字根。

键名字根是指在五笔字型的字根键盘中，每个字母键位上的第一个字根。键名字根一共有 25 个，是使用频率较高的字根。在学习五笔字型输入法时，可先将键名字根记住，这样有利于整个字根表中字根的记忆。如果准备输入键名字根，在键盘上连续击打 4 次键名字根所在的字母键即可，键名汉字一共有 25 个。键名字根的分布如图 3-3 所示。

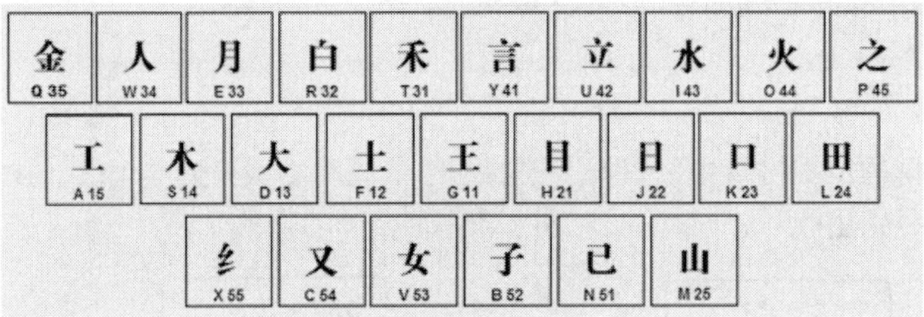

图 3-3

3.2.5　成字字根

成字字根是指五笔字型字根表中，除了键名字根外的汉字字根。成字汉字的输入方法为：汉字字根所在键+首笔笔画所在键+次笔笔画所在键+末笔笔画所在键。成字字根共有 97 个，如表 3-5 所示。

表 3-5　成字字根

区　号	成字字根
1 区	一五戋，士二干十寸雨，犬三古石厂，丁西，戈弋廿七
2 区	卜上止丨，刂早虫，川，甲囗四皿力，由贝冂几
3 区	竹攵彳丿，手扌斤，彡乃用豕，亻八癶，钅勹儿夕
4 区	讠文方广亠丶，辛六疒门冫，氵小，灬米，辶廴冖宀
5 区	巳己心忄羽乙，孑耳阝卩了也凵，刀九臼彐，厶巴马，幺弓匕

3.2.6　五笔字型字根总表

在五笔字型输入法中，将 130 个字根分配到键盘的 25 个字母键上，便形成了五笔字型字根总表。86 版五笔字型字根总表如图 3-4 所示。

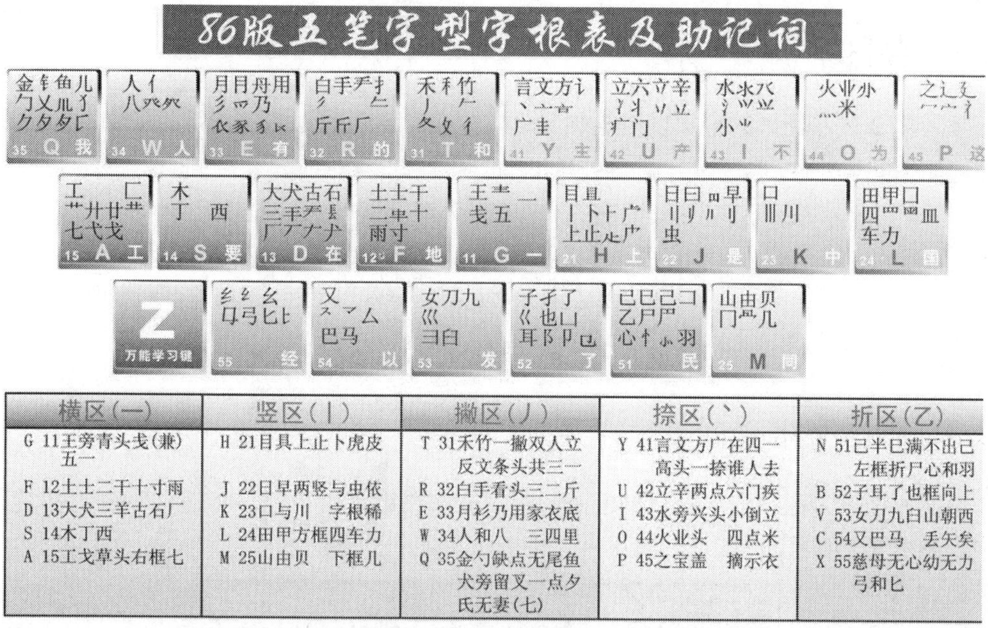

图 3-4　五笔字型字根总表

3.3　五笔字型的字根分布

五笔字型字根是五笔输入法的基本单元，由王永民于 1983 年 8 月发明。掌握五笔字型字根是学习五笔字型的首要条件。字根的分布主要包括 5 个区，分别为横区字根、竖区字根、撇区字根、捺区字根和折区字根。本节将介绍字根分布的相关知识。

↑扫码看视频

3.3.1　横区字根

横区即 1 区，横区的字根以横笔画起笔，分布在键盘的 G 键、F 键、D 键、S 键和 A 键中，如图 3-5 所示。

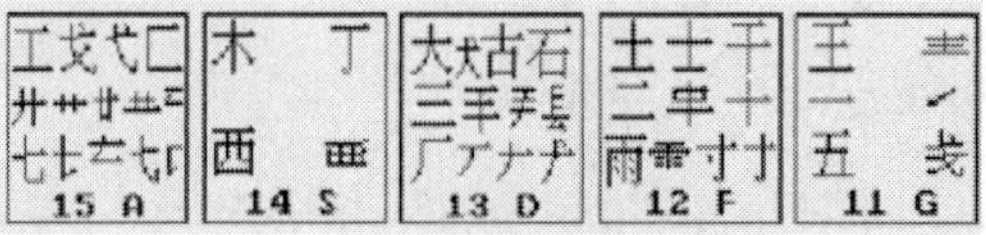

图 3-5

3.3.2 竖区字根

竖区即 2 区，竖区的字根以竖笔画起笔，分布在键盘的 H 键、J 键、K 键、L 键和 M 键中，如图 3-6 所示。

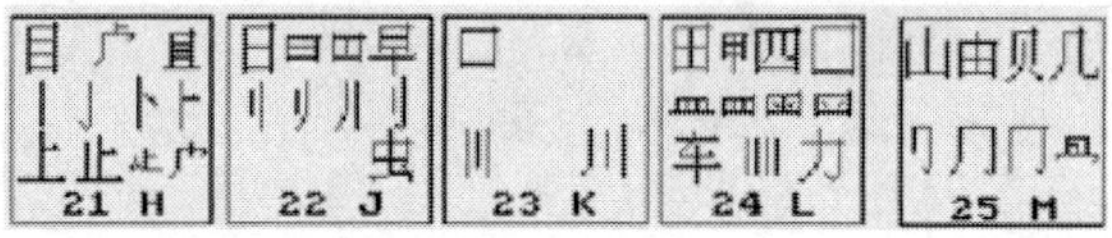

图 3-6

3.3.3 撇区字根

撇区即 3 区，撇区的字根以撇笔画起笔，分布在键盘的 T 键、R 键、E 键、W 键和 Q 键中，如图 3-7 所示。

图 3-7

3.3.4 捺区字根

捺区即 4 区，捺区的字根以捺笔画起笔，分布在键盘的 Y 键、U 键、I 键、O 键和 P 键中，如图 3-8 所示。

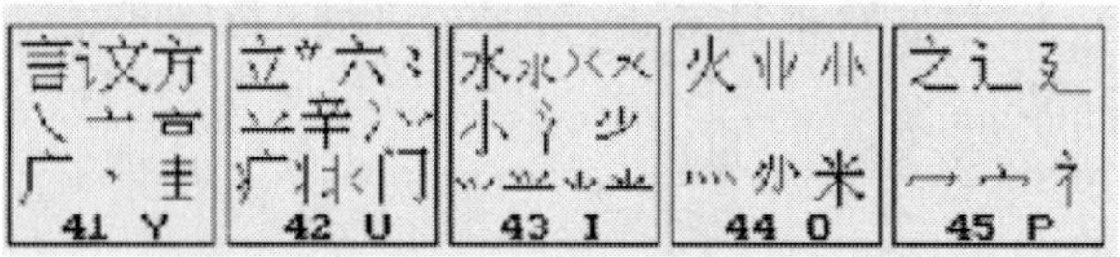

图 3-8

3.3.5 折区字根

折区即 5 区，折区的字根以折笔画起笔，分布在键盘的 N 键、B 键、V 键、C 键和 X 键中，如图 3-9 所示。

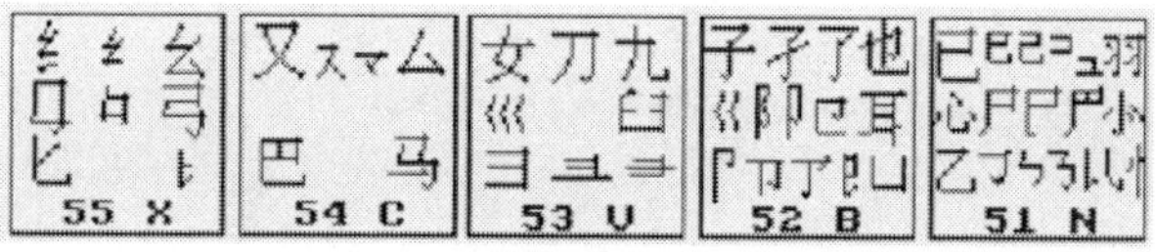

图 3-9

3.4　快速记忆五笔字型字根

认识五笔字型字根及其分布后，进一步掌握五笔字型字根的记忆方法，可以使打字变得简单。本节将详细介绍五笔字型字根的快速记忆方法，包括根据规律进行记忆和根据助记词分区进行记忆。

↑扫码看视频

3.4.1　根据规律进行记忆

五笔字型字根在键盘上的分布具有一定的规律性，初学者掌握这些规律后可以更容易地记忆字根。

- 字根的起笔笔画确定字根所在的区。如字根“日、早、刂、虫”的起笔笔画为“丨”，因此都为第 2 区字根。
- 有些字根的第 2 笔笔画与位号一致。如字根“士、门、也”的第 2 笔笔画为“丨”，因此所在的位为第 2 位。

单笔画及其复合笔画形成的字根，其位号与字根的笔画数一致，如表 3-6 所示。

表 3-6　单笔画及其复合笔画字根的分布规律

字　根	笔 画 数	区 位 号	字　根	笔 画 数	区 位 号
一	1	11	丿	1	31
二	2	12	彡	2	32
三	3	13	彡	3	33
丨	1	21	丶	1	41
刂	2	22	冫	2	42
川	3	23	氵	3	43
川	4	24	灬	4	44
乙	1	51	巛	2	52
巛	3	53			

3.4.2 根据助记词分区进行记忆

为了便于五笔字型字根的记忆，五笔字型的发明者王永民教授编写了 25 句五笔字型字根助记词，每个字根键对应一句助记词，通过字根助记词的记忆可快速掌握五笔字型字根，如表 3-7 所示。

表 3-7 助记词分区记忆法

字 母	字根助记词	字 母	字根助记词
G	王旁青头戋(兼)五一	H	目具上止卜虎皮
F	土士二干十寸雨	J	日早两竖与虫依
D	大犬三丰(羊)古石厂	K	口与川，字根稀
S	木丁西	L	田甲方框四车力
A	工戈草头右框七	M	山由贝，下框几
T	禾竹一撇双人立，反文条头共三一	Y	言文方广在四一，高头一捺谁人去
R	白手看头三二斤	U	立辛两点六门疒(病)
E	月彡(衫)乃用家衣底	I	水旁兴头小倒立
W	人和八，三四里	O	火业头，四点米
Q	金(钅)勹缺点无尾鱼，犬旁留乂儿一点夕，氏无七(妻)	P	之字军盖建道底，摘礻(示)衤(衣)
N	已半巳满不出己，左框折尸心和羽	X	慈母无心弓和匕，幼无力
B	子耳了也框向上	C	又巴马，丢矢矣

3.5 实践案例与上机指导

通过本章的学习，读者基本可以掌握五笔字型字根分布与记忆的基本知识以及一些常见的操作方法。下面通过练习操作，以达到巩固学习、拓展提高的目的。

↑扫码看视频

3.5.1 使用极品五笔输入生僻字

极品五笔重码少、速度快，但有些生僻字不能输入。下面以输入汉字“囮”为例，介绍输入生僻字的方法。

素材保存路径：配套素材\第 3 章
素材文件名称：生僻字.doc

第 1 步 首先使用拼音输入法在剪贴板中打出“囮”(é)字，按 Ctrl+C 组合键进行复制，切换到极品五笔输入法，用鼠标右键单击输入法状态条，在弹出的快捷菜单中选择【手工造词】菜单项，如图 3-10 所示。

第 2 步 弹出【手工造词】对话框，*1.* 选中【造词】单选按钮，*2.* 在【词语】文本框中按 Ctrl+V 组合键粘贴“囮”字，*3.* 在【外码】文本框中输入“囮”字的编码 LWXI，*4.* 单击【添加】按钮，如图 3-11 所示。

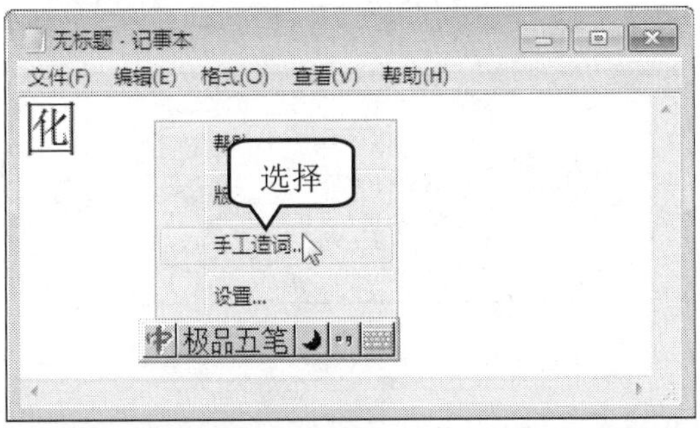

图 3-10

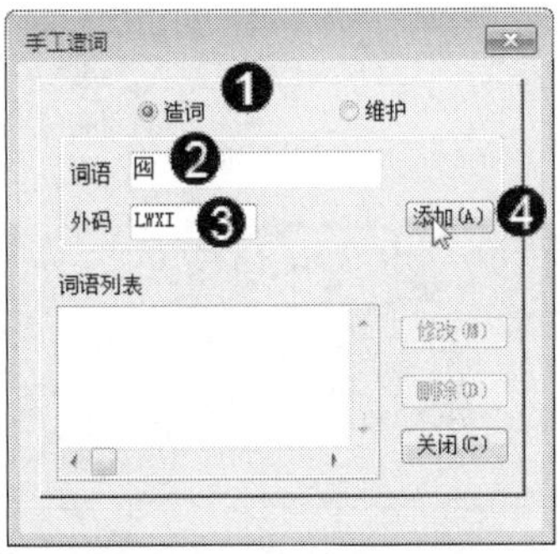

图 3-11

第 3 步 此时可以看到“囮”字及其编码出现在【词语列表】列表框中，单击【关闭】按钮，如图 3-12 所示。

第 4 步 返回记事本程序，在极品五笔输入状态下直接输入 LWXI 就可录入囮字了，通过以上步骤即可完成用极品五笔输入法输入生僻字的操作，如图 3-13 所示。

图 3-12

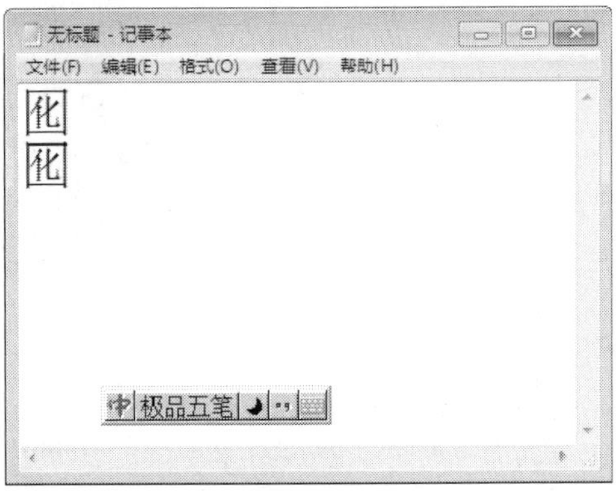

图 3-13

3.5.2 启用极品五笔输入法的外码提示

启用外码提示后，可以提示以某个编码开头的所有的字和词组。下面详细介绍启用外码提示的操作方法。

素材保存路径：无
素材文件名称：无

第 1 步 在记事本中切换到极品五笔输入法，用鼠标右键单击输入法状态条，在弹出的快捷菜单中选择【设置】菜单项，如图 3-14 所示。

第 2 步 打开【输入法设置】对话框，*1.* 选中【外码提示】复选框，*2.* 单击【确定】按钮，如图 3-15 所示。

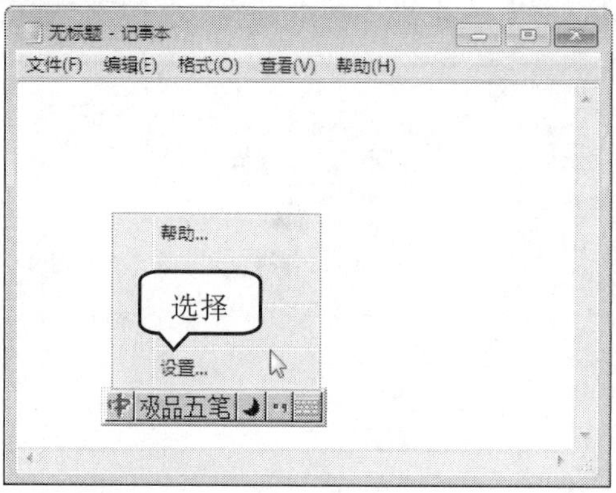

图 3-14

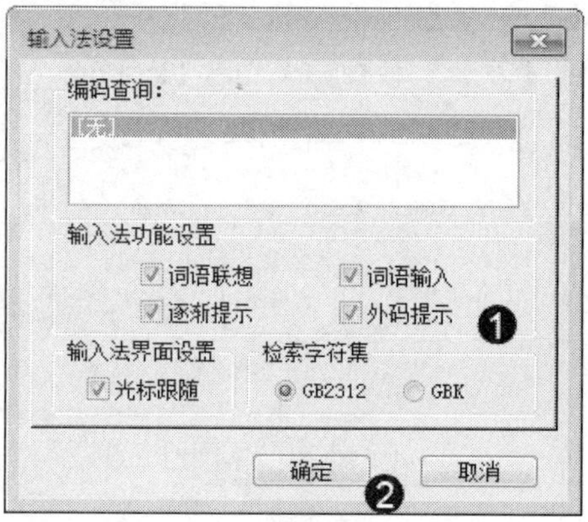

图 3-15

第 3 步 当录入编码 a 时，除了显示 a 对应的“工”字外，还会提示所有编码以 a 开头的字和词组，如图 3-16 所示。

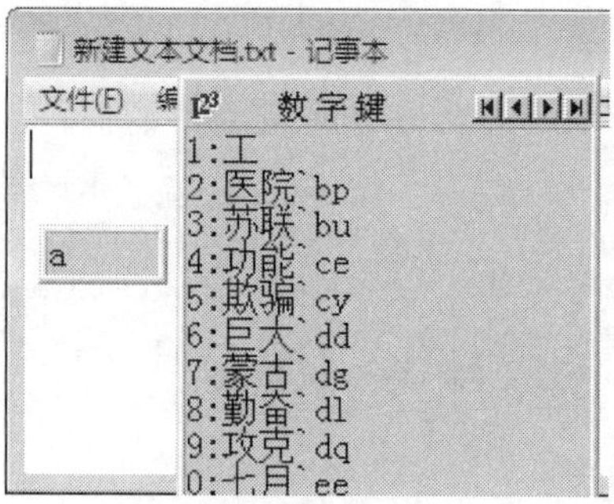

图 3-16

3.5.3 修改极品五笔输入法的造词编码

当用户完成造词后，还可以修改所造词的编码。下面详细介绍修改造词编码的操作方法。

第 1 步 在记事本中切换到极品五笔输入法，用鼠标右键单击输入法状态条，在弹出的快捷菜单中选择【手工造词】菜单项，如图 3-17 所示。

第 2 步 打开【手工造词】对话框，*1.* 选中【维护】单选按钮，*2.* 在【词语列表】

列表框中选择准备修改的词条，**3.** 单击【修改】按钮，如图 3-18 所示。

第 3 步 弹出【修改】对话框，**1.** 在【外码】文本框中输入准备使用的编码，**2.** 单击【确定】按钮即可完成修改造词的编码，如图 3-19 所示。

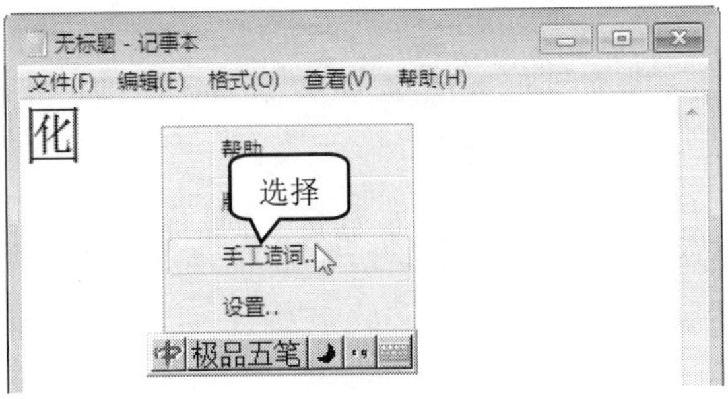

图 3-17

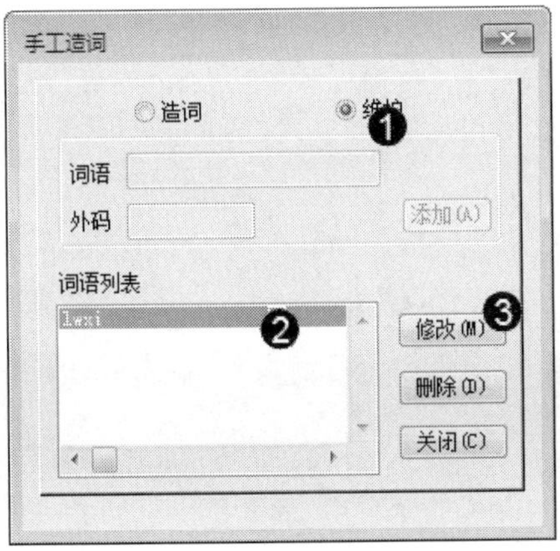

图 3-18

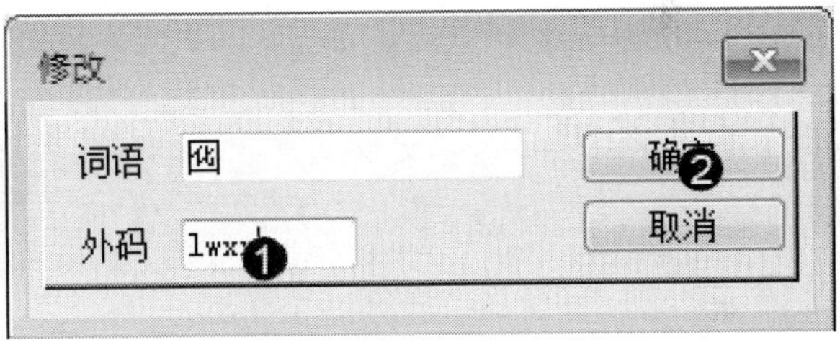

图 3-19

3.6　思考与练习

一、填空题

1. 根据汉字的字形特点，五笔字型输入法把汉字分为 3 个层次，分别为________、字根和__________。

2. 笔画是指书写汉字的时候，一次写成的连续不间断的线段。如果只考虑笔画的运笔方向，不考虑其轻重长短，笔画可分为 5 种类型，分别为__________、竖、______、捺和__________。

二、判断题

1.字根是指由笔画与笔画单独或经过交叉连接形成的，结构相对不变的，类似于偏旁部首的结构，如亻、宀、讠、灬、纟、扌、白、人、大、手和木等。（　）

2. 在对汉字进行分类时，根据汉字字根间的位置关系，可以将汉字分为 3 种字型，分

别为左右型、上下型和包围型。 ( )

三、思考题

1. 如何使用极品五笔输入生僻字?
2. 如何启用极品五笔的外码提示功能?

第 4 章

拆分与输入汉字

本章要点

- 汉字的结构关系
- 拆分汉字的基本原则
- 输入键面字
- 输入键外字
- 末笔字型识别码

本章主要内容

本章主要介绍汉字的结构关系、拆分汉字的基本原则、输入键面字和输入键外字方面的知识与技巧，以及末笔字型识别码的知识。在本章的最后还针对实际的工作需求，讲解了如何拆分疑难汉字、如何拆分易拆错汉字和初学五笔字型输入法的注意事项等。通过本章的学习，读者可以掌握拆分与输入汉字方面的知识，为深入学习五笔打字与排版知识奠定基础。

4.1 汉字的结构关系

在五笔字型输入法中，汉字是由字根按照一定的位置关系组合而成的。根据字根的位置关系，汉字可分为4种结构，分别为单结构、散结构、连结构和交结构，本节将详细予以介绍。

↑ 扫码看视频

4.1.1 “单”结构汉字

“单”结构汉字是指基本字根单独成为一个汉字，这个字根不与其他字根发生关系，在五笔字型输入法中又叫做成字字根，如“月、一、寸、九、马、弓、心、王、五和八”等。

4.1.2 “散”结构汉字

“散”结构汉字是指汉字由两个或两个以上字根构成，并且字根之间有一定的距离，不相连也不相交。上下、左右和杂合型的汉字都是散结构，如图4-1所示。

图 4-1

4.1.3 “连”结构汉字

“连”结构汉字是指汉字由一个基本字根与一个单笔画字根相连组成，字根之间没有明显的距离。“连”结构汉字的示例如图4-2所示。

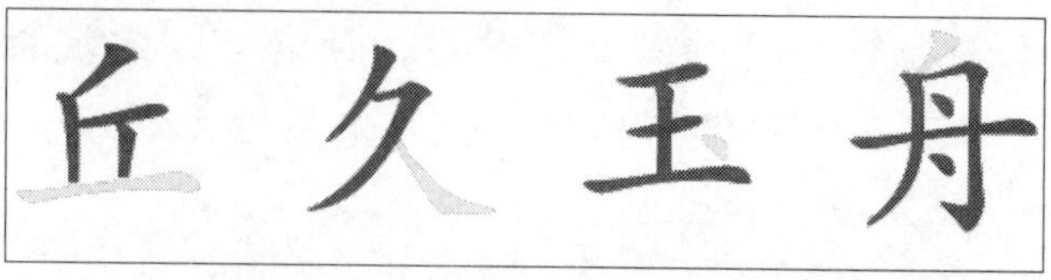

图 4-2

4.1.4　“交”结构汉字

“交”结构汉字是指汉字由两个或两个以上字根交叉重叠构成，字根与字根之间有明显重叠的部分，如图 4-3 所示。

图 4-3

4.2　拆分汉字的基本原则

拆分汉字就是按照汉字的结构把汉字拆分成字根。拆分汉字的过程是构成汉字的一个逆过程，拆分汉字的基本原则包括书写顺序、取大优先、兼顾直观、能散不连和能连不交 5 个部分。本节将详细介绍拆分汉字的基本原则。

↑扫码看视频

4.2.1　书写顺序

“书写顺序”原则是指拆分汉字时，必须按照汉字的书写顺序即按照从左到右、从上到下和从外到内的顺序进行拆分，如图 4-4 和图 4-5 所示。

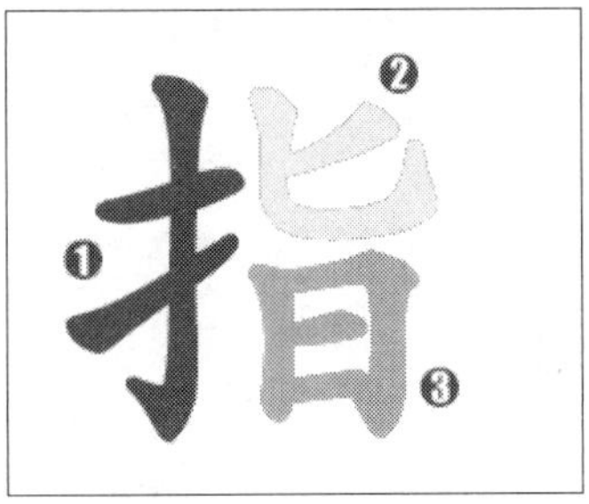

图 4-4

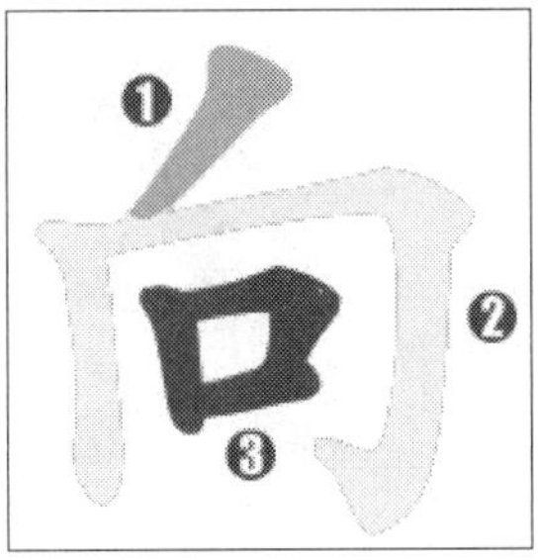

图 4-5

4.2.2　取大优先

取大优先又叫“优先取大”，是指在拆分汉字时，保证按照书写顺序拆分汉字的同时，要拆出尽可能大的字根，从而确保拆分出的字根数量最少，如图 4-6 所示。

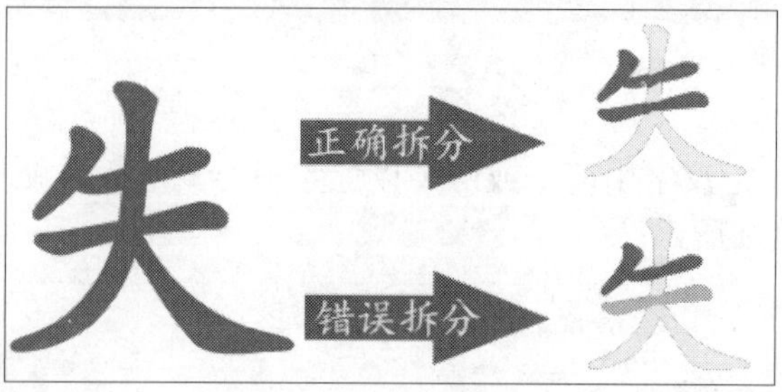

图 4-6

4.2.3 兼顾直观

“兼顾直观”原则是指在拆分汉字的时候，要尽量照顾汉字的直观性和完整性，有时就要牺牲书写顺序和取大优先的原则，如图 4-7 所示。

图 4-7

4.2.4 能散不连

“能散不连”原则是指如果一个汉字可以拆分成几个字根“散”的关系，则不要拆分成“连”的关系。有时字根之间的关系介于“散”和“连”之间，如果不是单笔画字根，则均按照“散”的关系处理，如图 4-8 所示。

图 4-8

4.2.5 能连不交

“能连不交”原则是指在拆分汉字的时候，如果一个汉字可以拆分成几个基本字根“连”的关系，则不要拆分成“交”的关系。按“能连不交”原则拆分的实例如图 4-9 所示。

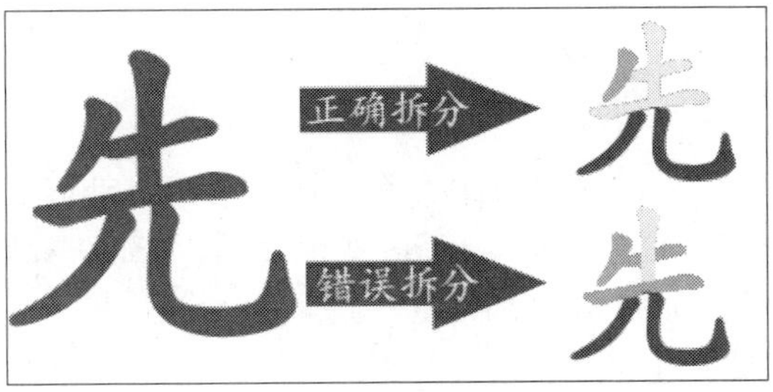

图 4-9

4.3　输入键面字

键面字是指在五笔字型输入法中，既是字根又是字的汉字，键面汉字包括键名字根和成字字根。其中，键名字根共 25 个，成字字根共 70 个。本节将详细介绍键面字的输入方法。

↑扫码看视频

4.3.1　输入键名汉字

键名汉字是指在五笔字型字根表中，每个字根键上的第一个字根汉字。键名汉字的输入方法为：连续击打 4 次键名字根所在的字母键。键名汉字一共有 25 个，其编码如表 4-1 所示。

表 4-1　键名汉字的编码

汉　字	编　码	汉　字	编　码	汉　字	编　码
王	GGGG	禾	TTTT	已	NNNN
土	FFFF	白	RRRR	子	BBBB
大	DDDD	月	EEEE	女	VVVV
木	SSSS	人	WWWW	又	CCCC
工	AAAA	金	QQQQ	纟	XXXX
目	HHHH	言	YYYY	日	JJJJ
立	UUUU	口	KKKK	水	IIII
田	LLLL	火	OOOO	山	MMMM
之	PPPP				

4.3.2 输入成字汉字

成字字根是指在五笔字型的字根表中，除了键名汉字以外的汉字字根。成字字根的输入方法为：成字字根所在键+首笔笔画所在键+次笔笔画所在键+末笔笔画所在键。下面举例说明成字字根的输入方法，如图 4-10 所示。

图 4-10

4.3.3 输入 5 种单笔画

5 种单笔画是指“一”“丨”“丿”“、”“乙”，使用五笔字型输入法可以直接输入 5 种单笔画。5 种单笔画的输入方法为：字根所在键+字根所在键+L 键+L 键，如表 4-2 所示。

表 4-2 5 种单笔画的编码

笔 画	字根所在键	字根所在键	字 母	字 母	编 码
一	G	G	L	L	GGLL
丨	H	H	L	L	HHLL
丿	T	T	L	L	TTLL
、	Y	Y	L	L	YYLL
乙	N	N	L	L	NNLL

虽然键名汉字的编码长度都为 4，但许多汉字不必敲击 4 次。例如，“工、人”为一级简码，只需敲击 1 次字根键和空格键；“大、水、之、立、子”只需敲击 2 次字根键和空格键；“王、田、山、禾、白、月、火、言、女、又”只需敲击 3 次字根键和空格键；只有“土、木、目、日、口、金、已”这 7 个字需要敲击 4 次字根键。

成字汉字的编码规则为先敲击 1 次成字字根所在键，这个操作俗称为“报户口”，成字字根对应汉字的输入规则是在“报户口”后按书写顺序敲入单笔画的代码。但也有例外，尽管“小”字应先写中间的“竖”，但却分配在起始笔画为“捺”的第 4 区 I 键上，编码为“IHTY”。

5 种单笔画的输入之所以敲击 L 键，一是因为 L 键便于操作，二是以“竖”结尾的单体字的识别码极不常用，可以保证外码的唯一性。

4.4　输入键外字

键外字是指在五笔字型字根表中找不到的汉字。根据字根的数目，可以分为 4 个字根的汉字、超过 4 个字根的汉字和不足 4 个字根的汉字。本节将详细介绍键外字的相关知识及输入方法。

↑扫码看视频

4.4.1　输入 4 个字根的汉字

4 个字根的汉字是指刚好可以拆分成 4 个字根的汉字。4 个字根汉字的输入方法为：第 1 个字根所在键+第 2 个字根所在键+第 3 个字根所在键+第 4 个字根所在键。下面举例说明 4 个字根汉字的输入方法，如表 4-3 所示。

表 4-3　4 个字根汉字的输入方法

笔　画	第 1 个字根	第 2 个字根	第 3 个字根	第 4 个字根	编　码
屦	尸	彳	米	女	NTOV
型	一	廾	刂	土	GAJF
都	土	丿	日	阝	FTJB
热	扌	九	丶	灬	RVYO
楷	木	匕	匕	白	SXXR

4.4.2　输入超过 4 个字根的汉字

超过 4 个字根的汉字是指按照规定拆分之后，总数多于 4 个字根的字。超过 4 个字根汉字的输入方法为：第 1 个字根所在键+第 2 个字根所在键+第 3 个字根所在键+第末个字根所在键。下面举例说明超过 4 个字根汉字的输入方法，如表 4-4 所示。

表 4-4　超过 4 个字根汉字的输入方法

汉　字	第 1 个字根	第 2 个字根	第 3 个字根	第末个字根	编　码
融	一	口	冂	虫	GKMJ
跨	口	止	大	乚	KHDN
佩	亻	几	一	丨	WMGH
煅	火	亻	三	又	OWDC

4.4.3 输入不足 4 个字根的汉字

不足 4 个字根的汉字是指拆分后，字根不足 4 个的汉字。不足 4 个字根汉字的输入方法为：第 1 个字根所在键+第 2 个字根所在键+第 3 个字根所在键+末笔字型识别码。下面举例说明不足 4 个字根汉字的输入方法，如表 4-5 所示。

表 4-5 不足 4 个字根汉字的输入方法

汉 字	第 1 个字根	第 2 个字根	第 3 个字根	末笔字型识别码	编 码
忘	亠	乙	心	U	YNNU
汉	氵	又	Y	空格	ICY
码	石	马	G	空格	DCG
者	土	丿	曰	F	FTJF

键名字和字根字只占国标字符集中近 7000 个汉字中的很少一部分，键外字占绝大多数。下面特地为初学者列出了部分难字的编码。读者先自行拆字，寻找键位，然后再分析表 4-6 中单字是如何拆分的，这对理解单字的拆分很有帮助。

表 4-6 部分难字的编码

汉 字	编 码	汉 字	编 码	汉 字	编 码
果	JSI	重	TGJF	于	GFK
年	RHFK	矢	TDU	尤	DNV
朱	RII	万	DNV	夹	GUWI

4.5 末笔字型识别码

用五笔字型输入法输入汉字时，若汉字的字根不足 4 个，为了避免重码，需要添加末笔字型识别码。本节将详细介绍末笔字型识别码的相关知识及输入方法。

↑扫码看视频

4.5.1 什么是末笔字型识别码

在 7000 多个汉字中，大约有 10%的汉字只由 2 个字根组成，如汉字“她、生、此和字”

等，其编码长度为 2。五笔字型是用 25 个字母键来输入汉字的，只能组成 25×25=625 个编码，两码的编码空间是 625，因此会产生大量重码的情况。为了把这些编码离散区分开来，需要在这些汉字的字根后面再补加一个识别码，因此产生了末笔字型识别码。

4.5.2　末笔字型识别码的构成

末笔字型识别码是将汉字的末笔笔画代码作为识别码的区号，汉字字型代码作为识别码的位号，组成区位码所对应的键盘上的字母键。汉字的笔画有 5 种，字型有 3 种，因此末笔识别码有 15 种组合方式，如表 4-7 所示。

表 4-7　末笔的识别码

末笔 / 字型		横	竖	撇	捺	折
		1	2	3	4	5
左右型	1	G(11)	H(21)	T(31)	Y(41)	N(51)
上下型	2	F(12)	J(22)	R(32)	U(42)	B(52)
杂合型	3	D(13)	K(23)	E(33)	I(43)	V(53)

4.5.3　如何快速判断末笔字型识别码

在五笔字型输入法中，以汉字的末笔画为基础，参照汉字的字型，可以快速地判断出末笔字型识别码。下面举例说明快速判断末笔字型识别码的方法。

1. 末笔画为“横”

对于末笔画为“横”的汉字，在键盘上输入字根编码后，根据字型即可判断出该汉字的末笔字型识别码，如表 4-8 所示。

表 4-8　末笔画为“横”的汉字的末笔字型识别码

汉　字	末 笔 画	字　型	区 位 码	末笔字型识别码	编　码
备	一	上下	12	F	TLF
但	一	左右	11	G	WJGG
匡	一	杂合	13	D	AGD

2. 末笔画为“竖”

对于末笔画为“竖”的汉字，在键盘上输入字根编码后，根据字型即可判断出该汉字的末笔字型识别码，如表 4-9 所示。

3. 末笔画为“撇”

对于末笔画为“撇”的汉字，在键盘上输入字根编码后，根据字型即可判断出该汉字的末笔字型识别码，如表 4-10 所示。

表 4-9　末笔画为“竖”的汉字的末笔字型识别码

汉　字	末 笔 画	字　型	区 位 码	末笔字型识别码	编　码
坤	丨	左右	21	H	FJHH
卉	丨	上下	22	J	FAJ
厕	丨	杂合	23	K	DMJK

表 4-10　末笔画为“撇”的汉字的末笔字型识别码

汉　字	末 笔 画	字　型	区 位 码	末笔字型识别码	编　码
衫	丿	左右	31	T	PUET
易	丿	上下	32	R	JQRR
乡	丿	杂合	33	E	XTE
芦	丿	上下	32	R	AYNR

4. 末笔画为“捺”

对于末笔画为“捺”的汉字，在键盘上输入字根编码后，根据字型即可判断出该汉字的末笔字型识别码，如表 4-11 所示。

表 4-11　末笔画为“捺”的汉字的末笔字型识别码

汉　字	末 笔 画	字　型	区 位 码	末笔字型识别码	编　码
钡	丶	左右	41	Y	QMY
买	丶	上下	42	U	NUDU
刃	丶	杂合	43	I	VYI
闽	丶	杂合	43	I	UJI

5. 末笔画为“折”

对于末笔画为“折”的汉字，在键盘上输入字根编码后，根据字型即可判断出该汉字的末笔字型识别码，如表 4-12 所示。

表 4-12　末笔画为“折”的汉字的末笔字型识别码

汉　字	末 笔 画	字　型	区 位 码	末笔字型识别码	编　码
把	乙	左右	51	N	RCN
艺	乙	上下	52	B	ANB
万	乙	杂合	53	V	DNV
虏	乙	杂合	53	V	HALV

4.5.4　使用末笔字型识别码的注意事项

在使用末笔字型识别码输入汉字时，有一些特殊的地方需要注意。

- 并不是所有的汉字都需要追加末笔字型识别码，键面字(键名及一切字根)都不需要。
- 汉字拆分后的字根数为 4 个或超过 4 个时，不需要追加末笔字型识别码，如汉字“填、煤、燠、增和履”等。
- 不足 4 个字根的汉字在拆分时，若添加识别码后还不足 4 码，可以追加空格键。

4.5.5　对末笔字型识别码的特殊规定

在使用五笔字型输入法拆分汉字时，有些类型的汉字并不按照汉字的书写规律判断末笔画，而是有特殊的约定。下面详细介绍对末笔字型识别码的特殊规定。

1. 规定 1

判断末笔字型识别码时，带“辶 廴 走”等偏旁的汉字和全包围结构的汉字，末笔画为被包围部分的最后一笔，如图 4-11 所示。

2. 规定 2

五笔字型输入法规定，拆分汉字时，汉字的最后一个字根为“七、刀、九、力和匕”等时，判断末笔字型识别码时以“折”作为末笔画，如图 4-12 所示。

汉字	末笔画	字型	区位码	末笔识别码
迁	丨	杂合	23	K
延	一	杂合	13	D
赵	丶	杂合	43	I
团	丿	杂合	33	E
远	乙	杂合	53	V

图 4-11

汉字	末笔画	字型	区位码	末笔识别码
化	乙	左右	51	N
分	乙	上下	52	B
仇	乙	左右	51	N
边	乙	杂合	53	V

图 4-12

3. 规定 3

判断“我、成和戋”等汉字的末笔画时，遵循“从上到下的”书写原则，以“撇”作为末笔画，如图 4-13 所示。

4. 规定 4

判断“术、勺和义”等汉字的字型时，因其为“连”结构汉字，将其定为杂合型，如图 4-14 所示。

汉字	拆分方法	末笔识别码	编码
我	丿扌乙丿	无	TRNT
成	厂乙乙丿	无	DNNT
戋	戋一一丿	无	GGGT
栈	木戋	T	SGT
笺	⺮戋	R	TGR

图 4-13

汉字	末笔画	字型	区位码	末笔识别码
术	丶	杂合	43	I
勺	丶	杂合	43	I
义	丶	杂合	43	I
太	丶	杂合	43	I
叉	丶	杂合	43	I

图 4-14

4.5.6 五笔字型编码流程图

五笔字型输入法把汉字分为键名汉字、成字字根汉字和键外字三类，三类汉字的输入方法各不相同，五笔字型编码流程图说明了其编码方法和录入方法，如图 4-15 所示。

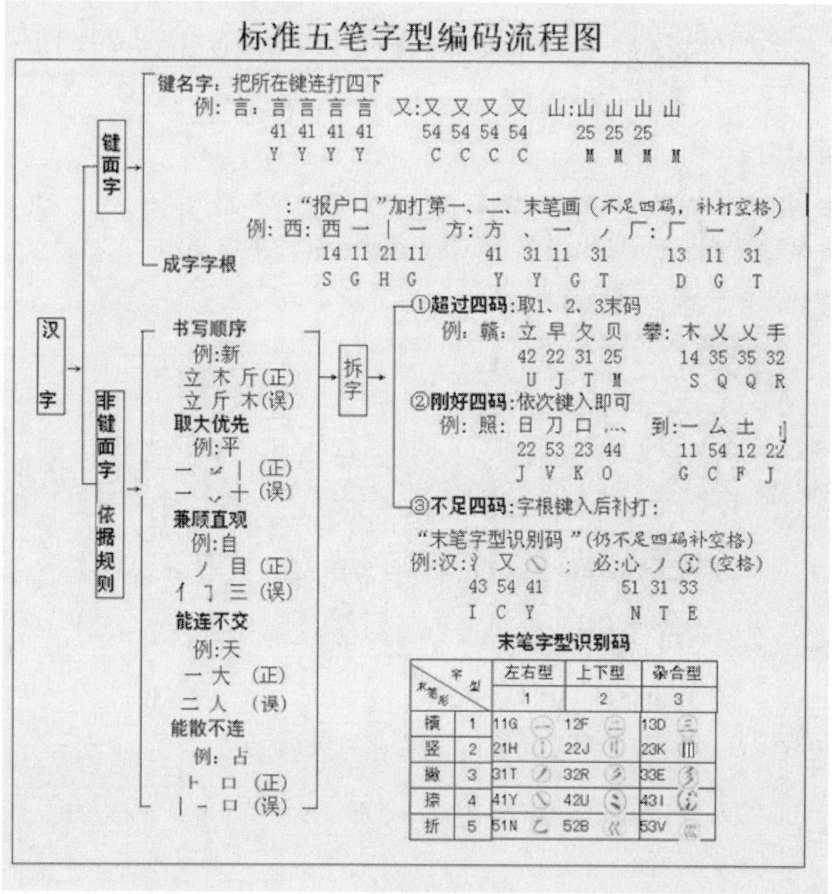

图 4-15

4.6　实践案例与上机指导

通过本章的学习，读者基本可以掌握拆分与输入汉字的基本知识以及一些常见的操作方法。下面通过练习操作，以达到巩固学习、拓展提高的目的。

↑扫码看视频

4.6.1　如何拆分疑难汉字

下面列出了一些疑难汉字的拆分解析，如表 4-13 所示。

表 4-13　疑难汉字拆分解析

汉　字	末 笔 画	字　型	区 位 码
把	乙	左右	51
艺	乙	上下	52
万	乙	杂合	53
虏	乙	杂合	53
把	乙	左右	51
艺	乙	上下	52
万	乙	杂合	53
虏	乙	杂合	53

4.6.2　如何拆分易拆错汉字

对于五笔字型输入法的初学者来说，有些汉字很容易拆错，从而导致输入错误。下面列出了一些易拆错的汉字解析，根据表格反复练习可以加深记忆，如表 4-14 所示。

表 4-14　疑难汉字拆分解析

汉　字	编　码	汉　字	编　码
凹	MMGD	翱	RDFN
稗	TRTF	豹	EEQY
敝	UMIT	弊	UMIA
鳖	UMIG	憋	UMIN

续表

汉 字	编 码	汉 字	编 码
秉	TGVI	搀	RQKU
谗	YQKU	虫	JHNY
肆	DVFH	捶	RTGF
锤	QTGF	垂	TGAF
歹	GQI	叼	KNGG
毒	GXGU	鹅	TRNG
贰	AFMI	敷	GEHT
釜	WQFU	皋	RDFJ
羹	UGOD	辜	DUJ
亨	YBJ	喉	KWND
弧	XRCY	豁	PDHK
惑	AKGN	击	FMK
棘	GMII	脊	IWEF
荚	AGUW	颊	GUWM
戒	AAK	臼	VTHG
撅	RDUW	攫	RHHC
镰	QYUO	鹿	YNJX
茂	ADNT	貌	EERQ
寐	PNHI	蔑	ALDT
乃	ETN	囊	GKHE
蔫	AGHO	孽	AWNB
疟	UAGD	撇	RUMT
瞥	UMIH	羌	UDNB
龋	HWBY	蔷	AFUK
犬	DGTY	瓤	YKKY
壬	TFD	刃	VYI
绒	XADT	柔	CBTS
伞	WUHJ	丧	FUEU

4.6.3 初学五笔字型输入法的注意事项

为提高学习效率，初学五笔字型输入法的读者在学习过程中应该注意以下事项。

➢ 熟记字根口诀，理解其真正内涵。掌握字根所对应的区位，总结规律。

- 熟记一级简码汉字和二级简码汉字，尽可能使用词汇输入，以减少击键次数。
- 拆字的前提是会写字。学习五笔字型之前必须掌握汉字的基本笔画、笔顺和框架结构。
- 通过实践掌握拆字方法。字拆得多了自然熟练，速度也会相应提高。

对初学者来说，练习拆字的最佳方法如下。

- 练就熟练的键盘指法。
- 反复记忆五笔字型的字根，避免拆字根。
- 根据汉字的起笔迅速锁定区号。
- 充分利用万能学习键 Z 学习拆分难字。它能帮助用户熟悉并快速掌握五笔字型输入规则。
- 巧妙利用空格键减少击键次数，提高输入速度。

初学五笔字型输入法时，有些人觉得需要记忆的东西太多，即使学会了五笔字型输入法，光为记忆字根的键位就要花费很大力气，在写文章时使用这种输入法，一定会打断思路。其实，在使用一段时间的五笔字型输入法后，根本无须记忆字根和拆字方法，一切都转化为手指的下意识动作，用户可以自由无碍地进行文字写作。

4.7　思考与练习

一、填空题

1. 根据字根的位置关系，汉字可分为 4 种结构，分别为__________、散结构、连结构和__________。

2. 键名汉字是指在五笔字型字根表中，每个字根键上的__________个字根汉字。键名汉字的输入方法为：连续击打 4 次键名字根所在的字母键。键名汉字一共有__________个。

二、判断题

1. “散”结构汉字是指汉字由两个或两个以上字根构成，并且字根之间有一定的距离，不相连也不相交。只有上下型的汉字可以是散结构。（　　）

2. “取大优先”原则是指拆分汉字时，必须按照汉字的书写顺序即按照从左到右、从上到下和从外到内的顺序进行拆分。（　　）

三、思考题

1. 什么是末笔字型识别码？
2. “能连不交”原则是指什么？

第 5 章

使用五笔字型输入汉字

本章要点

- 简码的输入
- 词组的输入
- 重码、万能码和容错码

本章主要内容

本章主要介绍与输入简码汉字和词组有关的知识与技巧，同时还讲解了重码、万能码和容错码。在本章的最后还针对实际的工作需求，讲解了特殊符号的输入、使用字符映射表输入生僻字和使用金山打字通练习简码汉字输入的方法。通过本章的学习，读者可以掌握使用五笔字型输入汉字方面的知识，为深入学习五笔打字与排版知识奠定基础。

5.1 简码的输入

在五笔字型输入法中，对出现频率较高的汉字制定了简码规则，即取其第一、二或三个字根进行编码，再加一个空格键进行输入，从而减少输入汉字时的击键次数，提高汉字的输入速度。本节将介绍简码的输入方法。

↑ 扫码看视频

5.1.1 一级简码的输入

在五笔字型输入法中，挑选了汉字中使用频率最高的 25 个字，将其分布在键盘的 25 个字母键中，这 25 个字称为一级简码。下面将详细介绍一级简码的键盘分布和输入方法。

1. 键盘分布

一级简码共有 25 个，大部分按首笔画排列在 5 个分区中，其键盘分布如图 5-1 所示。

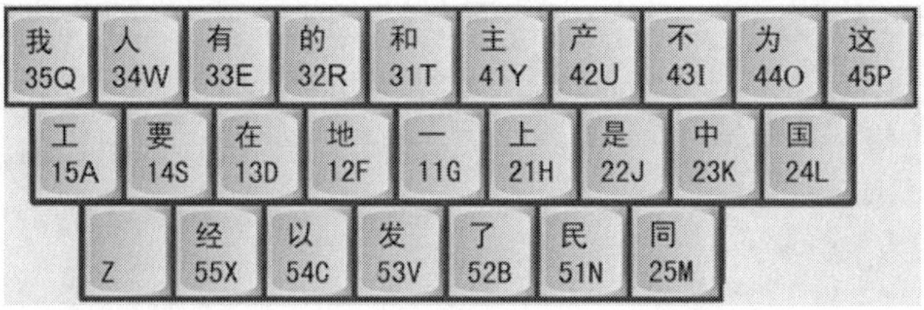

图 5-1

2. 输入方法

一级简码，即高频字。在五笔字型输入法中，一级简码的输入方法为：简码汉字所在的字母键+空格键，如表 5-1 所示。

表 5-1 一级简码的输入方法

汉 字	编 码	汉 字	编 码	汉 字	编 码
一	G	上	H	和	T
主	Y	民	N	地	F
是	J	的	R	产	U
了	B	在	D	中	K
有	E	不	I	发	V

续表

汉 字	编 码	汉 字	编 码	汉 字	编 码
要	S	国	L	人	W
为	O	以	C	工	A
同	M	我	Q	这	P
经	X				

5.1.2　快速记忆一级简码

一级简码的使用频率较高，输入速度比较快，因此在学习五笔字型输入法之初，要快速掌握一级简码汉字。下面介绍常用的一级简码的记忆方法。

- 以同一区的 5 个字组成为一个短语，进行强化记忆，如“一地在要工，上是中国同，和的有人我，主产不为这，民了发以经”。
- 将简码汉字组成具有一定意义的词组或短语，如“中国人民、有人要上工地、我的、是不是、我和工人同在一工地”等。
- 一级简码汉字的简码基本上是该汉字全部编码的第一个代码；有 5 个汉字的简码是全部编码中的第 2 或 3 个代码，分别为“有、不、这、发、以”；有两个汉字的简码中不包含该汉字的编码，分别为“我”和“为”。
- 除了“不、有”两个字外，所有的一级简码汉字均按照首笔笔画排入“横、竖、撇、捺和折”5 个区中。

5.1.3　二级简码的输入

二级简码是指汉字的编码只有两位，二级简码共有 600 多个，掌握二级简码的输入方法，可以快速提高汉字的输入速度。二级简码的输入方法为：第 1 个字根所在键+第 2 个字根所在键+空格键。二级简码字的汇总如表 5-2 所示。

表 5-2　二级简码汇总

	G F D S A	H J K L M	T R E W Q	Y U I O P	N B V C X
G	五于天末开	下理事画现	玫珠表珍列	玉平不来	与屯妻到互
F	二寺城霜载	直进吉协南	才垢圾夫无	坟增示赤过	志地雪支
D	三夺大厅左	丰百右历面	帮原胡春克	太磁砂灰达	成顾肆友龙
S	本村枯林械	相查可楞机	格析极检构	术样档杰棕	杨李要权楷
A	七革基苛式	牙划或功贡	攻匠菜共区	芳燕东　芝	世节切芭药
H	睛睦睚盯虎	止旧占卤贞	睡睥肯具餐	眩瞳步眯瞎	卢　眼皮此
J	量时晨果虹	早昌蝇曙遇	昨蝗明蛤晚	景暗晃显晕	电最归紧昆
K	呈叶顺呆呀	中虽吕另员	呼听吸只史	嘛啼吵噗喧	叫啊哪吧哟

续表

	GFDSA	HJKLM	TREWQ	YUIOP	NBVCX
L	车轩因困轼	四辊加男轴	力斩胃办罗	罚较　辚边	思团轨轻累
M	同财央朵曲	由则　崭册	几贩骨内风	凡赠峭赕迪	岂邮　凤嶷
T	生行知条长	处得各务向	笔物秀答称	入科秒秋管	秘季委么第
R	后持拓打找	年提扣押抽	手白扔失换	扩拉朱搂近	所报扫反批
E	且肝须采肛	腓胆肿肋肌	用遥朋脸胸	及胶膛膦爰	甩服妥肥脂
W	全会估休代	个介保佃仙	作伯仍从你	信们偿伙	亿他分公化
Q	钱针然钉氏	外旬名甸负	儿铁角欠多	久匀乐炙锭	包凶争色
Y	主计庆订度	让刘训为高	放诉衣认义	方说就变这	记离良充率
U	闰半关亲并	站间部曾商	产瓣前闪交	六立冰普帝	决闻妆冯北
I	汪法尖洒江	小浊澡渐没	少泊肖兴光	注洋水淡学	沁池当汉涨
O	业灶类灯煤	粘烛炽烟灿	烽煌粗粉炮	米料炒炎迷	断籽娄烃糨
P	定守害宁宽	寂审宫军宙	客宾家空宛	社实宵灾之	官字安　它
N	怀导居　民	收慢避惭届	必怕　愉懈	心习悄屡忱	忆敢恨怪尼
B	卫际承阿陈	耻阳职阵出	降孤阴队隐	防联孙耿辽	也子限取陛
V	姨寻姑杂毁	叟旭如舅妯	九　奶　婚	妨嫌录灵巡	刀好妇妈姆
C	骊对参骠戏	骒台劝观	矣牟能难允	驻　　驼	马邓艰双
X	线结顷　红	引旨强细纲	张绵级给约	纺弱纱继综	纪弛绿经比

5.1.4 快速记忆二级简码

在数量较大的二级简码字汇总表中，字与字之间无规律，行与行之间也无内容或形式上的联系，初学者难以在短时间内记住。下面具体介绍二级简码的记忆方法。

1. 淘汰二根字

只由两个字根组成的二级简码字称为“二根字”，如“夫、史、匠”。二根字共 299 个，这些字主要输入两个字根加空格键即可，可忽略不记。遇到两个字根组成的字时，先按二根字输入，若结果不是所要的字，则增加识别码。例如，输入“杜”字时，先输入 SF 加空格键，结果得到“村”字，这时重新键入“SFG”加空格键，得到“杜”字。

2. 强记难字

二级简码中共有 55 个笔画和字根较多、字形复杂难以归类的字，称为“难字”，对付难字别无它法，只能死记硬背，熟能生巧，这 55 个难字如表 5-3 所示。

表 5-3　55 个难字

霜	载	帮	顾	基	睡	餐	哪
笔	秘	肆	换	曙	最	嘛	喧
爱	偿	遥	率	瓣	澡	煤	降
慢	避	愉	懈	绵	弱	纱	贩
晃	宛	晕	嫌	磁	联	怀	互
第	或	毁	菜	曲	向	变	
眼	睛	瞳	眩	这 4 个字与眼睛有关			
脸	胸	膛	胆	这 4 个字与身体部位有关			

3. 以简代繁

用户可以在 A～Y 这 25 个键中，按 AA，AB，AC，…，BA，BB，BC…的规律，输入任意两键的组合，观察出现的汉字，熟悉键位，体会汉字拆分原则。

5.1.5　三级简码的输入

利用上述方法进一步了解字根分布和拆分原则后，可以尝试输入一些字的第三个字根或第一、二、三、末个字根，验证自己对拆分原则和字根布局的掌握程度，逐渐顺利地拆分、输入汉字。正确判定汉字的简码且使用一级简码十分重要，牢记二级简码有助于录入者准确判断击键次数，避免重复试找，从而快速输入汉字。

三级简码是指汉字中，前三个字根在整个编码体系中唯一的汉字。三级简码汉字的输入方法为：第 1 个字根所在键+第 2 个字根所在键+第 3 个字根所在键+空格键。三级简码的输入由于省略第 4 个字根和末笔字型识别码的判定，从而节省了输入时间。

如输入三级简码汉字“耙”，在键盘上输入前三个字根“三、小和巴”所在键 D、I、C，再在键盘上按下空格键即可。

又如输入三级简码汉字“简”，在键盘上输入前 3 个字根“⺮、门、日”所在键 T、U、J，再在键盘上按下空格键即可。

三级简码字和 4 码字虽然都击键 4 次，但是实际上却大不相同。

➢ 三级简码少分析一个字根，减轻了脑力负担。

➢ 三级简码的最后一击是用拇指击打空格键，这样其他手指头可自由变位，有利于迅速投入下一次击键。

三级简码的输入方法是敲前三个字根代码再加空格键。虽然加上空格键后，这个字也要敲四下，但因为有很多字不用再判断识别码，因此无形中提高了输入速度。在五笔字型中，由于有这些简码的存在，单字录入一篇文章，平均每个字码长只有 2.6，就是说你每输入两个字，只需要击 5 次键。

5.2 词组的输入

在五笔字型输入法中，所有词组的编码都为等长的 4 码，因此采用词组的方式输入汉字要比单个输入汉字的速度更快，可以快速提高汉字输入速度。本节将详细介绍输入词组的相关知识及方法。

↑扫码看视频

5.2.1 二字词组的编码规则

二字词组在汉语词汇中所占的比重比较大，掌握其输入方法可以有效地提高输入速度。二字词组的输入方法为：首字的第 1 个字根+首字的第 2 个字根+次字的第 1 个字根+次字的第 2 个字根。如二字词组“词组”的编码为 YNXE，其拆分方法如图 5-2 所示。

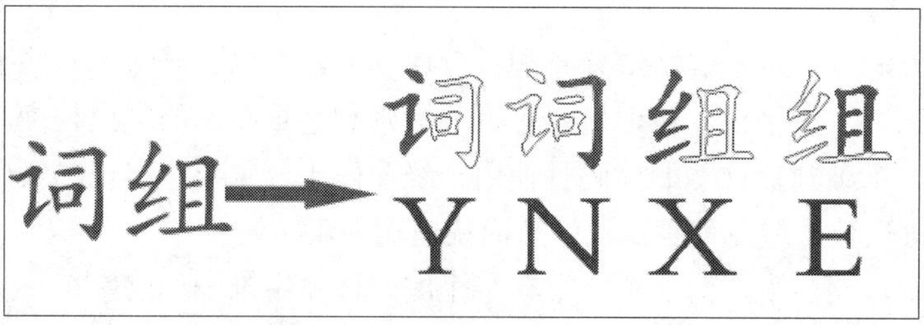

图 5-2

5.2.2 三字词组的编码规则

三字词组在汉语词汇中所占的比重也很大，其输入速度约为普通汉字输入速度的 3 倍，因此可以有效地提高输入速度。三字词组的输入方法为：第一个汉字的第 1 个字根+第二个汉字的第 1 个字根+第三个汉字的第 1 个字根+第三个汉字的第 2 个字根。如三字词组“科学家”的编码为 TIPE，其拆分方法如图 5-3 所示。

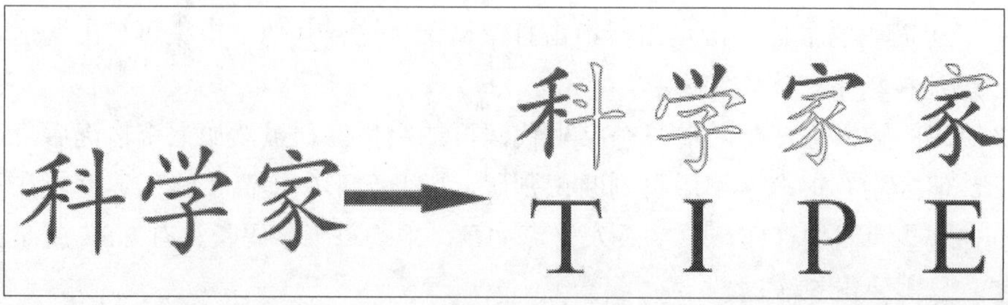

图 5-3

5.2.3　四字词组的编码规则

四字词组在汉语词汇中也占有一定的比重，其输入速度约为普通汉字输入速度的 4 倍，因此使用输入四字词组的方法可以有效地提高文字的输入速度。

四字词组的输入方法为：第一个汉字的第 1 个字根+第二个汉字的第 1 个字根+第三个汉字的第 1 个字根+第四个汉字的第 1 个字根，如四字词组“兄弟姐妹”的编码为 KUVV，其拆分方法如图 5-4 所示。

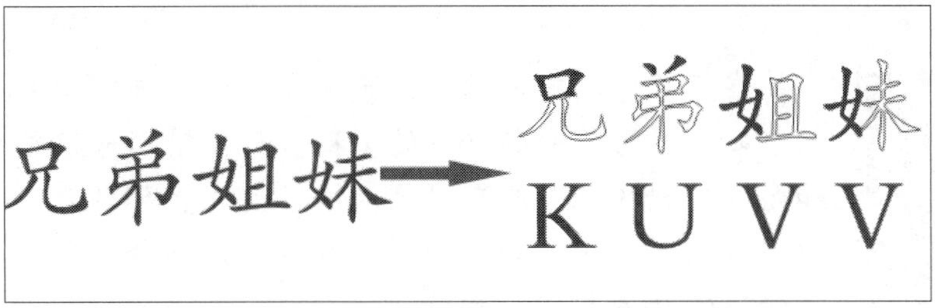

图 5-4

5.2.4　多字词组的编码规则

多字词组在汉语词汇中占有的比重不大，但由于其编码简单、输入速度快，因此也会经常使用。

多字词组的输入方法为：第一个汉字的第 1 个字根+第二个汉字的第 1 个字根+第三个汉字的第 1 个字根+第末个汉字的第 1 个字根。例如，多字词组“中华人民共和国”的编码为 KWWL，其拆分方法如图 5-5 所示。

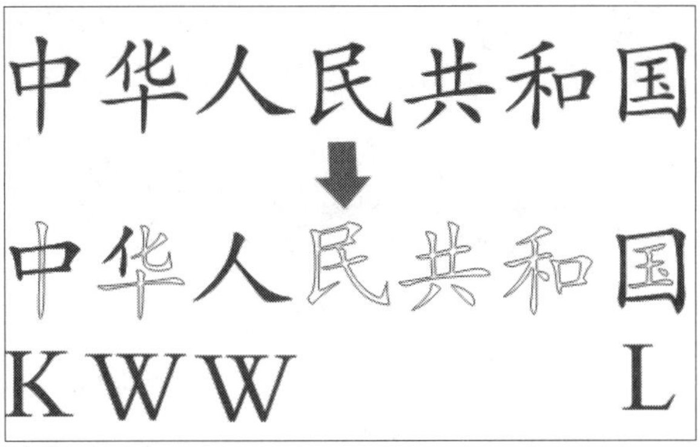

图 5-5

五笔字型输入法完全体现了中文汉字的这一特点，以单字代码为基础，完全依据字型组成了单字代码码型相容的大量词汇代码，并给出了开放式的结构，以利于用户根据需要自行组织词库。

当用户输入 IPXD 后，不能正确显示“汉字编码”这 4 个字，这是五笔输入法的设计缺陷，千万不要怀疑自己的拆分方法，其他字也有类似现象。碰到这种问题，用户可以按照双字词处理，即按“汉字”(氵 又 宀 子，ICPB)、“编码”(纟 丶 石 马，XYDC)拆分，就可以正确输入“汉字编码”这 4 个字。

用户输入 JBYS 时，不能正确显示“电子计算机”这 5 个字，也是五笔字型输入法的设计缺陷。碰到这种问题，用户可以按双字词组和三字词组处理，即按“电子”(日 乙 子 子，JBNN)、“计算机”(讠 竹 木 几，YTSM)拆分，就可以正确输入“电子计算机”这 5 个字。

5.3 重码、万能键和容错码

在五笔字型输入法中，虽然采用识别码的方法减少了大量的重码，但仍会出现少量的重码。而容错码是指容易搞错的码和允许搞错的码。万能键就是键盘上的 Z 键，用于帮助初学者把字找出来，并告知识别码。本节将详细介绍重码、万能键和容错码的相关知识及操作方法。

↑扫码看视频

5.3.1 重码的选择

重码是指在五笔字型输入法中，出现的编码相同的现象。在使用五笔字型输入法输入汉字时，如果多个汉字的编码相同，则软件会根据使用频率进行分级处理，使用频率高的汉字排在前面，选择合适的汉字选项即可输入该汉字。

如果准备输入的汉字排在第一位，则按下空格键或直接输入下文即可输入该汉字，否则按下相应的数字键即可输入其他汉字。下面以输入“巳”为例，介绍重码的选择方法。

第 1 步 打开记事本程序，定位光标，切换到极品五笔输入法，输入编码 NNGN，如图 5-6 所示。

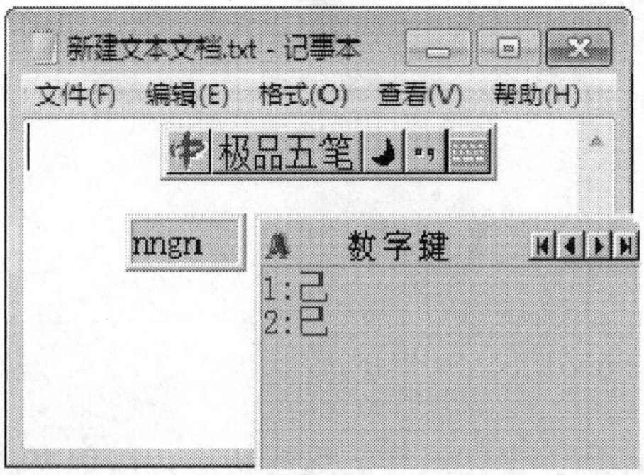

图 5-6

第 2 步 按照候选框中的提示，在键盘上按下数字键 2 即可输入汉字“巳”，如图 5-7 所示。

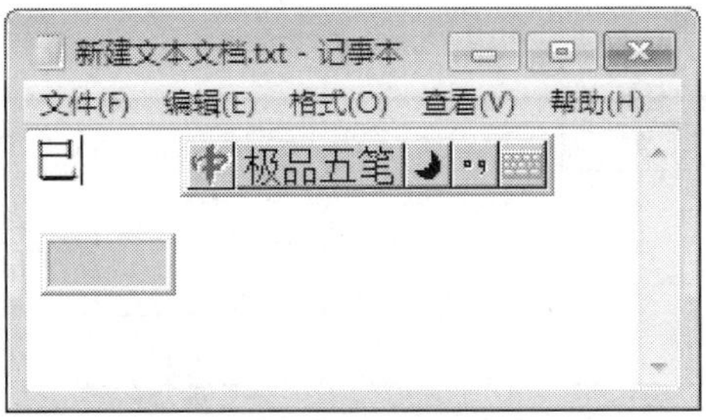

图 5-7

5.3.2　使用万能键

在使用五笔字型输入法时，如果忘记了某个字根所在的字母键或不知道汉字的末笔字型识别码，则可用万能键 Z 来代替。下面以输入“萸”为例，具体介绍万能键的使用方法。

第 1 步　切换到极品五笔输入法后，输入编码 AZWU，如图 5-8 所示。

第 2 步　在键盘上按下数字键 9 即可输入汉字“萸”，如图 5-9 所示。

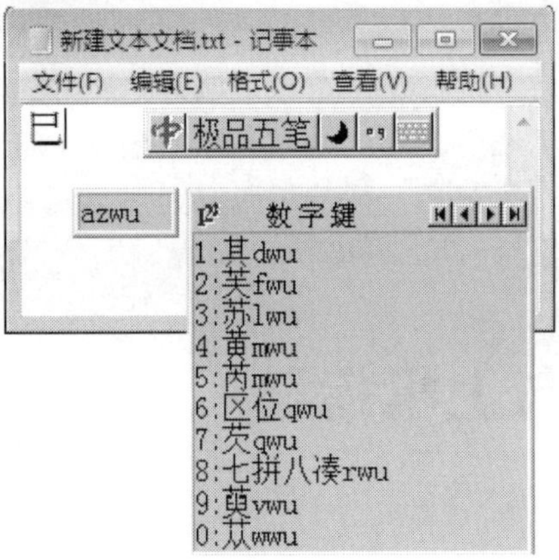

图 5-8

图 5-9

5.3.3　容错码

容错码的含义是：“容易”编错，并“允许”编错的码。容错码的设置，是为了照顾不同人的取码习惯，使他们用容易编错的码，照样可以打出所要的字来。容错码主要有三种类型：编码容错、字型容错和定义后缀，下面分别予以详细介绍。

1. 编码容错

个别汉字的书写笔顺因人而异，致使字根的拆分序列也不尽相同，因而容易弄错。如“长”字就有多种笔顺，有多种容错码，如表 5-4 所示。

2. 字型容错

在五笔字型输入法中，个别汉字的字型分类不易确定，如表 5-5 所示。

表 5-4 编码容错

长	丿	七	丶	③	TAYI	正确码
长	七	丿	丶	③	ATYI	容错码
长	丿	一	乚	丶	TGNY	容错码
长	一	乚	丿	丶	GNTY	容错码

表 5-5 字型容错

占	⺊	口	②	HKF	上下型	正确码
占	⺊	口	③	HKD	杂合型	容错码

3. 定义后缀

为了进一步减少甚至杜绝重码，人为地将一些重码字的最后 1 个码或 2 个码修改为 L，或改为有识别能力的字根的做法，叫“定义后缀”。例如：“喜”与“嘉”重码，输入码都是 FKUK。因为“喜”更常用，输入后显示在提示行的第一位，可以默认上屏，相当于不重码，等于“独享”原来的编码 FKUK；为了使“嘉”在保留原来编码的同时，也能够“一步到位”上屏，就将最后一码 K 改为 L，使“嘉”也可“独享”一个编码 FKUL，这样输入 FKUL 就只出来“嘉”一个字了。因为以 L 为最后一码的编码空间冗余太大，也因为 L 键用右手无名指击键灵活方便，所以要改为 L 而不用别的键。

5.4 实践案例与上机指导

通过本章的学习，读者基本可以掌握使用五笔字型输入法输入汉字的基本知识以及一些常见的操作方法。下面通过练习操作，以达到巩固学习、拓展提高的目的。

↑扫码看视频

5.4.1 特殊符号的输入

如果准备在文字编辑软件中输入特殊符号，可以通过五笔字型输入法快速进行输入。下面以输入特殊符号★为例，介绍输入特殊符号的操作方法。

素材保存路径：配套素材\第 5 章
素材文件名称：特殊符号.docx

第 1 步 打开记事本程序，选择极品五笔输入法后，用鼠标右键单击【软键盘】按钮，在弹出的快捷菜单中选择【特殊符号】菜单项，如图 5-10 所示。

第 2 步 在软键盘上单击准备输入的特殊符号按钮，如图 5-11 所示。

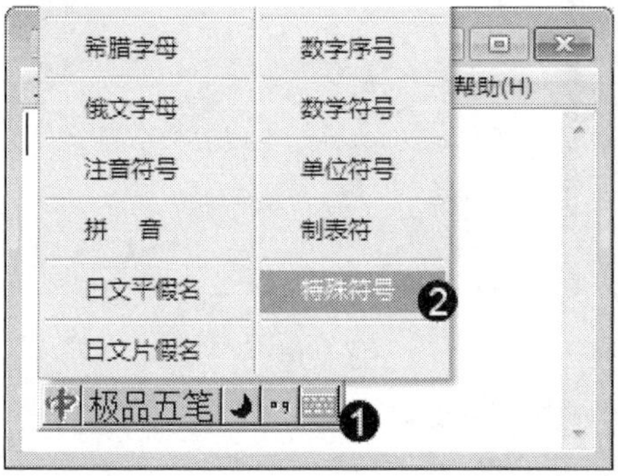

图 5-10

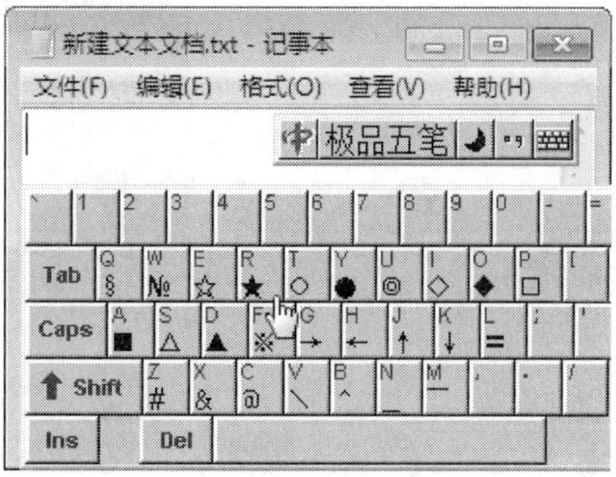

图 5-11

第 3 步 通过以上步骤即可完成输入特殊符号的操作，如图 5-12 所示。

图 5-12

5.4.2　使用字符映射表输入生僻字

使用字符映射表，用户可以输入生僻汉字，满足输入需要。下面具体介绍使用字符映射表输入生僻汉字的操作方法。

素材保存路径：配套素材\第 5 章
素材文件名称：生僻字.docx

第 1 步 在 Windows 系统桌面左下角，*1.* 单击【开始】按钮，*2.* 在【搜索】文本框中输入“字符映射表”并按下键盘上的 Enter 键，如图 5-13 所示。

第 2 步 进入【程序】界面，单击【字符映射表】选项，如图 5-14 所示。

第 3 步 打开【字符映射表】窗口，*1.* 选择准备使用的字体选项，*2.* 选择准备输入的生僻汉字，*3.* 单击【选择】按钮，*4.* 单击【复制】按钮，如图 5-15 所示。

第 4 步 启动系统自带的写字板程序，定位光标，单击左上角的【粘贴】按钮，如图 5-16 所示。

第 5 步 这时在写字板中已输入“馡”字，这样即可完成使用字符映射表输入生僻汉字的操作，如图 5-17 所示。

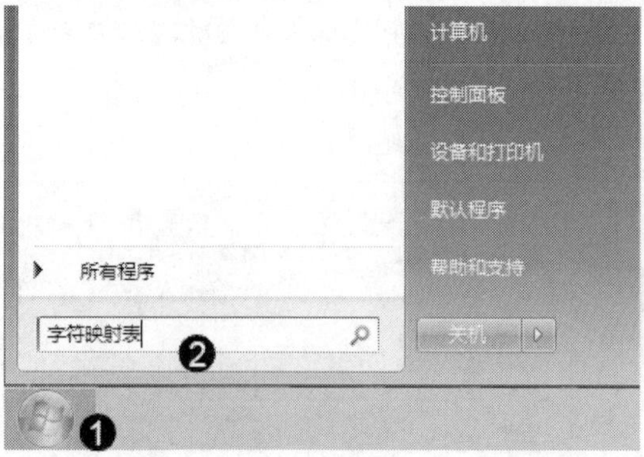

图 5-13

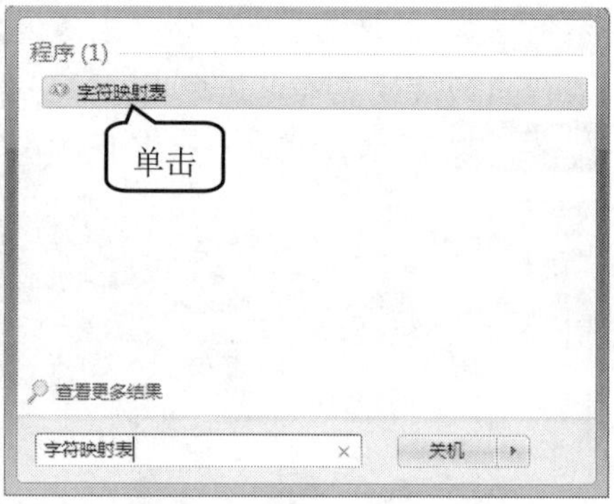

图 5-14

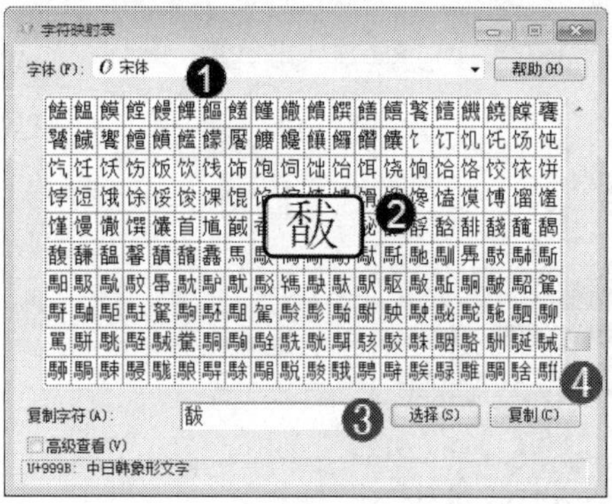

图 5-15

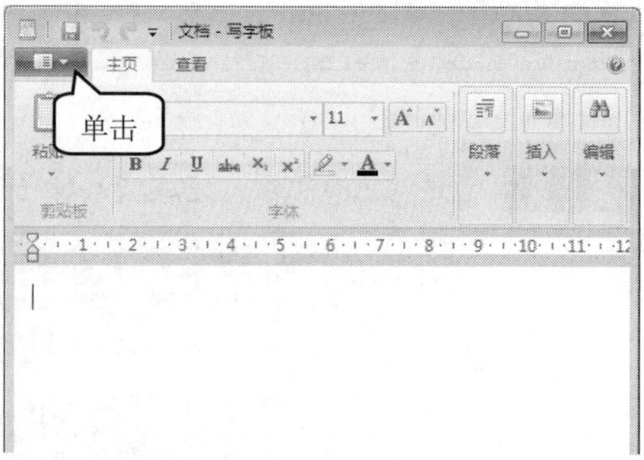

图 5-16

图 5-17

5.4.3 使用金山打字通练习简码汉字的输入

了解五笔字型输入法中简码汉字的输入方法后，可以使用金山打字通软件反复进行简码汉字的输入练习，从而提高汉字的输入速度。

素材保存路径： 无

素材文件名称： 无

第 1 步 启动并运行金山打字通程序，进入主界面，选择【五笔打字】选项，如图 5-18 所示。

第 2 步 进入【五笔打字】界面，选择进行练习的项目，如选择【单字练习】选项，如图 5-19 所示。

图 5-18

图 5-19

第 3 步 进入【单字练习】界面，单击【课程选择】下拉按钮，在弹出的下拉列表中选择【二级简码 1】选项，如图 5-20 所示。

第 4 步 进入“二级简码 1”类汉字的练习界面，用户可以根据编码提示来练习五笔输入，这样即可完成练习简码汉字输入的操作，如图 5-21 所示。

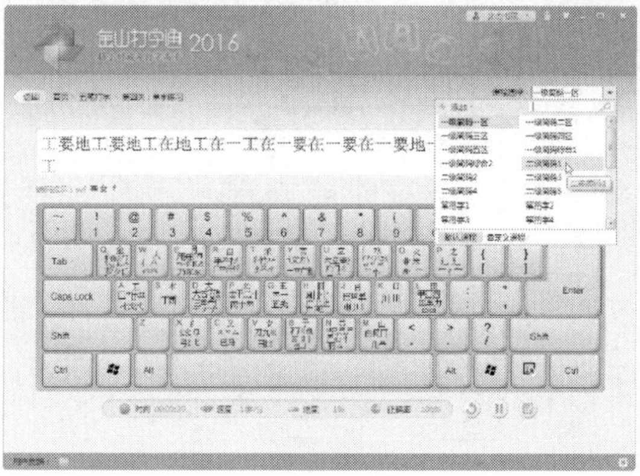

图 5-20

图 5-21

5.5 思考与练习

一、填空题

1. 一级简码，即高频字。在五笔字型输入法中，一级简码的输入方法为：简码汉字所在的_________ +_________。

2. 二级简码是指汉字的编码只有两位，二级简码共有_________多个，掌握二级简码的输入方法，可以快速提高汉字的输入速度。二级简码的输入方法为：第 1 个字根所在键+________+________。

二、判断题

1. 重码是指在五笔字型输入法中，出现的编码相同的现象。在使用五笔字型输入法输入汉字时，如果多个汉字的编码相同，则软件会根据使用频率进行分级处理，使用频率高的汉字排在前面，选择合适的汉字选项即可输入该汉字。 (   )

2. 容错码的含义是：“容易”编错，并“允许”编错的码。容错码的设置，是为了照顾不同人的取码习惯，使他们用容易编错的码，照样可以打出所要的字来。容错码主要有三种类型：编码容错、字型容错和定义后缀。 (   )

三、思考题

1. 如何快速记忆一级简码?

2. 如何输入三级简码?

第 6 章

98 版王码五笔字型

本章要点

- 98 版王码五笔字型概述
- 98 版王码五笔字型基础
- 码元的分布
- 使用口诀输入汉字
- 输入简码
- 输入词组

本章主要内容

本章主要介绍 98 版王码五笔字型概述、98 版王码五笔字型基础、码元的分布、使用口诀输入汉字和输入简码方面的知识与技巧，以及输入词组的方法。在本章的最后还针对实际的工作需求，讲解了使用 Windows 7 专用字符编辑程序造字和设置五笔字型输入法属性的方法。通过本章的学习，读者可以掌握 98 版王码五笔字型方面的知识，为深入学习五笔打字与排版知识奠定基础。

6.1 98 版王码五笔字型概述

随着各种软件的发展与创新，王码公司为了完善 86 版五笔字型输入法，于 1998 年推出了一款改进版的汉字输入法，即“98 版五笔字型输入法”。86 版五笔字型输入法将组成汉字的基本单元称为“字根”，而 98 版将组成汉字的基本单元称为“码元”。本节将详细介绍 98 版五笔字型输入法。

↑ 扫码看视频

6.1.1 98 版王码五笔字型的特点

98 版王码五笔字型输入法是王永民教授为了完善五笔字型输入法，历时 10 年研发，于 1998 年推出的汉字输入法。由于 98 版王码五笔字型是在 86 版五笔字型基础上发展而来的，因此在 98 版王码五笔字型中包括原 86 版五笔字型输入法，以满足原 86 版老用户的需要。另外，98 版王码五笔字型还具有以下几个新特点。

1. 动态取字造词或批量造词

用户可随时在编辑文章的过程中，从屏幕上取字造词，并按编码规则自动合并到原词库中一起使用；也可利用 98 版王码五笔字型提供的词库生成器进行批量造词。

2. 允许用户编辑码表

使用 98 版王码五笔字型，用户可根据自己的需要对五笔字型编码和五笔画编码直接进行编辑修改。

3. 实现内码转换

不同的中文平台所使用的内码并非都一致，利用 98 版王码五笔字型提供的多内码文本转换器可进行内码转换，以兼容不同的中文平台。不同的中文系统往往采用不同的机内码标准，不同内码标准的汉字系统其字符集往往不尽相同。98 版王码五笔字型为了适应多种中文系统平台，提供了多种字符集的处理功能。

4. 多种版本

98 版王码五笔字型系列软件包括 98 王码国标版、98 王码简繁版和 98 王码国际版等多种版本。

5. 运行的多平台性

98 版王码五笔字型在很多种中文系统平台上都能很好地运行。

6. 多种输入法

98 版王码五笔字型除了配备新老版本的五笔字型之外，还有王码智能拼音、简易五笔画和拼音笔画等多种输入方法。

6.1.2　98 版王码五笔字型与 86 版五笔字型的区别

98 版王码五笔字型输入法是在 86 版五笔字型输入法的基础上研发出来的，是 86 版五笔字型输入法的补充与扩展，作了大量的改进，其区别如下。

1. 处理汉字比以前多

在 98 版王码五笔字型中，拥有英文键符小写时输入简体、大写时输入繁体这一专利技术，98 版王码五笔字型除了可以处理国标简体中的 6763 个标准汉字外，还可处理 BIG 5 码中的 13053 个繁体字及大字符集中的 21003 个字符。

2. 码元规范

由于 98 版王码五笔字型创立了一个将相容性(用于将编码重码率降至最低)、规律性(确保五笔字型易学易用)和协调性(键位码元分配与手指功能特点协调一致)三者相统一的理论。因此，设计出的 98 版王码五笔字型的编码码元以及笔顺都完全符合语言规范。

3. 编码规则简单明了

98 版王码五笔字型利用其独创的“无拆分编码法”，将总体形似的笔画结构归结为同一码元，一律用码元来描述汉字笔画结构的特征。因此，在对汉字进行编码时，无须对整字进行拆分，而是直接用原码取码。

6.2　98 版王码五笔字型基础

如果准备使用 98 版王码五笔字型输入法输入汉字，应先掌握 98 版王码五笔字型输入法的基础知识，如什么是码元和 98 版王码五笔字型码元总表等。本节将具体介绍 98 版王码五笔字型基础方面的知识。

↑扫码看视频

6.2.1　码元

码元是指 98 版王码五笔字型输入法中，由若干笔画单独或交叉连接而成的、结构相对不变的、类似于偏旁部首的结构。

码元的作用与字根相同，熟练掌握码元是使用 98 版王码五笔字型输入法输入汉字的基础。在 98 版王码五笔字型中，除了 5 个基本笔画外，还有 150 个主码元和 90 个辅助码元，它们基本上遵照 86 版的三条基本规律来分布。

6.2.2 码元总表

在 98 版王码五笔字型输入法中，将 240 多个码元按规律分配到键盘上的 25 个字母键中，便形成了五笔字型码元总表，如表 6-1 所示。

表 6-1 98 版王码五笔字型码元总表

区 位	字 母	键 名	基本码元	助 记 词
11	G	王	王⺩龶五夫一𠂕丰𡗗	王旁青头五夫一
12	F	土	土士二干十寸雨未甘	土干十寸未甘雨
13	D	大	大犬古石三龷戊厂𠂇ナ镸	大犬戊其古石厂
14	S	木	木朩丁西覀甫	木丁西甫一四里
15	A	工	工戈弋匚廾艹廿龷卄七𠤎匸	工戈草头右框七
21	H	目	目虍且丨亅⺊上止龰少	目上卜止虎头具
22	J	日	日早刂刂川丨曰四虫	日早两竖与虫依
23	K	口	口〢川川	口中两川三个竖
24	L	田	田甲四囗皿罒罓车車皿	田甲方框四车里
25	M	山	山由贝冂⺆冂𠆢	山由贝骨下框集
31	T	禾	禾𥝌𠂉丿𥫗攵夂彳	禾竹反文双人立
32	R	白	白手扌𡭔𠂉气斤⺁㐅斤	白斤气丘叉手提
33	E	月	月⺝白豸𧰨𧘇𧘇𧘇罒彡用力毛	月用力豸毛衣臼
34	W	人	人几亻八癶𡗜	人八登头单人几
35	Q	金	金钅𠂊儿犭勹勹鸟儿夕𠂊夕夕𠂆	金夕鸟儿犭边鱼
41	Y	言	言文方讠丶㇏亠𦍌主	言文方点谁人去
42	U	立	立丷䒑冫辛羊⺶丬丬六门⺼疒爿	立辛六羊病门里
43	I	水	水氺氵氵八小氵⺌⺍氺	水族三点鳖头小
44	O	火	火广业米严小灬※业	火业广鹿四点米
45	P	之	之辶廴宀冖礻衤	之宝盖，补礻衤
51	N	已	已巳己𠃍コ羽户尸尸⺗乙㠯心忄㇄	已类左框心尸羽
52	B	子	子孑了也巜阝卩乃皮卩卪⺋凵耳	子耳了也乃框皮
53	V	女	女刀九巛艮艮彐⺕⺕	女刀九艮山西倒
54	C	又	又ス龴厶巴牜马	又巴牛厶马失蹄
55	X	幺	幺纟纟母𠂉弓匕毌⺊	幺母贯头弓和匕

6.3　码元的分布

在 98 版王码五笔字型输入法中，将字根命名为码元，码元的划分也是按照五种笔画进行分类的。键盘中的划分区域与 86 版王码五笔字型输入法相同，但是码元的位置有了一些变化。本节将详细介绍码元分布的相关知识。

↑扫码看视频

6.3.1　码元的区和位

在 98 版王码五笔字型输入法中，将码元分布在键盘的 25 个字母键中，Z 键除外。按照码元的起笔笔画将码元划分为 5 个区，分别用代码 1、2、3、4 和 5 表示，即是区号；每个区都由 5 个字母键组成，分别用代码 1、2、3、4 和 5 表示，即是位号。每个字母键都用区号加位号来表示，如表 6-2 所示。

表 6-2　码元的区位号

码元区	区　号	位　号	区 位 号	字 母 键
横区	1	1～5	11～15	G、F、D、S、A
竖区	2	1～5	21～25	H、J、K、L、M
撇区	3	1～5	31～35	T、R、E、W、Q
捺区	4	1～5	41～45	Y、U、I、O、P
折区	5	1～5	51～55	N、B、V、C、X

6.3.2　码元键盘

在 98 版王码五笔字型输入法中，将码元按照规律分布在键盘的横、竖、撇、捺和折 5 个区中，作为输入汉字的基本单位，如图 6-1 所示。

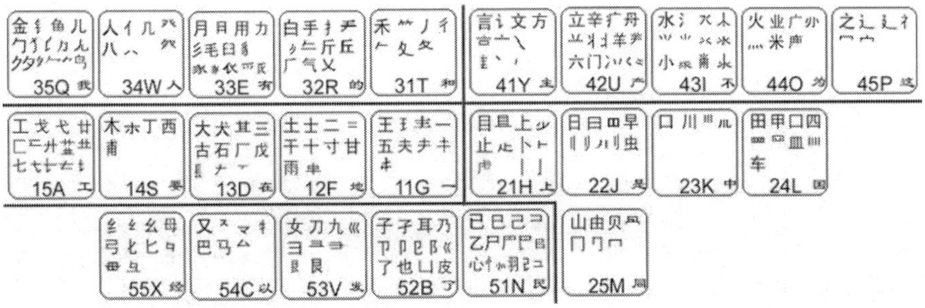

图 6-1

6.3.3 码元的键位分布和速记口诀

码元助记词是一组根据码元编写的速记口诀，用来协助和强化码元的记忆。本小节将分区详细介绍码元助记词，帮助用户快速掌握98版王码五笔字型码元。

1. 横区码元

横区为第1区，码元以横笔画起笔。下面将分别详细介绍横区码元及码元助记词。

(1) 码元分布。

横区的码元分布在字母键G键、F键、D键、S键和A键中，如图6-2所示。

图6-2

(2) 码元详解。

横区为第1区，码元以横笔画起笔。下面依照码元助记词，详细介绍横区每个字母键中的码元，如表6-3所示。

表6-3 横区的码元详解

字 母	区 位	助 记 词	码 元	码元详解
G	11	王旁青头五夫一	王	键名码元
			五夫一	与助记词相同
			龶	青头是指“青”字上部“龶”
			㇀	与“一”字形相似
			牛丰𡗗	与“夫”字形相似
F	12	土干十寸未甘雨	土	键名码元
			干十寸未甘雨	与助记词相同
			士二	横笔画的数量为“2”，区位号为“12”
			亅中	与“十”字形相似
D	13	大犬戊其古石厂	大	键名码元
			犬戊古石厂	与助记词相同
			𠂇丆	与“大”字形相似
			三	横笔画的数量为“3”，区位号为“13”
			卄	与助记词中的“其”字形相似
			镸	与“卄”字形相似

续表

字　母	区　位	助 记 词	码　元	码元详解
S	14	木丁西甫一四里	木	键名码元
			丁西甫	与助记词相同
			朩	与“木”字形相似
			覀	与“西”字形相似
A	15	工戈草头右框七	工	键名码元
			戈七	与助记词相同
			艹	“草头”指部首“艹”
			匚	“右框”即朝向右的方框，指码元“匚”
			廾廿 龷 龷	与“艹”字形相似
			⼟ ⼞ ⼔	与“匚”字形相似
			弋	与“戈”字形相似
			⼔	与“七”字形相似

2. 竖区码元

竖区为第 2 区，码元以竖笔画起笔。下面详细介绍竖区码元及码元助记词。

(1)　码元分布。

竖区的码元分布在字母键 H 键、J 键、K 键、L 键和 M 键中，如图 6-3 所示。

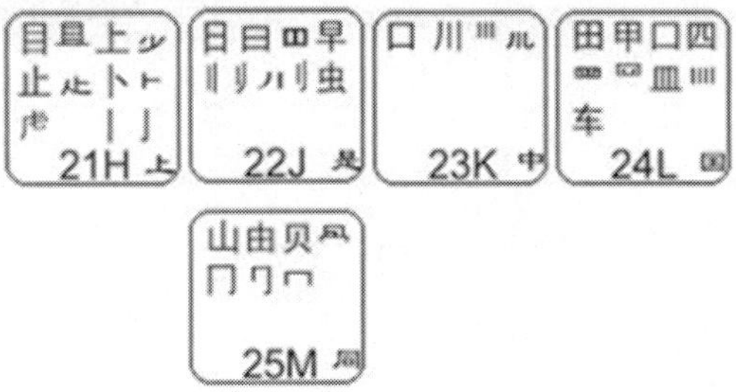

图 6-3

(2)　码元详解。

竖区为第 2 区，码元以竖笔画起笔。下面依照码元助记词，详细介绍竖区每个字母键中的码元，如表 6-4 所示。

3. 撇区码元

撇区为第 3 区，码元以撇笔画起笔，下面详细介绍撇区码元及码元助记词。

(1)　码元分布。

撇区的码元分布在字母键 T 键、R 键、E 键、W 键和 Q 键中，如图 6-4 所示。

表 6-4 竖区的码元详解

字 母	区 位	助 记 词	码 元	码元详解
H	21	目上卜止虎头具	目	键名码元
			上卜止	与助记词相同
			虍且	“虎头具”指“虎具”字的上部，即码元“虍且”
			⺊	与“上”字形相似
			龰⺌	与“止”字形相似
			丨亅	竖笔画的数量为“1”，区位号为“21”
J	22	日早两竖与虫依	日	键名码元
			早虫	与助记词相同
			刂⺝川刂	“两竖”包含的码元
			曰⺜	与“日”字形相似
K	23	口中两川三个竖	口	键名码元
			儿川	“两川”指字根“儿川”
			川	“三个竖”指码元“川”
L	24	田甲方框四车里	田	键名码元
			甲四车	与助记词相同
			囗	“方框”指码元“囗”
			皿罒四㓁	与“四”字形相似
			車	“车”的繁体表达方式
			川丨	竖笔画数量“4”，区位“24”
M	25	山由贝骨下框集	山	键名码元
			由贝	与助记词相同
			冂	“下框”指码元“冂”
			⺆门	与“冂”字形相似
			冎	与助记词“骨”相似

图 6-4

(2) 码元详解。

撇区为第 3 区，码元以撇笔画起笔。下面依照码元助记词，详细介绍撇区每个字母键中的码元，如表 6-5 所示。

表 6-5　撇区的码元详解

字　母	区　位	助 记 词	码　元	码元详解
T	31	禾竹反文双人立	禾	键名码元
			⺮	与助记词“竹”音同的部首
			攵	“反文”指码元“攵”
			彳	“双人立”指码元“彳”
			禾	与“禾”字形相似
			夂	与“攵”字形相似
			𠂉 丿	撇笔画数“1”，区位“31”
R	32	白斤气丘叉手提	白	键名码元
			斤气手	与助记词相同
			斤	与助记词“丘”字形相似
			乂	“叉”指码元“乂”
			扌 手 手	与“手”字形相似
			彡 厂	撇笔画数“2”，区位“32”
E	33	月用力豸毛衣臼	月	键名码元
			用力豸毛臼	与助记词相同
			爫 豕	与“豸”字形相似
			𧘇 衣 𠂣	与助记词“衣”字形相似
			冃	与“月”字形相似
			彡	撇笔画数“3”，区位“33”
W	34	人八登头单人几	人	键名码元
			八几	与助记词相同
			癶 癶	与“八”字形相似
			亻	与“人”字形相似
Q	35	金夕鸟儿犭边鱼	金	键名码元
			夕儿犭	与助记词相同
			钅	与“金”音同的部首
			鸟 鱼	与助记词字形相似
			勹 𠂊 夕 𠂆 勹	与“夕”字形相似
			儿 力	与“儿”字形相似

4. 捺区码元

捺区为第 4 区，码元以捺笔画起笔。下面将详细介绍捺区码元及码元助记词。

(1)　码元分布。

捺区的码元分布在字母键 Y 键、U 键、I 键、O 键和 P 键中，如图 6-5 所示。

图 6-5

(2) 码元详解。

捺区为第 4 区，码元以捺笔画起笔。下面依照码元助记词，详细介绍捺区每个字母键中的码元，如表 6-6 所示。

表 6-6 捺区的码元详解

字　母	区　位	助 记 词	码　元	码元详解
Y	41	言文方点谁人去	言	键名码元
			文方丶	与助记词相同
			讠 圭	“谁人去”指“谁”字去掉“亻”，即码元“讠 圭”
			亠 言	捺笔画数“1”，区位“41”
			㇏	与“丶”字形相似
U	42	立辛六羊病门里	立	键名码元
			辛六羊门	与助记词相同
			丬 丷 䒑 冫 丬 爿	捺数量为“2”，区位号为“42”
			疒	与助记词“病”字形相似
			丬	与“羊”字形相似
			爿	特殊记忆
I	43	水族三点鳖头小	水	键名码元
			小	与助记词相同
			氵	捺数量“3”，区位号为“43”
			水 冫 ⺀ 八	与“水”字形相似
			㡀	“鳖头”指码元“㡀”
			氺	与“小”字形相似
O	44	火业广鹿四点米	火	键名码元
			广 户 业米	与助记词相同
			灬	“四点米”指码元“灬”
			亦 业	与“业”字形相似
			※	与“米”字形相似

续表

字　母	区　位	助 记 词	码　元	码元详解
P	45	之宝盖，补礻衤	之	键名码元
			冖宀	“宝盖”指码元“冖宀”
			辶廴	与“之”字形相似

5. 折区码元

折区为第 5 区，码元以折笔画起笔。下面详细介绍折区码元及码元助记词。

(1) 码元分布。

折区的码元分布在字母键 N 键、B 键、V 键、C 键和 X 键中，如图 6-6 所示。

图 6-6

(2) 码元详解。

折区为第 5 区，码元以折笔画起笔。下面依照码元助记词，详细介绍折区每个字母键中的码元，如表 6-7 所示。

表 6-7　折区的码元详解

字　母	区　位	助 记 词	码　元	码元详解
N	51	已类左框心尸羽	已巳己	“已类”指码元“已巳己”
			コ㇆	“左框”指码元“コ㇆”
			羽尸心	与助记词相同
			𠃜户吕	与“尸”字形相似
			忄	与“心”音同的部首
			乙㇄	“折”笔画“1”，区位“51”
			⺗	与“忄”字形相似
B	52	子耳了也乃框皮	子	键名码元
			了耳也乃皮	与助记词相同
			孑	与“子”字形相似
			巜	“折”笔画“2”，区位“52”
			阝卩㔾⺋𠃊	与“耳”音同的部首
			凵	“框”指码元“凵”

续表

字　母	区　位	助 记 词	码　元	码元详解
V	53	女刀九艮山西倒	女	键名码元
			刀九艮	与助记词相同
			艮	与“艮”字形相似
			彐	“山西倒”指码元“彐”
			巛	“折”笔画“3”，区位“53”
			⺕ 𰀁	与“彐”字形相似
C	54	又巴牛厶马失蹄	又	键名码元
			巴⺧厶	与助记词相同
			ス マ	与“又”字形相似
			马	“马失蹄”指码元“马”
X	55	幺母贯头弓和匕	幺	键名码元
			母弓匕	与助记词相同
			毌	“贯头”指码元“毌”
			𠂉	与“毌”字形相似
			⺊	与“匕”字形相似
			纟 纟	与“幺”字形相似

6.4 使用口诀输入汉字

了解了 98 版王码五笔字型输入法的一些基础知识和码元分布的速记口诀后，接下来我们就可以学习下汉字的输入方法了。

↑扫码看视频

6.4.1 输入键名码元

键名码元是指在五笔字型码元表中，每个码元键上的第一个汉字码元。键名码元的输入方法为：连续击打 4 次键名码元所在的字母键。键名码元一共有 25 个，其分布如表 6-8 所示。

表 6-8　键名码元的分布

键　名	字　母	键　名	字　母	键　名	字　母
王	G	目	H	禾	T
之	P	已	N	土	F
日	J	白	R	火	O
子	B	大	D	口	K
月	E	水	I	女	V
木	S	田	L	人	W
立	U	又	C	工	A
山	M	金	Q	言	Y
幺	X				

6.4.2　输入成字码元

成字码元是指五笔字型码元表中，除了键名码元外的汉字码元。成字码元的输入方法为：成字码元所在键+首笔笔画所在键+次笔笔画所在键+末笔笔画所在键。下面举例说明成字码元的输入方法，如表 6-9 所示。

表 6-9　成字码元的分布

汉　字	码　元	编　码	汉　字	码　元	编　码
业	业丨丨一	OHHG	文	文丶一丶	YYGY
皮	皮乙丿丶	BNTY	艮	艮乙一丶	VNGY
未	未一一丶	FGGY	犬	犬一丿丶	DGTY
甫	甫一丨丶	SGHY	丁	丁一亅	SGH
母	母乙乙丶	XNNY	刀	刀乙丿	VNT
虫	虫丨乙丶	JHNY	石	石一丿一	DGTG

6.4.3　输入补码码元

补码码元是指在 98 版王码五笔字型输入法中，在输入码元“犭、礻和衤”时，需要先输入码元所在键，再补一个笔画码，如表 6-10 所示。

表 6-10　补码码元的输入方法

汉　字	第 1 个码元	笔 画 码	第 2 个码元	第末个码元/末笔识别	编　码
獐	犭	丿(T)	立	早	QTUJ
狒	犭	丿(T)	弓	川	QRXJ

续表

汉 字	第1个码元	笔 画 码	第2个码元	第末个码元/末笔识别	编 码
社	礻	丶(Y)	土	G	PYFG
礼	礻	丶(Y)	乙	N	PYNN
补	衤	㇀(U)	卜	Y	PUHY
被	衤	㇀(U)	皮	Y	PUBY

6.4.4 输入5个单笔画码元

5种单笔画码元是指“一”“丨”“丿”“丶”和“乙”，使用五笔字型输入法可以直接输入5个单笔画。5种单笔画的输入方法为：码元所在键+码元所在键+L键+L键，其编码如表6-11所示。

表6-11 5种单笔画的编码

笔 画	码元所在键	码元所在键	字 母	字 母	编 码
一	G	G	L	L	GGLL
丨	H	H	L	L	HHLL
丿	T	T	L	L	TTLL
丶	Y	Y	L	L	YYLL
乙	N	N	L	L	NNLL

上述介绍的都是键面字的输入方法，键面字是指在98版王码五笔字型码元表中显示的，既是码元又是汉字的码元汉字。而用五笔输入法输入汉字还有键外字的输入，键外字是指在五笔字型码元表中找不到的汉字。根据码元的数目，可以分为正好4个码元的汉字、超过4个码元的汉字和不足4个码元的汉字3种情况。

正好4个码元的汉字是指刚好可以拆分成4个码元的汉字。4个码元汉字的输入方法为：第1个码元所在键+第2个码元所在键+第3个码元所在键+第4个码元所在键。下面用表6-12举例说明正好4个码元汉字的输入方法。

表6-12 正好4个码元汉字的输入

汉 字	第1个码元	第2个码元	第3个码元	第4个码元	编 码
屦	尸	彳	米	女	NTOV
量	曰	一	曰	土	JGJF

超过4个码元的汉字是指可以拆分成5个或5个以上码元的汉字。超过4个码元的汉字的输入方法为：第1个码元所在键+第2个码元所在键+第3个码元所在键+第末个码元所在键。下面举例说明超过4个码元的汉字的输入方法，如表6-13所示。

不足4个码元的汉字是指可以拆分成不足4个码元的汉字。不足4个码元的汉字的输入方法为：第 1 个码元所在键+第 2 个码元所在键+第 3 个码元所在键+末笔字型识别码。下面举例说明不足 4 个码元的汉字的输入方法，如表 6-14 所示。

表 6-13　超过 4 个码元汉字的输入

汉　字	第 1 个码元	第 2 个码元	第 3 个码元	第末个码元	编　码
嗜	口	土	丿	日	KFTJ
键	钅	彐	二	廴	QVGP
融	一	口	冂	虫	GKMJ

表 6-14　不足 4 个码元汉字的输入

汉　字	第 1 个码元	第 2 个码元	第 3 个码元	末笔字型识别码	编　码
期	甘	八	月	G	DWEG
敏	𠂉	母	攵	Y	TXTY
字	宀	子	无	F	PBF

6.5　输　入　简　码

在 98 版王码五笔字型输入法中，为了减少击键次数，对于常用汉字，只取其编码的第一、二或三个字根进行编码，再追加一个空格键作为结束，构成了简码。本节将详细介绍简码汉字输入的相关知识及方法。

↑扫码看视频

6.5.1　一级简码的输入

一级简码即高频字，在五笔字型输入法中，是汉字中使用频率最高的 25 个字，其输入方法为：简码汉字所在键+空格键。一级简码在键盘上的分布如图 6-7 所示。

图 6-7

6.5.2 二级简码的输入

二级简码是指汉字的编码只有两位，使用二级简码可以免敲识别码和其余编码，录入汉字时相当便捷，二级简码包含 600 多个最常用的汉字及编码，掌握其输入方法，可以提高汉字的输入速度。二级简码的输入方法为：第 1 个码元所在键+第 2 个码元所在键+空格键，二级简码的汇总如表 6-15 所示。

表 6-15 二级简码汇总表

	GFDSA	HJKLM	TREWQ	YUIOP	NBVCX
G	五于天末开	下理事画现	麦珀表珍万	玉来求亚琛	与击妻到互
F	十寺城某域	直刊吉雷南	才垢协零无	坊增示赤过	志坡雪支坶
D	三夺大厅左	还百右面而	故原历其克	太辜砂矿达	成破肆友龙
S	本票顶林模	相查可柬贾	枚析杉机构	术样档杰枕	札李根权楷
A	七革苦莆式	牙划或苗贡	攻区功共匹	芳蒋东蘑芝	艺节切芭药
H	睛睦非盯瞒	步旧占卤贞	睡睥肯具餐	虔瞳叔虚瞎	虑 眼眸此
J	量时晨果晓	早昌蝇曙遇	鉴蚯明蛤晚	影暗晃显蛇	电最归坚昆
K	号叶顺呆呀	足虽吕喂员	吃听另只兄	唁咬吵嘛喧	叫啊啸吧哟
L	车团因困轼	四辊回田轴	略斩男界罗	罚较 辘连	思团轨轻累
M	赋财央崧曲	由则迥崭册	败冈骨内见	丹赠峭赃迪	岂邮 峻幽
T	年等知条长	处得各备身	秩稀务答稳	入冬秒秋乏	乐秀委么每
R	后质拓打找	看提扣押抽	手折拥兵换	搞拉泉扩近	所报扫反指
E	且肚须采肛	毡胆加舆觅	用貌朋办胸	肪胶膛脏边	力服妥肥脂
W	全什估休代	个介保佃仙	八风佣从你	信们偿伙伫	亿他分公化
Q	钱针然钉氏	外旬名甸负	儿勿角欠多	久匀尔炙锭	包迎争色锴
Y	证计诚订试	让刘训亩市	放义衣认询	方详就亦亮	记享良充率
U	半斗头亲并	着间问闸端	道交前闪次	六立冰普帝	闷疗妆痛北
I	光汗尖浦江	小浊溃泗油	少汽肖没沟	济洋水渡党	沁波当汉涨
O	精庄类床席	业烛燥库灿	庭粕粗府底	广粒应炎迷	断籽数序鹿
P	家守害宁赛	寂审宫军宙	客宾农空宛	社实宵灾之	官字安 它
N	那导居懒异	收慢避惭届	改怕尾恰懈	心习尿屡忱	已敢恨怪尼
N	卫际承阿陈	耻阳职阵出	降孤阴队陶	及联孙耿辽	也子限取陛
V	建寻姑杂既	肃旭如姻妯	九婢姐妗婚	妨嫌录灵退	恳好妇妈姆
C	马对参牺戏	裸台劝观	矣牟能难物	驻骈此 驼	予邓艰双牝
X	线结顷缚红	引旨强细贯	乡绵组给约	纺弱纱继综	纪级绍弘比

6.5.3　三级简码的输入

三级简码由汉字的前 3 个码元组成，只要一个字的前 3 个码元在整个编码体系中是唯一的，一般都选作三级简码，共有 4400 个之多，对于此类汉字，只要打其 3 个码元代码再加空格键即可输入。虽然要打空格键，没有减少总的击键次数，单由于省略了最末一个码元或识别码的判定，故可达到易学易用和提高输入速度的目的，举例如表 6-16 所示。

表 6-16　三级简码的输入

三级简码	汉　字	第一码元	第二码元	第三码元	识 别 码	编　码
全码	华	华	华	华	丨	WXFJ
简码	华	华	华	华	空格	WXF
全码	情	情	情	情	一	NGEG
简码	情	情	情	情	空格	NGE

在打完字根而还打不出该字的时候，需要加一个特定的编码，这个编码是根据该字的结构及最后笔画来确定的，这就是“末笔字型识别码”。

末笔字型识别码是将汉字的末笔笔画代码作为识别码的区号，汉字字型代码作为识别码的位号，组成的区位码所对应的字母键。定位“末笔字型识别码”分以下两步。

(1) 该字末笔是哪种笔画(一、丨、丿、丶、乙)。

(2) 汉字是哪种结构：右结构、下结构、它结构。

公式：末笔识别码 = 末笔画 × 字结构(左右 1、上下 2、集合 3) 示例：

“玟”的末笔识别码 = 末笔画(丶) × 字结构(左右结构 1)= 丶× 1 = 丶 =Y；

“青”的末笔识别码 = 末笔画(一) × 字结构(上下结构 2)= 一× 2 = 二 = F；

“里”的末笔识别码 = 末笔画(一) × 字结构(集合结构 3)= 一× 3 = 三 = D。

6.6　输 入 词 组

在 98 版王码五笔字型输入法中，词组的编码也是 4 个，因此通过词组的输入，可以快速提高汉字输入速度。本节将介绍二字词组、三字词组、四字词组和多字词组的输入方法。

↑扫码看视频

6.6.1　二字词组的输入

二字词组在汉语词汇中占有相当大的比重，掌握其输入方法可以有效地提高输入速度。

二字词组的输入方法为：首字的第 1 个码元+首字的第 2 个码元+次字的第 1 个码元+次字的第 2 个码元，如表 6-17 所示。

表 6-17 二字词组的输入

词 组	拆分方法	码 元	编 码
相信	相相信信	木目亻言	SHWY
好运	好好运运	女子二厶	VBFC
欣喜	欣欣喜喜	斤⺈士口	RQFK

6.6.2 三字词组的输入

三字词组在汉语词汇中所占比重也较大，其输入方法为：第一个汉字的第 1 个码元+第二个汉字的第 1 个码元+第三个汉字的第 1 个码元+第三个汉字的第 2 个码元，如表 6-18 所示。

表 6-18 三字词组的输入

词 组	拆分方法	码 元	编 码
星期二	星期二二	日其二一	JAFG
喜洋洋	喜洋洋洋	士氵氵丷	FIIU

6.6.3 四字词组的输入

四字词组在汉语词汇中也有一定比重，其输入方法为：第一个汉字的第 1 个码元+第二个汉字的第 1 个码元+第三个汉字的第 1 个码元+第四个汉字的第 1 个码元，输入方法的实例如表 6-19 所示。

表 6-19 四字词组的输入

词 组	拆分方法	码 元	编 码
大吉大利	大吉大利	大士大禾	DFDT
高高兴兴	高高兴兴	亠亠⺌⺌	YYII
春暖花开	春暖花开	三日廿一	DJAG

6.6.4 多字词组的输入

多字词组在汉语词汇中占有的比重不是很大，但因其编码简单，输入速度快，因此经常被使用。多字词组的输入方法为：第一个汉字的第 1 个码元+第二个汉字的第 1 个码元+第三个汉字的第 1 个码元+第末个汉字的第 1 个码元，如表 6-20 所示。

表 6-20　多字词组的输入

词　组	拆分方法	码　元	编　码
硕士研究生	硕士研究生	石士石丿	DFDT
中华人民共和国	中华人民共和国	口亻人口	KWWL
中国共产党	中国共产党	口口 龷 ⺌	KLAI

6.7　实践案例与上机指导

通过本章的学习，读者基本可以掌握 98 版王码五笔字型输入法的基本知识以及一些常见的操作方法、下面通过练习操作，以达到巩固学习、拓展提高的目的。

↑扫码看视频

6.7.1　使用 Windows 7 专用字符编辑程序造字

专用字符编辑程序是 Windows 7 系统自带的程序，该程序能够帮助用户造出字符，当电脑字库里没有某个字，但又十分需要这个字的时候，就可以使用该程序。

素材保存路径：无

素材文件名称：无

第 1 步 在 Windows 7 操作系统桌面左下角，**1.** 单击【开始】按钮，**2.** 在【搜索】文本框里面输入“专用字符编辑程序”，**3.** 选择该程序选项，如图 6-8 所示。

第 2 步 打开【专用字符编辑程序】窗口，弹出【选择代码】对话框，单击【确定】按钮，如图 6-9 所示。

第 3 步 **1.** 单击【窗口】菜单，**2.** 选择【参照】菜单项，如图 6-10 所示。

第 4 步 弹出【参照】对话框，**1.** 选择一个参照字，如“锐”，**2.** 单击【确定】按钮，如图 6-11 所示。

第 5 步 进入下一界面，**1.** 在工具栏中单击【矩形选项】工具⬚，**2.** 在右侧的窗口中框选需要的金字旁，如图 6-12 所示。

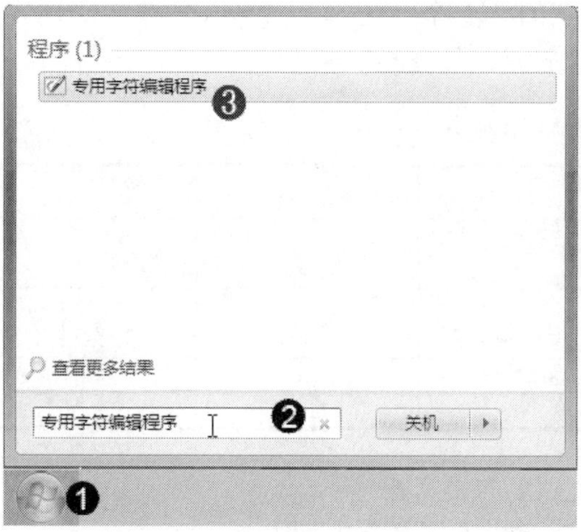

图 6-8

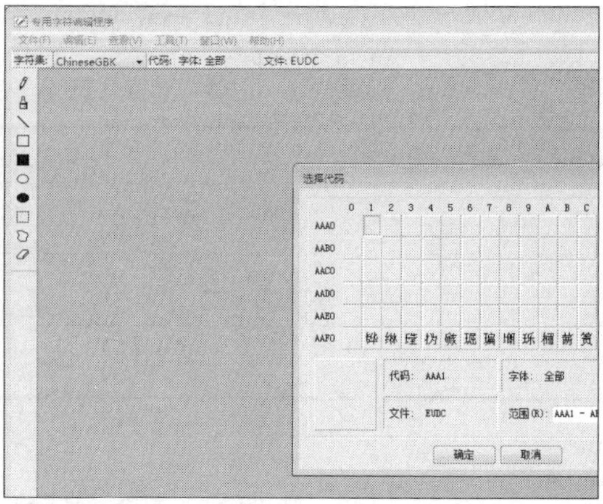

图 6-9

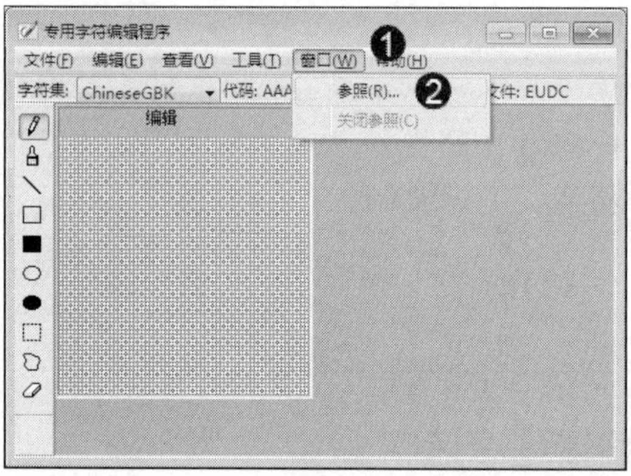

图 6-10

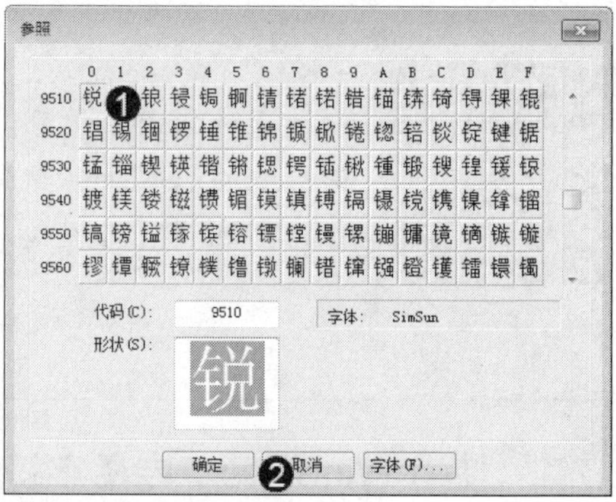

图 6-11

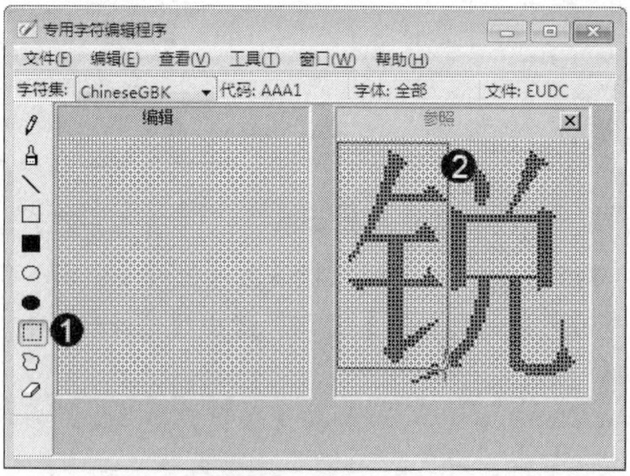

图 6-12

第 6 步 拖动鼠标，将选中的金字旁移动到左边的编辑框中，如图 6-13 所示。

第 7 步 选择工具栏中的橡皮擦工具，擦掉多余的部分，如图 6-14 所示。

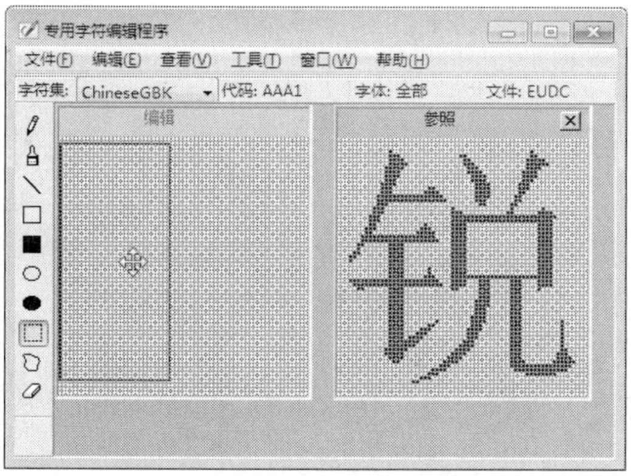

图 6-13

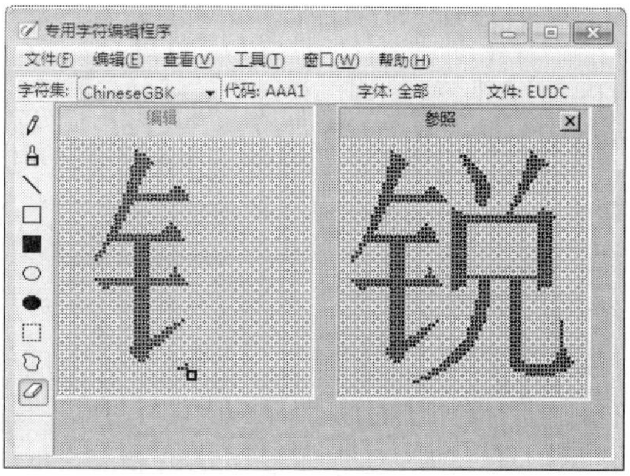

图 6-14

第 8 步 *1.* 再次单击菜单栏中的【窗口】菜单，*2.* 在弹出的菜单中选择【参照】菜单项，如图 6-15 所示。

第 9 步 弹出【参照】对话框，*1.* 选择参照字，如“頁”，*2.* 单击【确定】按钮，如图 6-16 所示。

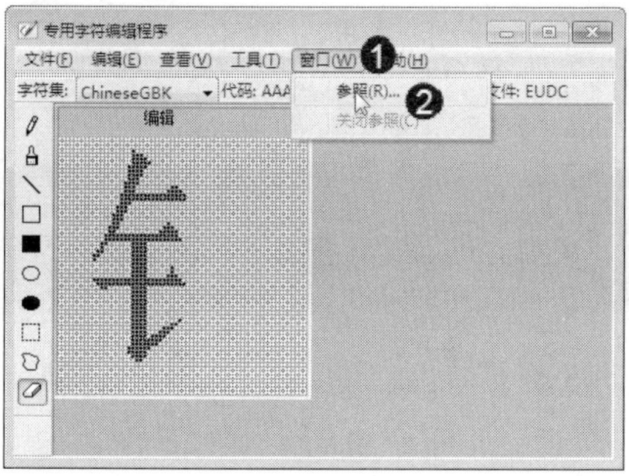

图 6-15

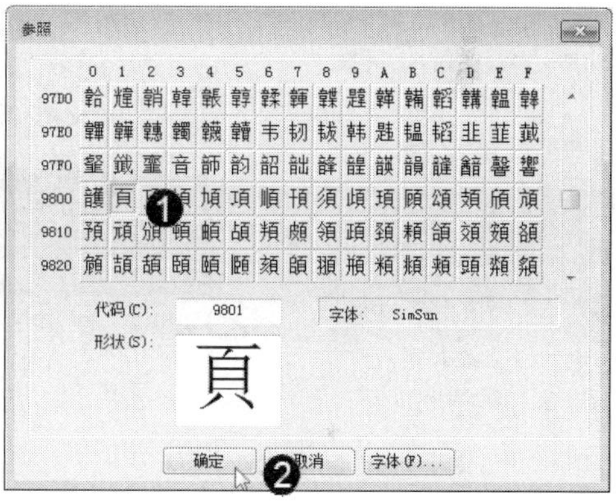

图 6-16

第 10 步 再次在工具栏中单击【矩形选项】工具，框选右侧的汉字，如图 6-17 所示。

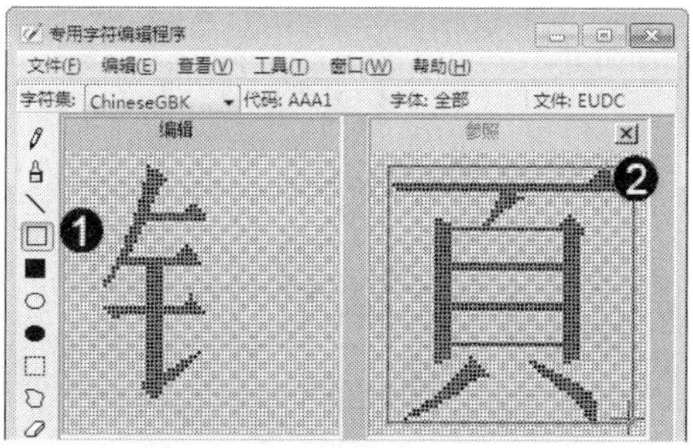

图 6-17

第 11 步 拖动鼠标，将“頁”移动到左侧编辑框，并调整“頁”的宽度和高度，使之与金字旁高度一致，如图 6-18 所示。

第 12 步 1. 单击【字符集】下拉按钮，2. 在弹出的下拉列表中选择 Unicode 选项，如图 6-19 所示。

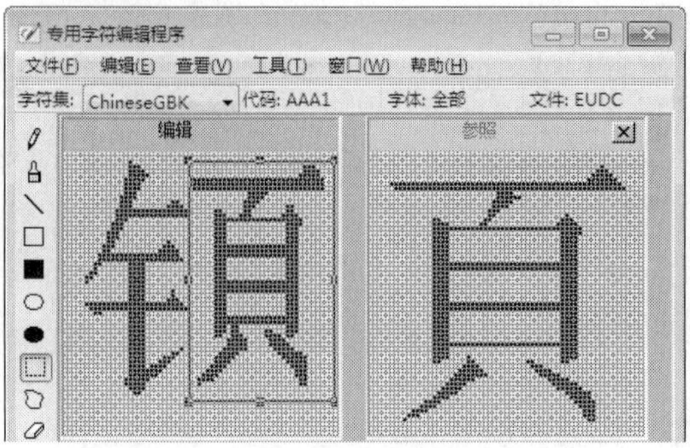

图 6-18

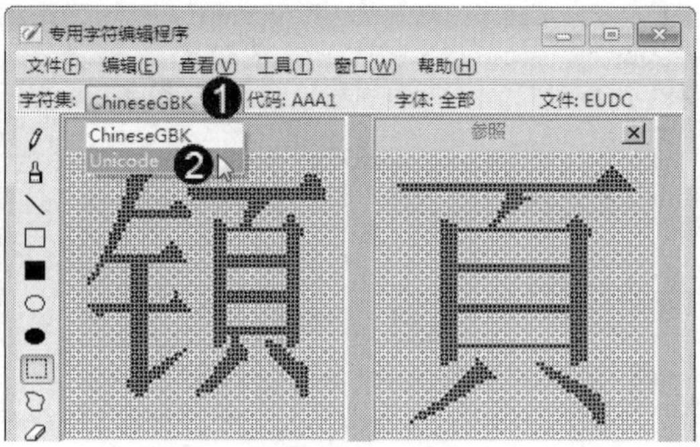

图 6-19

第 13 步 1. 单击【编辑】菜单，2. 选择【保存字符】菜单项，即可完成合成文字的操作，如图 6-20 所示。

第 14 步 1. 单击【编辑】菜单，2. 选择【复制字符】菜单项，如图 6-21 所示。

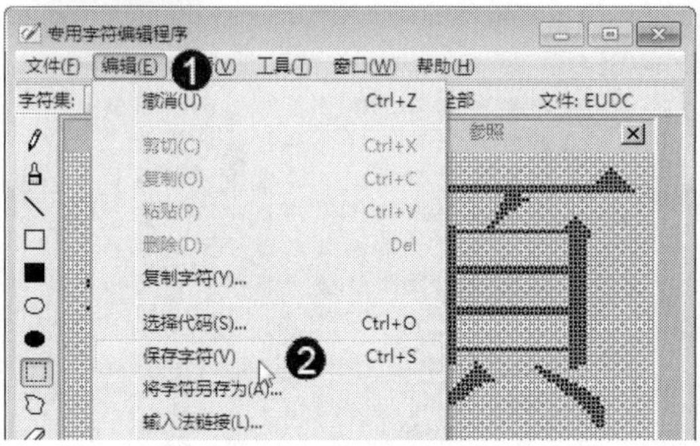

图 6-20

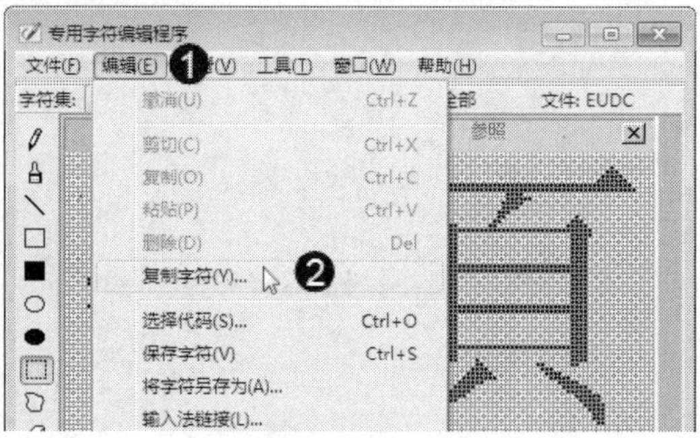

图 6-21

第 15 步 弹出【复制字符】对话框，输入刚刚造字的 Unicode 代码 E000，刚刚合成的文字就会出现在复制框中了，如图 6-22 所示。

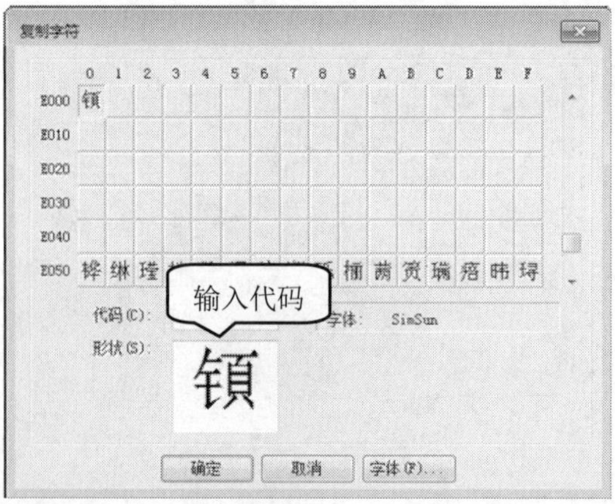

图 6-22

第 16 步 使用鼠标右键单击该文字，在弹出的快捷菜单中选择【复制】菜单项，如图 6-23 所示。

第 17 步 启动 Word 应用程序，切换到【开始】选项卡，单击【剪贴板】组中的【粘贴】按钮，即可将所造的字输入到 Word 文档中，如图 6-24 所示。

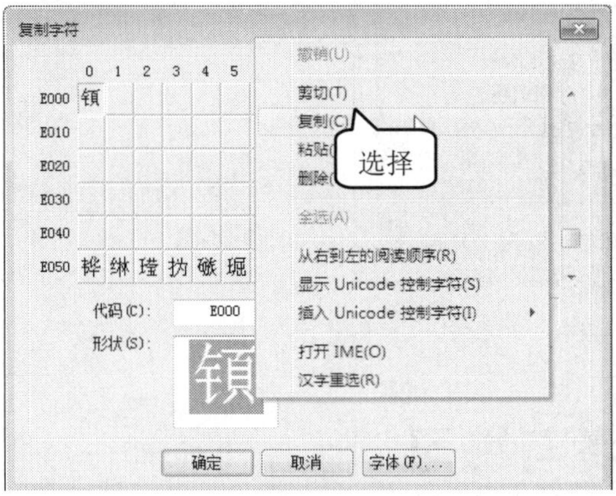

图 6-23

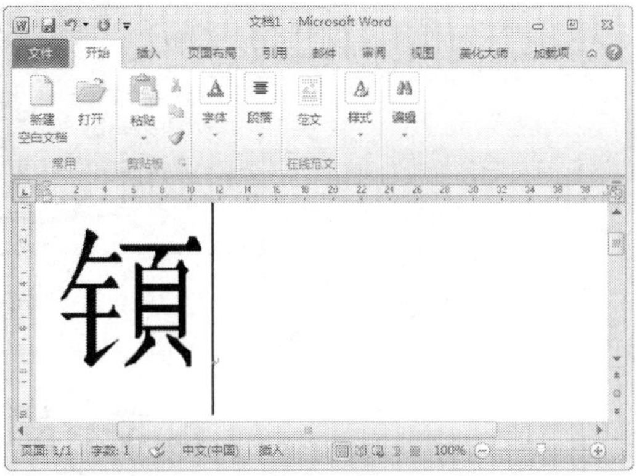

图 6-24

6.7.2　设置五笔字型输入法属性

在日常的工作和学习中，会经常需要写述职报告或新闻报道等文档，Word 2010 提供了功能十分完善的“稿纸设置”功能，并可以按照设置的页面格式打印。

素材保存路径：无
素材文件名称：无

使用极品五笔字型输入法可以很方便地设置输入法的属性，下面详细介绍其操作方法。

第 1 步 选择极品五笔输入法后，使用鼠标右键单击输入法状态条的空白处，在弹出的快捷菜单中，选择【设置】菜单项，如图 6-25 所示。

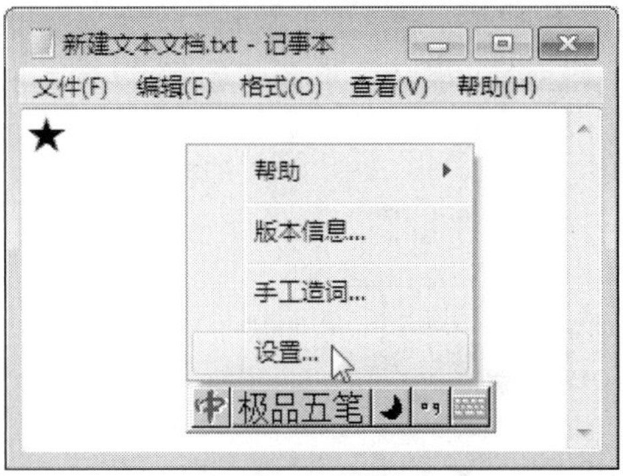

图 6-25

第 2 步 弹出【输入法设置】对话框，用户可在该对话框里详细地设置输入法的属性，设置完成后单击【确定】按钮即可，如图 6-26 所示。

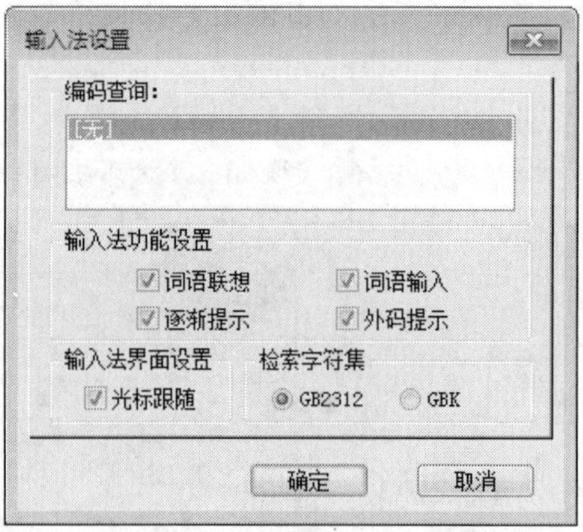

图 6-26

6.8 思考与练习

一、填空题

1. 98 版王码五笔字型输入法是在 86 版五笔字型输入法的基础上研发出来的，是 86 版五笔字型输入法的补充与扩展，作了大量的改进，其区别为________和________。

2. 在 98 版王码五笔字型输入法中，将码元分布在键盘中的________个字母键中，Z 键除外。按照码元的起笔笔画将码元划分为________个区，分别用代码 1、2、3、4 和 5 表示，即是________；每个区都由 5 个字母键组成，分别用代码 1、2、3、4 和 5 表示，即是________。

二、判断题

1. 成字码元是指五笔字型码元表中，除了键名码元外的汉字码元。成字码元的输入方法为：成字码元所在键+首笔笔画所在键+次笔笔画所在键+末笔笔画所在键。 ( )

2. 三字词组在汉语词汇中也有一定比重，其输入方法为：第一个汉字的第 1 个码元+第二个汉字的第 1 个码元+第三个汉字的第 1 个码元+第四个汉字的第 1 个码元。 ( )

三、思考题

1. 如何输入二字词组？

2. 如何输入二级简码？

第 7 章

制作招聘启事

本章要点

- 文档基本操作
- 编辑文档内容
- 设置文本格式
- 设置段落格式

本章主要内容

本章主要介绍文档的基本操作、编辑文档内容和设置字体格式方面的知识与技巧，同时还讲解了如何设置段落格式，在本章的最后还针对实际的工作需求，讲解了设置分栏、查找与替换文本以及添加批注和修订的方法。通过本章制作招聘启事案例的学习，读者可以掌握 Word 排版方面的知识，为深入学习五笔打字与排版知识奠定基础。

7.1 文档基本操作

Word 2016 是 Office 2016 中的一个重要的组成部分，是 Microsoft 公司于 2016 年推出的优秀的文字处理软件，主要用于完成日常办公和文字处理等操作。本节将介绍对 Word 2016 文档的基本操作。

↑ 扫码看视频

7.1.1 新建文档

在 Word 2016 中，新建文档的操作非常简单。下面介绍新建文档的操作方法。

第 1 步 在 Windows 7 系统桌面上，**1.** 单击【开始】按钮，**2.** 在弹出的菜单中单击【所有程序】按钮，如图 7-1 所示。

第 2 步 展开所有程序菜单，选择 Word 程序，如图 7-2 所示。

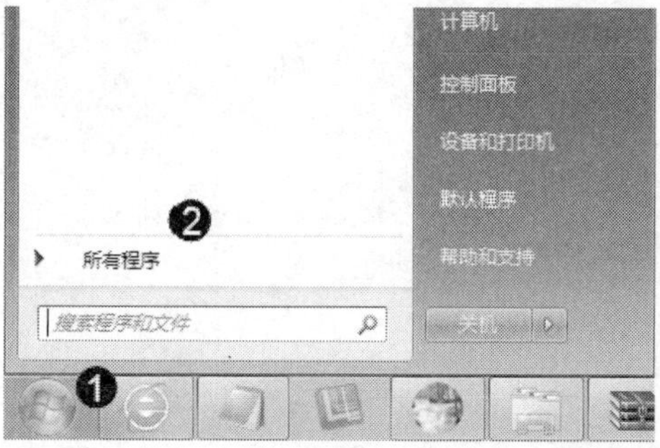

图 7-1

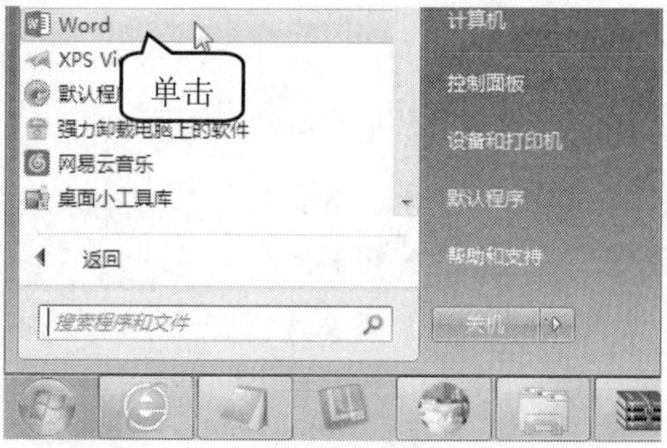

图 7-2

第 3 步 打开 Word 创建界面，选择【空白文档】模板，如图 7-3 所示。

图 7-3

第 4 步 此时已经创建了一个名为文档 1 的 Word 文档，如图 7-4 所示。

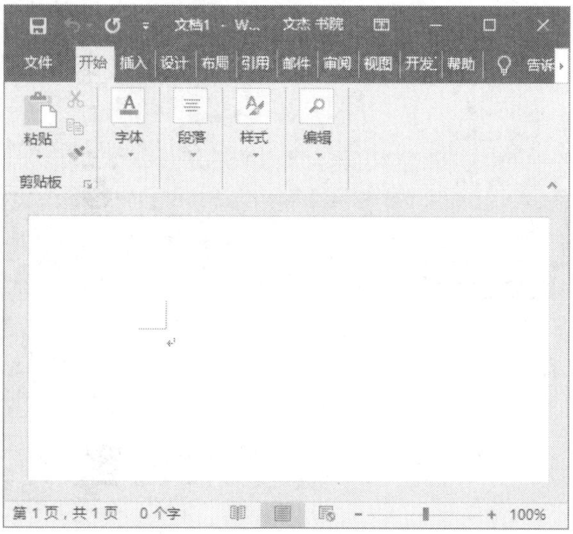

图 7-4

7.1.2　保存文档

在 Word 2016 中新建文档后，用户可以将文档保存。下面详细介绍保存文档的操作方法。

第 1 步 在 Word 2016 中切换到【文件】选项卡，如图 7-5 所示。

第 2 步 进入 Backstage 视图，选择【保存】菜单项，如图 7-6 所示。

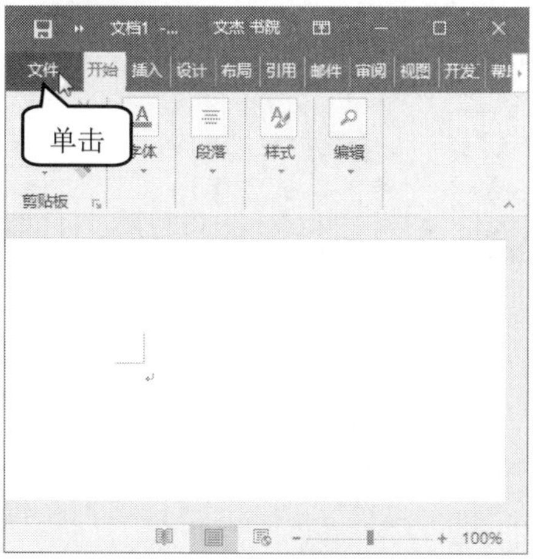

图 7-5

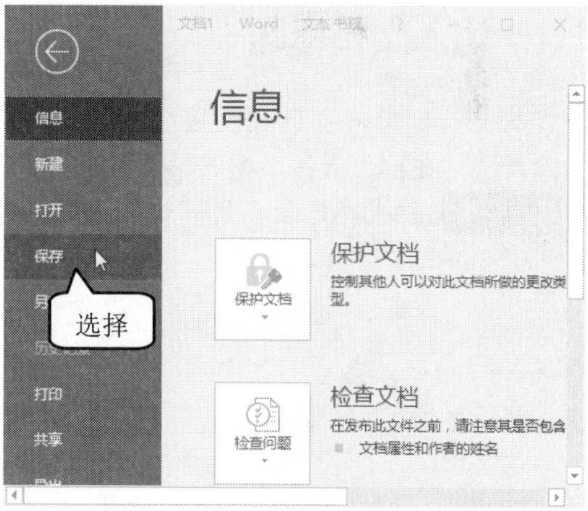

图 7-6

第 3 步 Word 自动进入【另存为】界面，单击【浏览】按钮，如图 7-7 所示。

第 4 步 弹出【另存为】对话框，*1.* 选择保存位置，*2.* 在【文件名】下拉列表框中输入文件名，*3.* 单击【保存】按钮即可完成保存文档的操作，如图 7-8 所示。

图 7-7

图 7-8

7.2 编辑文档内容

在 Word 2016 中建立并保存文档后，可以在文档中输入并编辑文本内容，使文档满足工作的需要。用户可以在文档中输入汉字、英文字符、数字和特殊符号等。本节将介绍输入与编辑文本的操作方法。

↑扫码看视频

7.2.1 输入文档标题

启动 Word 2016 并创建文档后，在文档中定位光标，选择准备应用的输入法，根据选择的输入法，在键盘上按下准备输入汉字的编码即可输入文档。具体操作如下。

第 1 步 将光标定位在第一行，选择五笔字型输入法，输入文本内容“招聘启事”，如图 7-9 所示。

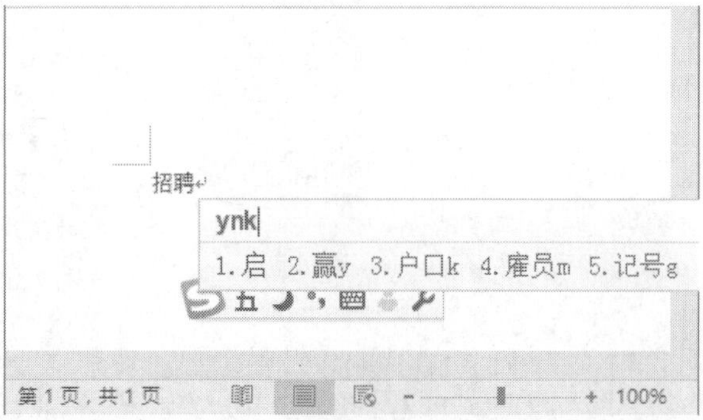

图 7-9

第 2 步 按下空格键即可完成输入，然后将所有内容输入完毕，如图 7-10 所示。

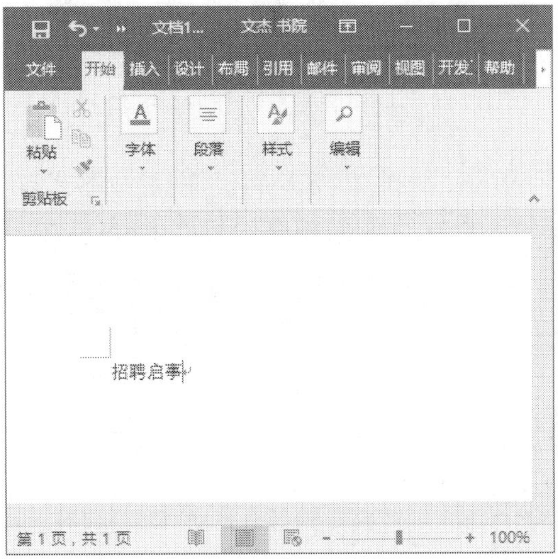

图 7-10

7.2.2　输入文档正文

输入完文档标题后，用户可以继续输入文档的正文内容。下面详细介绍输入文档正文的操作方法。

第 1 步 按两下 Enter 键将光标移至第三行行首，使用五笔输入法输入正文内容，如图 7-11 所示。

第 2 步 按下空格键即可完成输入，将所有正文内容输入完毕。通过以上步骤即可完成正文的输入，如图 7-12 所示。

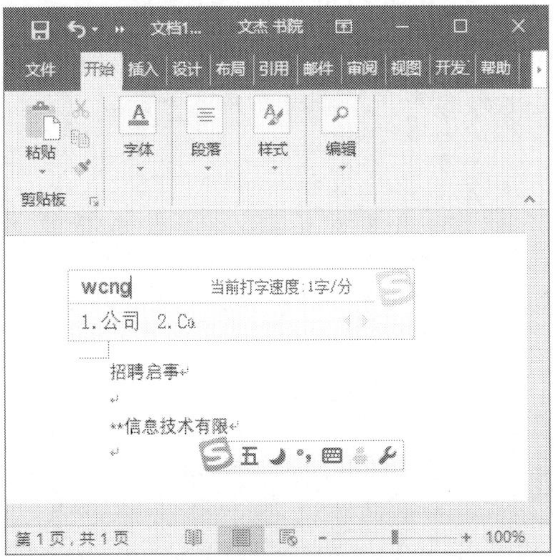

图 7-11

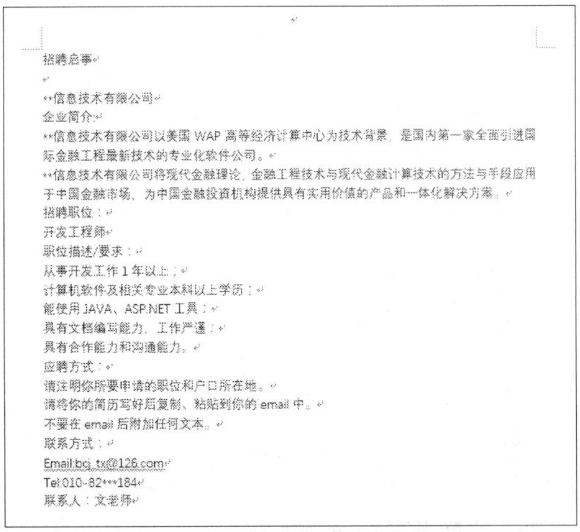

图 7-12

7.3 设置文本格式

Word 提供了强大的设置文本格式的功能，包括设置字体、字号、字形、字体颜色、字符间距、字符的边框和底纹及需要突出显示的文字等。本节将介绍设置文本格式的内容。

↑扫码看视频

7.3.1 设置文本的字体

在文档中输入完正文后，用户还可以对标题和正文的字体进行不同的设置，以方便阅读。本节详细介绍设置文本字体的操作方法。

第 1 步 选中准备进行字体设置的文本标题，**1.** 在【开始】选项卡中单击【字体】下拉按钮，**2.** 在弹出的列表框中设置字体为【仿宋】，如图 7-13 所示。

第 2 步 按住 Ctrl 键选中“企业简介：”“联系方式：”“招聘职位：”“职位描述/要求：”“应聘方式：”“联系方式：”和“联系人：”，**1.** 在【开始】选项卡中单击【字体】下拉按钮，**2.** 在弹出的列表框中设置字体为【华文细黑】，如图 7-14 所示。

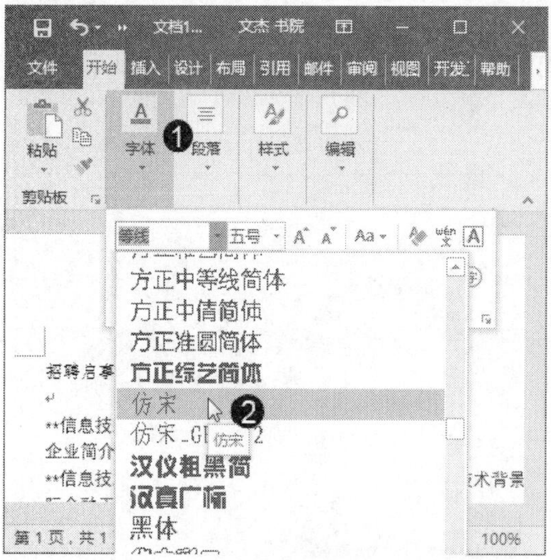

图 7-13

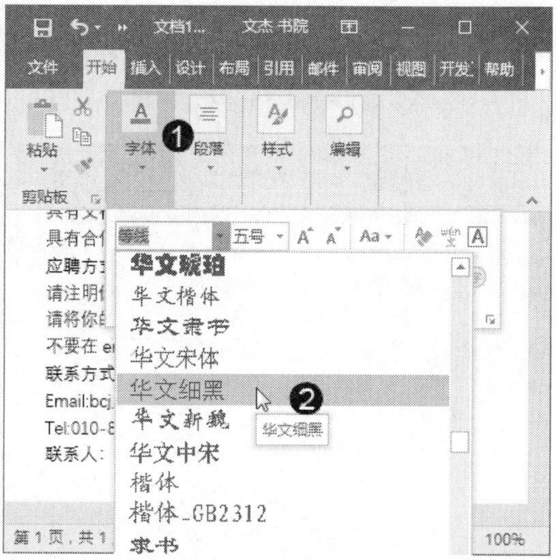

图 7-14

7.3.2 设置文本字号

设置完字体后，用户还可以对字号进行设置。本节详细介绍设置文本字号的操作方法。

第 1 步 选中准备进行字号设置的文本标题，1. 在【开始】选项卡中单击【字号】下拉按钮，2. 在弹出的列表框中设置字号为【二号】，如图 7-15 所示。

第 2 步 按住 Ctrl 键选中“企业简介”“联系方式”“招聘职位”“职位描述/要求”“应聘方式”“联系方式”和“联系人”，1. 在【开始】选项卡中单击【字号】下拉按钮，2. 在弹出的列表框中设置字号为【三号】，如图 7-16 所示。

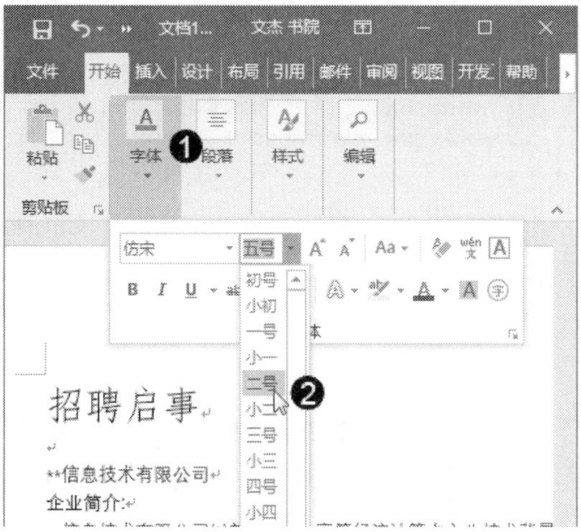

图 7-15

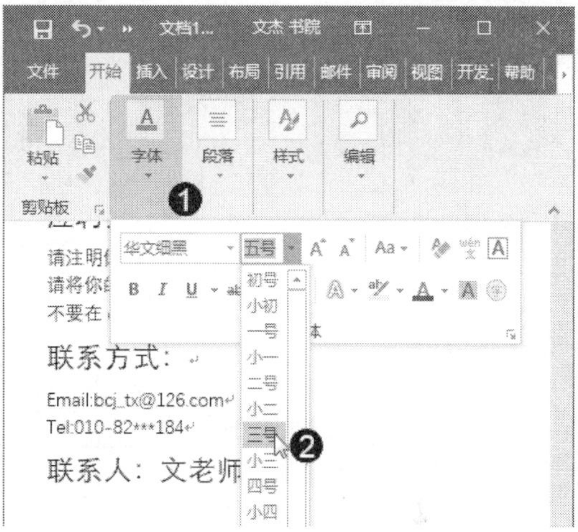

图 7-16

7.3.3　设置字符间距

设置完文本字号后，用户还可以设置字符的间距。下面详细介绍设置字符间距的操作方法。

第 1 步 选中准备设置字符间距的文本标题，1. 在【开始】选项卡中单击【字体】下拉按钮，2. 在弹出的面板中单击【启动器】按钮，如图 7-17 所示。

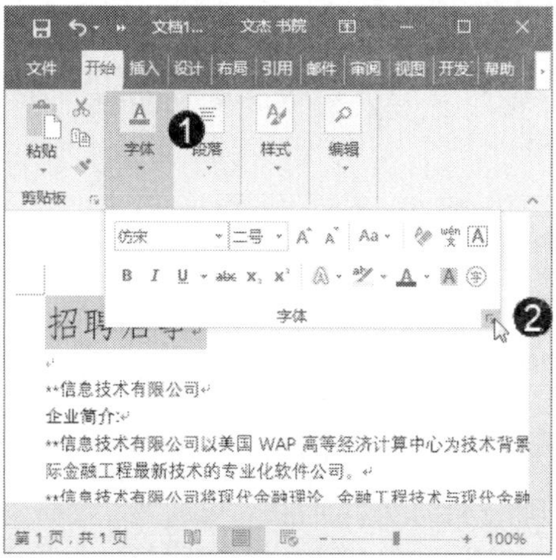

图 7-17

第 2 步 弹出【字体】对话框，在【字体】选项卡中单击【字形】下拉按钮，在打开的下拉列表中选择【加粗】选项，如图 7-18 所示。

第 3 步 切换到【高级】选项卡，*1.* 在【间距】下拉列表框中选择【加宽】选项，在后面的【磅值】微调框中输入“5 磅”，*2.* 单击【确定】按钮，如图 7-19 所示。

图 7-18

图 7-19

第 4 步 返回到文档中，可以看到标题的字符间距已经改变，*1.* 单击【段落】下拉按钮，*2.* 在弹出的面板中单击【居中】按钮，如图 7-20 所示。

第 5 步 通过以上步骤即可完成设置字符间距的操作，如图 7-21 所示。

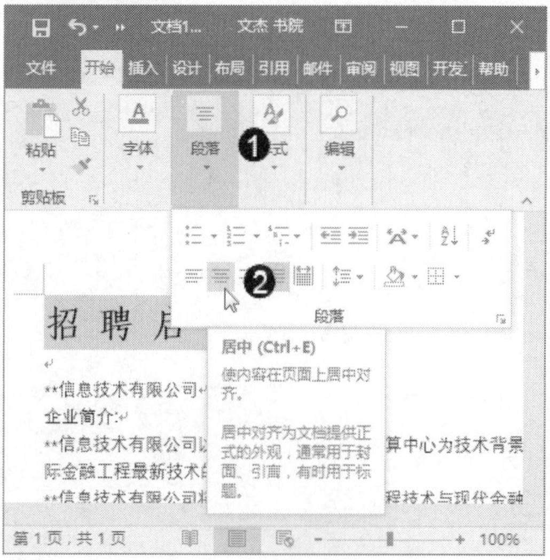

图 7-20

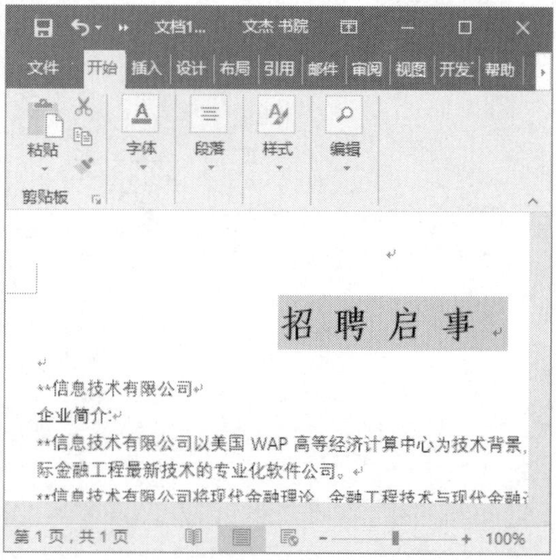

图 7-21

7.3.4　设置底纹

设置完字符间距后，用户还可以设置文本的底纹。下面详细介绍为文本设置底纹的操作方法。

第 1 步 按住 Ctrl 键选中“企业简介：”“联系方式：”“招聘职位：”“职位描述/要求：”“应聘方式：”“联系方式：”和“联系人：”，**1.** 单击【段落】下拉按钮，**2.** 在弹出的面板中单击【边框】下拉按钮，**3.** 在弹出的列表中选择【边框和底纹】选项，如图 7-22 所示。

第 2 步 弹出【边框和底纹】对话框，**1.** 在【底纹】选项卡的【填充】下拉列表框中选择一种颜色，**2.** 在【应用于】下拉列表框中选择【文字】选项，**3.** 单击【确定】按钮，如图 7-23 所示。

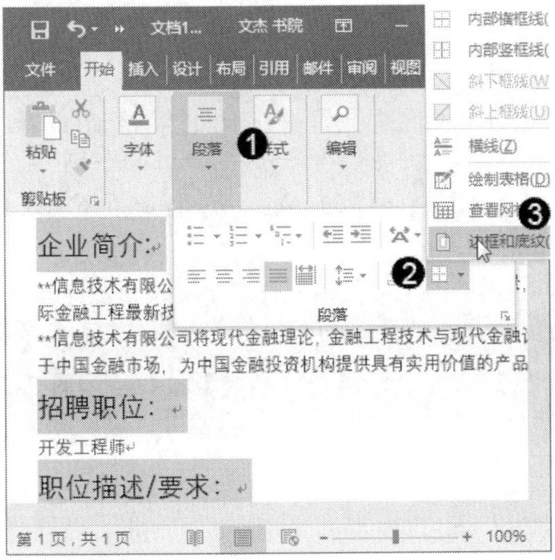

图 7-22

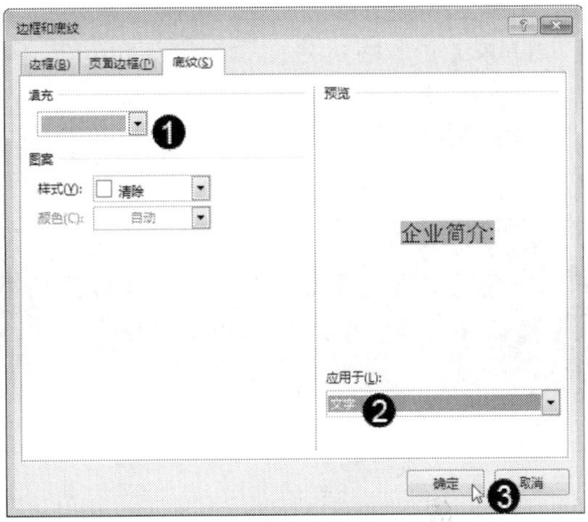

图 7-23

第 3 步 可以看到选中的文字已经添加了底纹，通过以上步骤即可完成设置底纹的操作，如图 7-24 所示。

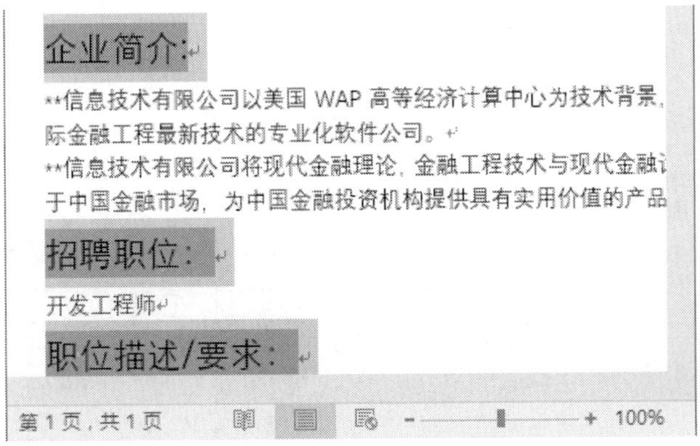

图 7-24

7.4 设置段落格式

在编辑文档时，需要对段落格式进行设置。段落格式的设置包括段落的对齐方式、段落的缩进、段落间距和行距等，设置段落格式可以使文档结构清晰，层次分明。本节将详细介绍设置段落格式的知识。

↑扫码看视频

7.4.1 设置段落缩进

设置完文本格式后，用户就可以对整段的缩进格式进行设置了。下面详细介绍设置段落缩进的方法。

第 1 步 选中企业简介的文字内容，1. 单击【段落】下拉按钮，2. 在弹出的面板中单击【启动器】按钮，如图 7-25 所示。

第 2 步 弹出【段落】对话框，1. 在【缩进和间距】选项卡的【缩进】组中的【特殊】下拉列表框中选择【首行】选项，在后面的【缩进值】微调框中输入“2 字符”，2. 在【间距】组的【行距】下拉列表框中选择【1.5 倍行距】选项，3. 单击【确定】按钮，如图 7-26 所示。

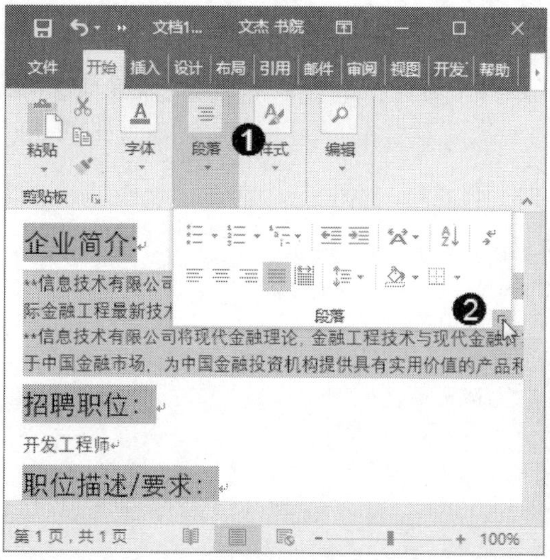

图 7-25

图 7-26

第 3 步 通过以上步骤即可完成设置段落格式的操作，如图 7-27 所示。

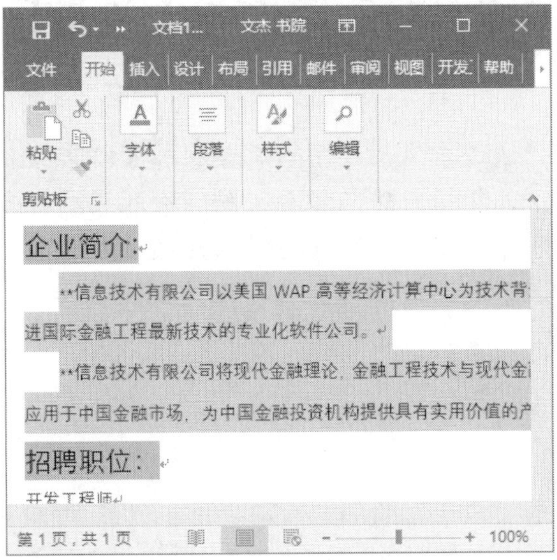

图 7-27

7.4.2　使用格式刷复制段落格式

设置完一段的段落格式后，用户可以使用格式刷进行复制，将该格式复制到其他段落。下面详细介绍使用格式刷复制段落格式的方法。

第 1 步 选中设置好段落格式的文本，在【开始】选项卡的【剪贴板】组中双击【格式刷】按钮，如图 7-28 所示。

第 2 步 拖动鼠标把各级标题下面的文字变为和已设置文字一样的效果，完成后单击【格式刷】按钮恢复正常状态，如图 7-29 所示。

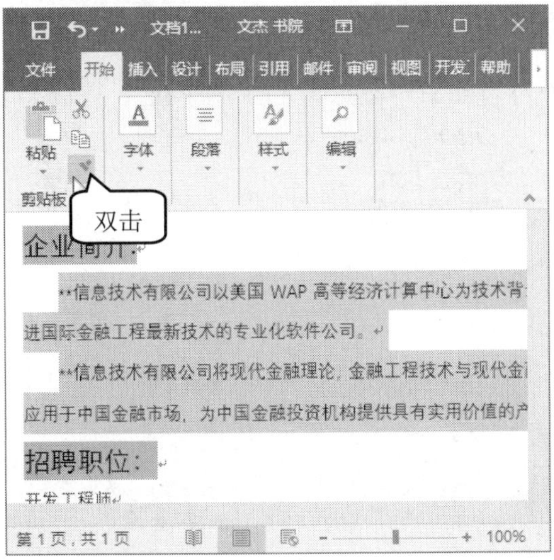

图 7-28

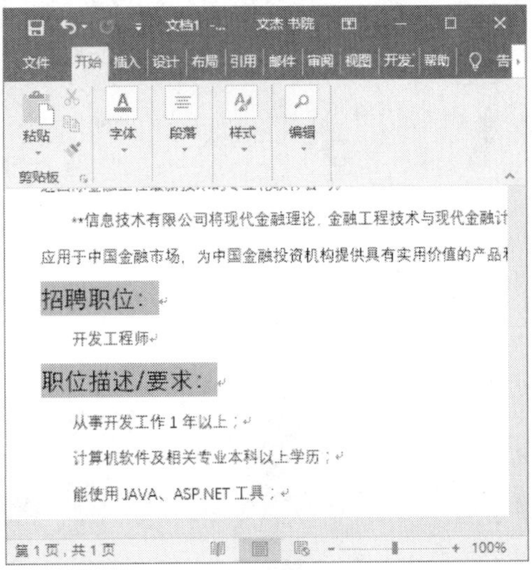

图 7-29

7.5 实践案例与上机指导

通过本章的学习，读者基本可以掌握制作一个文档的操作方法，包括新建与保存文档，输入文档标题与正文，设置文本的字体、字号、字符间距以及底纹和边框，设置段落格式等内容。下面通过练习操作，以达到巩固学习、拓展提高的目的。

↑扫码看视频

7.5.1 设置分栏

用户还可以对文档进行分栏操作，对文档进行分栏的方法非常简单。下面详细介绍对文档进行分栏的操作方法。

素材保存路径：配套素材\第 7 章

素材文件名称：招聘启事.docx、分栏.docx

第 1 步 打开素材文档“招聘启事.docx”，选中准备进行分栏的段落，**1.** 在【布局】选项卡中单击【栏】下拉按钮，**2.** 在弹出的下拉列表中选择【更多栏】选项，如图 7-30 所示。

第 2 步 弹出【栏】对话框，**1.** 在【预设】组中选择【两栏】选项，**2.** 选中【分隔线】复选框，**3.** 单击【确定】按钮，如图 7-31 所示。

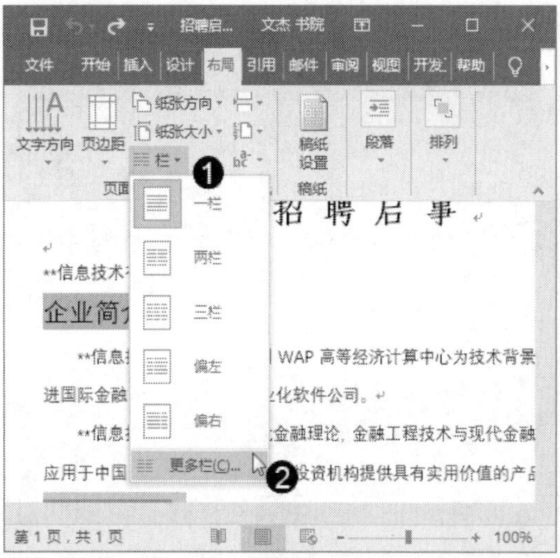

图 7-30

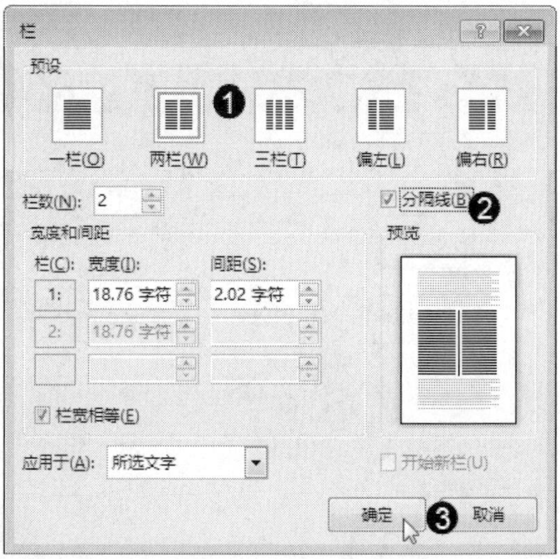

图 7-31

第 3 步 通过以上步骤即可完成给文档进行分栏的操作，如图 7-32 所示。

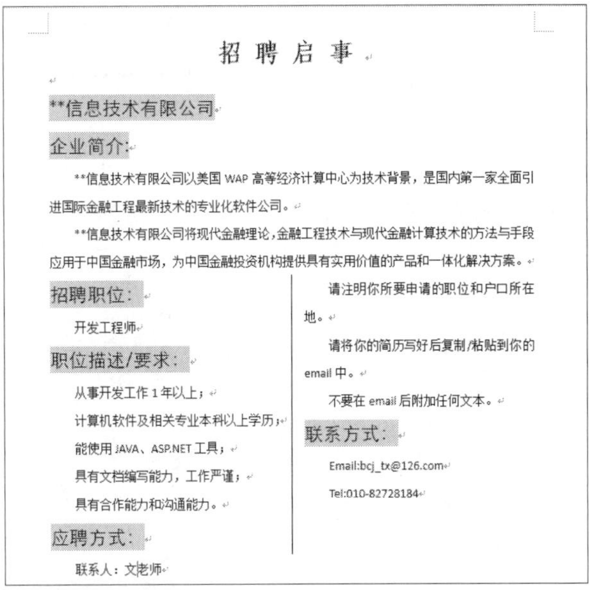

图 7-32

7.5.2　查找与替换文本

在 Word 2016 中，通过查找与替换文本操作可以快速查看或修改文本内容，下面介绍查找文本和替换文本的操作方法。

素材保存路径： 配套素材\第 7 章

素材文件名称： 招聘启事.docx、查找与替换文本.docx

第 1 步 打开素材文档“招聘启事.docx”，**1.** 在【开始】选项卡中单击【编辑】下拉按钮，**2.** 在弹出的下拉列表中选择【替换】菜单项，如图 7-33 所示。

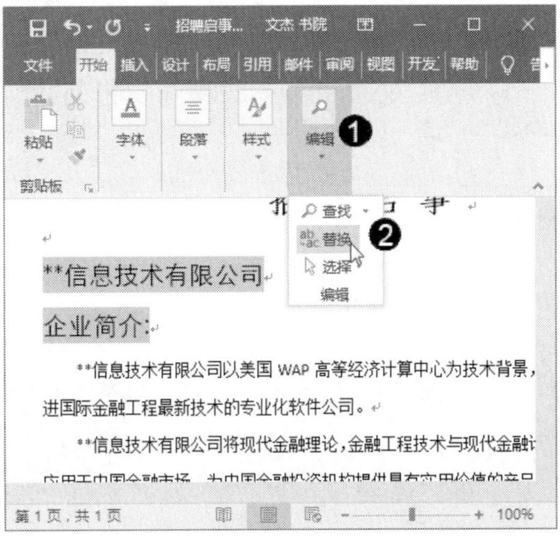

图 7-33

第 2 步 弹出【查找和替换】对话框，1. 在【替换】选项卡的【查找内容】文本框中输入查找的内容，2. 在【替换为】文本框中输入替换的内容，3. 单击【全部替换】按钮，如图 7-34 所示。

图 7-34

第 3 步 弹出 Microsoft Word 对话框，提示“全部完成。完成 3 处替换”，单击【确定】按钮，如图 7-35 所示。

第 4 步 返回到文档中，可以看到文本已经被替换，通过以上步骤即可完成查找与替换文本的操作，如图 7-36 所示。

图 7-35

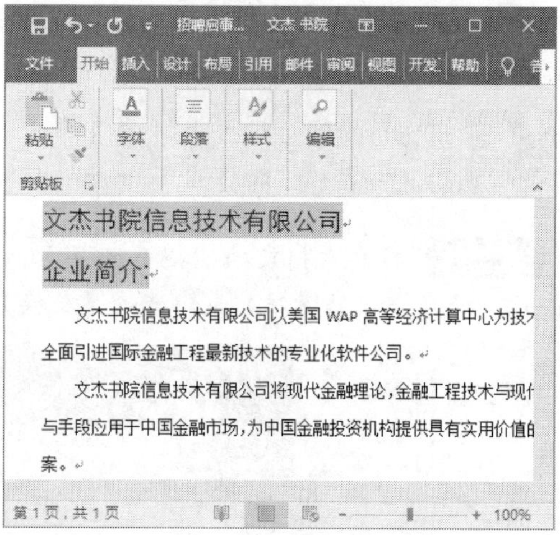

图 7-36

7.5.3 添加批注和修订

为了帮助阅读者更好地理解文档以及跟踪文档的修改状况，可以为 Word 文档添加批注和修订。

素材保存路径：配套素材\第 7 章
素材文件名称：企业月度工作计划.docx、添加批注和修订.docx

第 1 步 选中文本内容，**1.** 在【审阅】选项卡中单击【批注】下拉按钮，**2.** 在弹出的面板中选择【新建批注】选项，如图 7-37 所示。

第 2 步 弹出批注框，用户可以在其中输入内容，通过以上步骤即可完成添加批注的操作，如图 7-38 所示。

图 7-37

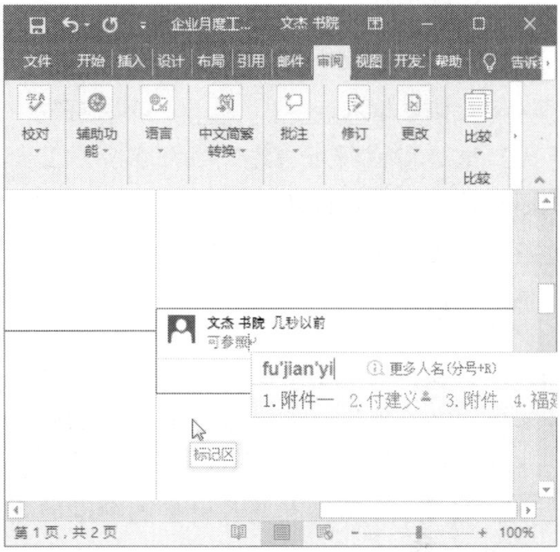

图 7-38

第 3 步 在【审阅】选项卡中单击【修订】下拉按钮，**1.** 在弹出的选项中单击【修订】按钮的上半部分，**2.** 选择【所有标记】选项，如图 7-39 所示。

第 4 步 在文档中将“企业”改为“公司”，可以看到修订的效果如图 7-40 所示。

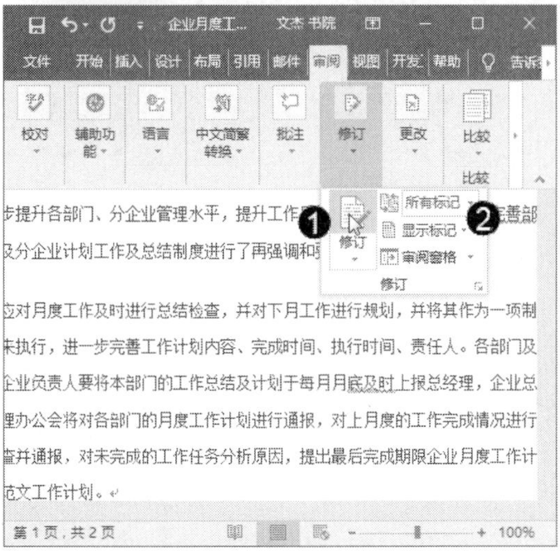

图 7-39

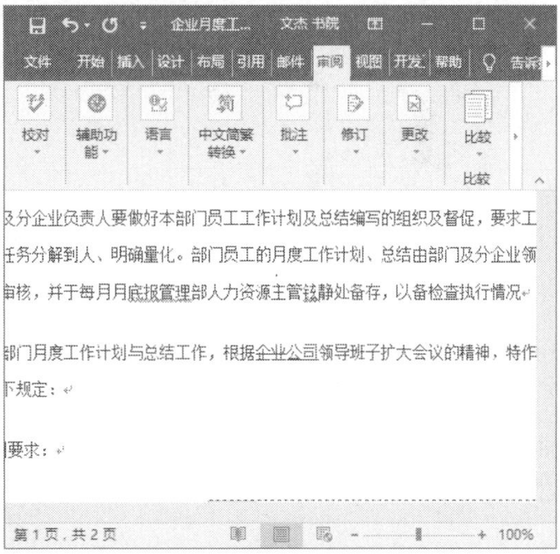

图 7-40

7.6 思考与练习

一、填空题

1. 在 Word 2016 中建立并保存文档后，就可以在文档中输入并编辑文本内容了，用户可以在文档中输入__________、英文字符、_________和特殊符号等。

2. 文本格式排版决定了字符在屏幕上和打印时出现的形式。Word 提供了强大的设置文本格式的功能，包括设置__________、字号、_________、字体颜色、_________、字符的边框和底纹及需要突出显示的文字等。

二、判断题

1. 在编辑文档时，需要对字体格式进行设置，字体格式的设置包括段落的对齐方式、段落的缩进、段落间距和行距等，设置段落格式可以使文档结构清晰、层次分明。 (　　)

2. 在 Word 2016 的【设计】选项卡的【页面设置】组中可以进行分栏的具体操作。 (　　)

三、思考题

1. 在 Word 2016 中如何设置段落缩进？
2. 在 Word 2016 中如何设置底纹？

五笔字型
编码速查字典索引

本字典根据 GB2312 标准收录 6763 字，分别给出了“汉字拼音编码”“王码五笔 86 版编码”和“王码五笔 98 版编码”。

在字典中，汉字拼音列表右侧数值分别代表汉字的音调，数值 1、2、3、4 分别表示一声、二声、三声、四声。

多音字在表中仅出现一次，如：柏，音(bai，bo)，表中仅出现在“bai”中。

请读者根据汉语拼音拼写规则，查询相关汉字的五笔字型编码。

五笔字型
编码速查字典正文

a

汉字	拼音	86 版	98 版
吖	a1	kuhh	kuhh
阿	a1	bskg	bskg
啊	a1	kbsk	kbsk
锕	a1	qbsk	qbsk
嗄	a2	kdht	kdht

ai

汉字	拼音	86 版	98 版
哎	ai1	kaqy	kary
哀	ai1	yeu	yeu
唉	ai1	kctd	kctd
埃	ai1	fctd	fctd
挨	ai1	rctd	rctd
锿	ai1	qyey	qyey
捱	ai2	rdff	rdff
皑	ai2	rmnn	rmnn
癌	ai2	ukkm	ukkm
矮	ai3	tdtv	tdtv
蔼	ai3	ayjn	ayjn
霭	ai3	fyjn	fyjn
嗳	ai4	kepc	kepc
艾	ai4	aqu	aru
爱	ai4	epdc	epdc
砹	ai4	daqy	dary
隘	ai4	buwl	buwl
嗌	ai4	kuwl	kuwl
嫒	ai4	vepc	vepc
碍	ai4	djgf	djgf
暧	ai4	jepc	jepc
瑷	ai4	gepc	gepc

an

汉字	拼音	86 版	98 版
安	an1	pvf	pvf
桉	an1	spvg	spvg
氨	an1	rnpv	rpvd
庵	an1	ydjn	odjn
谙	an1	yujg	yujg
鹌	an1	djng	djng
鞍	an1	afpv	afpv
俺	an3	wdjn	wdjn
埯	an3	fdjn	fdjn
铵	an3	qpvg	qpvg
揞	an3	rujg	rujg
犴	an4	qtfh	qtfh
岸	an4	mdfj	mdfj
按	an4	rpvg	rpvg
案	an4	pvsu	pvsu
胺	an4	epvg	epvg
暗	an4	jujg	jujg
黯	an4	lfoj	lfoj

ang

汉字	拼音	86 版	98 版
肮	ang1	eymn	eywn
昂	ang2	jqbj	jqbj
盎	ang4	mdlf	mdlf

ao

汉字	拼音	86 版	98 版
凹	ao1	mmgd	hnhg
敖	ao2	gqty	gqty
嗷	ao2	kgqt	kgqt
廒	ao2	ygqt	ogqt
獒	ao2	gqtd	gqtd
遨	ao2	gqtp	gqtp
熬	ao2	gqto	gqto
翱	ao2	rdfn	rdfn
聱	ao2	gqtb	gqtb
螯	ao2	gqtj	gqtj
鳌	ao2	gqtg	gqtg
鏖	ao2	ynjq	oxxq
袄	ao3	putd	putd
媪	ao3	vjlg	vjlg
坳	ao4	fxln	fxet
岙	ao4	tdmj	tdmj
傲	ao4	wgqt	wgqt
奥	ao4	tmod	tmod
骜	ao4	gqtc	gqtg
澳	ao4	itmd	itmd
懊	ao4	ntmd	ntmd
鏊	ao4	gqtq	gqtq

ba

汉字	拼音	86 版	98 版
八	ba1	wty	wty
巴	ba1	cnhn	cnhn
叭	ba1	kwy	kwy
扒	ba1	rwy	rwy
岜	ba1	mcb	mcb
芭	ba1	acb	acb
疤	ba1	ucv	ucv
捌	ba1	rklj	rkej
笆	ba1	tcb	tcb
粑	ba1	ocn	ocn
吧	ba1	kcn	kcn

拔	ba2	rdcy	rdcy
茇	ba2	adcu	adcy
菝	ba2	ardc	ardy
跋	ba2	khdc	khdy
魃	ba2	rqcc	rqcy
把	ba3	rcn	rcn
钯	ba3	qcn	qcn
靶	ba3	afcn	afcn
坝	ba4	fmy	fmy
爸	ba4	wqcb	wrcb
罢	ba4	lfcu	lfcu
鲅	ba4	qgdc	qgdy
霸	ba4	fafe	fafe
灞	ba4	ifae	ifae

bai

汉字	拼音	86 版	98 版
掰	bai1	rwvr	rwvr
白	bai2	rrrr	rrrr
百	bai3	djf	djf
佰	bai3	wdjg	wdjg
柏	bai3	srg	srg
捭	bai3	rrtf	rrtf
摆	bai3	rlfc	rlfc
败	bai4	mty	mty
拜	bai4	rdfh	rdfh
稗	bai4	trtf	trtf

ban

汉字	拼音	86 版	98 版
扳	ban1	rrcy	rrcy
班	ban1	gytg	gytg
般	ban1	temc	tuwc
颁	ban1	wvdm	wvdm
斑	ban1	gygg	gygg
搬	ban1	rtec	rtuc
瘢	ban1	utec	utuc
癍	ban1	ugyg	ugyg
阪	ban3	brcy	brcy
坂	ban3	frcy	frcy
板	ban3	srcy	srcy
版	ban3	thgc	thgc
钣	ban3	qrcy	qrcy
舨	ban3	terc	turc
办	ban4	lwi	ewi
半	ban4	ufk	ugk
伴	ban4	wufh	wugh
扮	ban4	rwvn	rwvt
拌	ban4	rufh	rugh
绊	ban4	xufh	xugh
瓣	ban4	urcu	urcu

bang

汉字	拼音	86 版	98 版
邦	bang1	dtbh	dtbh
帮	bang1	dtbh	dtbh
梆	bang1	sdtb	sdtb
浜	bang1	irgw	irwy
绑	bang3	xdtb	xdtb
榜	bang3	supy	syuy
膀	bang3	eupy	eyuy
蚌	bang4	jdhh	jdhh
傍	bang4	wupy	wyuy
棒	bang4	sdwh	sdwg
谤	bang4	yupy	yyuy
蒡	bang4	aupy	ayuy
镑	bang4	qupy	qyuy

bao

汉字	拼音	86 版	98 版
勹	bao1	qtn	qtn
包	bao1	qnv	qnv
孢	bao1	bqnn	bqnn
苞	bao1	aqnb	aqnb
胞	bao1	eqnn	eqnn
煲	bao1	wkso	wkso
龅	bao1	hwbn	hwbn
褒	bao1	ywke	ywke
剥	bao1	vijh	vijh
雹	bao2	fqnb	fqnb
薄	bao2	aigf	aisf
宝	bao3	pgyu	pgyu
饱	bao3	qnqn	qnqn
保	bao3	wksy	wksy
鸨	bao3	xfqg	xfqg
堡	bao3	wksf	wksf
葆	bao3	awks	awks
褓	bao3	puws	puws
宀	bao3	pyyn	pyyn
报	bao4	rbcy	rbcy
抱	bao4	rqnn	rqnn
豹	bao4	eeqy	eqyy
鲍	bao4	qgqn	qgqn
暴	bao4	jawi	jawi
爆	bao4	ojai	ojai
瀑	bao4	ijai	ijai

bei

汉字	拼音	86 版	98 版
陂	bei1	bhcy	bby
卑	bei1	rtfj	rtfj
杯	bei1	sgiy	sdhy
悲	bei1	djdn	hdhn
碑	bei1	drtf	drtf
鹎	bei1	rtfg	rtfg
呗	bei1	kmy	kmy
北	bei3	uxn	uxn
贝	bei4	mhny	mhny
狈	bei4	qtmy	qtmy
邶	bei4	uxbh	uxbh
备	bei4	tlf	tlf
背	bei4	uxef	uxef
钡	bei4	qmy	qmy
倍	bei4	wukg	wukg
悖	bei4	nfpb	nfpb
被	bei4	puhc	puby
惫	bei4	tlnu	tlnu
焙	bei4	oukg	oukg
辈	bei4	djdl	hdhl
碚	bei4	dukg	dukg
蓓	bei4	awuk	awuk
褙	bei4	puue	puue
鞴	bei4	afae	afae

鐾	bei4	nkuq	nkuq

ben

汉字	拼音	86 版	98 版
奔	ben1	dfaj	dfaj
贲	ben1	famu	famu
锛	ben1	qdfa	qdfa
本	ben3	sgd	sgd
苯	ben3	asgf	asgf
畚	ben3	cdlf	cdlf
坌	ben4	wvff	wvff
笨	ben4	tsgf	tsgf
夯	ben4	dlb	der

beng

汉字	拼音	86 版	98 版
崩	beng1	meef	meef
绷	beng1	xeeg	xeeg
嘣	beng1	kmee	kmee
甭	beng2	giej	dhej
泵	beng4	diu	diu
迸	beng4	uapk	uapk
甏	beng4	fkun	fkuy
蹦	beng4	khme	khme

bi

汉字	拼音	86 版	98 版
逼	bi1	gklp	gklp
荸	bi2	afpb	afpb
鼻	bi2	thlj	thlj
匕	bi3	xtn	xtn
比	bi3	xxn	xxn
吡	bi3	kxxn	kxxn
妣	bi3	vxxn	vxxn
彼	bi3	thcy	tby
秕	bi3	txxn	txxn
俾	bi3	wrtf	wrtf
笔	bi3	ttfn	teb
舭	bi3	texx	tuxx
鄙	bi3	kflb	kflb
币	bi4	tmhk	tmhk
必	bi4	nte	nte
毕	bi4	xxfj	xxfj
闭	bi4	ufte	ufte
庇	bi4	yxxv	oxxv
畀	bi4	lgjj	lgjj
哔	bi4	kxxf	kxxf
毖	bi4	xxnt	xxnt
荜	bi4	axxf	axxf
陛	bi4	bxxf	bxxf
毙	bi4	xxgx	xxgx
狴	bi4	qtxf	qtxf
铋	bi4	qntt	qntt
婢	bi4	vrtf	vrtf
庳	bi4	yrtf	ortf
敝	bi4	umit	ity
萆	bi4	artf	artf
弼	bi4	xdjx	xdjx
愎	bi4	ntjt	ntjt
筚	bi4	txxf	txxf
滗	bi4	ittn	iten
痹	bi4	ulgj	ulgj
蓖	bi4	atlx	atlx
裨	bi4	purf	purf
跸	bi4	khxf	khxf
弊	bi4	umia	itaj
碧	bi4	grdf	grdf
箅	bi4	tlgj	tlgj
蔽	bi4	aumt	aitu
壁	bi4	nkuf	nkuf
嬖	bi4	nkuv	nkuv
篦	bi4	ttlx	ttlx
薜	bi4	anku	anku
避	bi4	nkup	nkup
濞	bi4	ithj	ithj
臂	bi4	nkue	nkue
髀	bi4	merf	merf
璧	bi4	nkuy	nkuy
襞	bi4	nkue	nkue

bian

汉字	拼音	86 版	98 版
边	bian1	lpv	epe
砭	bian1	dtpy	dtpy
笾	bian1	tlpu	tepu
编	bian1	xyna	xyna
煸	bian1	oyna	oyna
蝙	bian1	jyna	jyna
鳊	bian1	qgya	qgya
鞭	bian1	afwq	afwr
贬	bian3	mtpy	mtpy
扁	bian3	ynma	ynma
窆	bian3	pwtp	pwtp
匾	bian3	ayna	ayna
碥	bian3	dyna	dyna
褊	bian3	puya	puya
卞	bian4	yhu	yhu
弁	bian4	caj	caj
忭	bian4	nyhy	nyhy
汴	bian4	iyhy	iyhy
苄	bian4	ayhu	ayhu
便	bian4	wgjq	wgjr
变	bian4	yocu	yocu
缏	bian4	xwgq	xwgr
遍	bian4	ynmp	ynmp
辨	bian4	uytu	uytu
辩	bian4	uyuh	uyuh
辫	bian4	uxuh	uxuh

biao

汉字	拼音	86 版	98 版
彪	biao1	hame	hwee
标	biao1	sfiy	sfiy
飑	biao1	mqqn	wrqn
髟	biao1	det	det
骠	biao1	csfi	cgsi
膘	biao1	esfi	esfi
瘭	biao1	usfi	usfi
镖	biao1	qsfi	qsfi
飙	biao1	dddq	dddr
飚	biao1	mqoo	wroo

镳	biao1	qyno	qoxo
表	biao3	geu	geu
婊	biao3	vgey	vgey
裱	biao3	puge	puge
鳔	biao4	qgsi	qgsi

bie

汉字	拼音	86版	98版
憋	bie1	umin	itnu
鳖	bie1	umig	itqg
别	bie2	kljh	kejh
蹩	bie2	umih	itkh
瘪	bie3	uthx	uthx

bin

汉字	拼音	86版	98版
宾	bin1	prgw	prwu
彬	bin1	sset	sset
傧	bin1	wprw	wprw
斌	bin1	ygah	ygay
滨	bin1	iprw	iprw
缤	bin1	xprw	xprw
槟	bin1	sprw	sprw
镔	bin1	qprw	qprw
濒	bin1	ihim	ihhm
豳	bin1	eemk	mgee
玢	bin1	gwvn	gwvt
摈	bin4	rprw	rprw
殡	bin4	gqpw	gqpw
膑	bin4	eprw	eprw
髌	bin4	mepw	mepw
鬓	bin4	depw	depw

bing

汉字	拼音	86版	98版
冰	bing1	uiy	uiy
兵	bing1	rgwu	rwu
丙	bing3	gmwi	gmwi
邴	bing3	gmwb	gmwb
秉	bing3	tgvi	tvd
柄	bing3	sgmw	sgmw
炳	bing3	ogmw	ogmw
饼	bing3	qnua	qnua
禀	bing3	ylki	ylki
并	bing4	uaj	uaj
病	bing4	ugmw	ugmw
摒	bing4	rnua	rnua
疒	bing4	uygg	uygg

bo

汉字	拼音	86版	98版
趵	bo1	khqy	khqy
拨	bo1	rnty	rnty
波	bo1	ihcy	iby
玻	bo1	ghcy	gby
钵	bo1	qsgg	qsgg
饽	bo1	qnfb	qnfb
菠	bo1	aihc	aibu
播	bo1	rtol	rtol
啵	bo1	kihc	kiby
脖	bo2	efpb	efpb
伯	bo2	wrg	wrg
孛	bo2	fpbf	fpbf
驳	bo2	cqqy	cgrr
帛	bo2	rmhj	rmhj
泊	bo2	irg	irg
勃	bo2	fpbl	fpbe
亳	bo2	ypta	ypta
钹	bo2	qdcy	qdcy
铂	bo2	qrg	qrg
舶	bo2	terg	turg
博	bo2	fgef	fsfy
渤	bo2	ifpl	ifpe
鹁	bo2	fpbg	fpbg
搏	bo2	rgef	rsfy
箔	bo2	tirf	tirf
膊	bo2	egef	esfy
踣	bo2	khuk	khuk
礴	bo2	daif	daif
跛	bo3	khhc	khby
簸	bo3	tadc	tdwb
擘	bo4	nkur	nkur
檗	bo4	nkus	nkus

bu

汉字	拼音	86版	98版
逋	bu1	gehp	spi
钸	bu1	qdmh	qdmh
晡	bu1	jgey	jsy
醭	bu2	sgoy	sgog
不	bu2	gii	dhi
卜	bu3	hhy	hhy
卟	bu3	khy	khy
补	bu3	puhy	puhy
哺	bu3	kgey	ksy
捕	bu3	rgey	rsy
布	bu4	dmhj	dmhj
步	bu4	hir	hhr
怖	bu4	ndmh	ndmh
钚	bu4	qgiy	qdhy
部	bu4	ukbh	ukbh
埠	bu4	fwnf	ftnf
瓿	bu4	ukgn	ukgy
簿	bu4	tigf	tisf

ca

汉字	拼音	86版	98版
擦	ca1	rpwi	rpwi
礤	ca3	dawi	dawi

cai

汉字	拼音	86版	98版
猜	cai1	qtge	qtge
才	cai2	fte	fte
材	cai2	sftt	sftt
财	cai2	mftt	mftt
裁	cai2	faye	faye
采	cai3	esu	esu
彩	cai3	eset	eset
睬	cai3	hesy	hesy
踩	cai3	khes	khes
菜	cai4	aesu	aesu
蔡	cai4	awfi	awfi

can

汉字	拼音	86 版	98 版
参	can1	cder	cder
骖	can1	ccde	cgce
餐	can1	hqce	hqcv
残	can2	gqgt	gqga
蚕	can2	gdju	gdju
惭	can2	nlrh	nlrh
惨	can3	ncde	ncde
黪	can3	lfoe	lfoe
灿	can4	omh	omh
粲	can4	hqco	hqco
璨	can4	ghqo	ghqo

cang

汉字	拼音	86 版	98 版
仓	cang1	wbb	wbb
伧	cang1	wwbn	wwbn
沧	cang1	iwbn	iwbn
苍	cang1	awbb	awbb
舱	cang1	tewb	tuwb
藏	cang2	adnt	aauh

cao

汉字	拼音	86 版	98 版
操	cao1	rkks	rkks
糙	cao1	otfp	otfp
曹	cao2	gmaj	gmaj
嘈	cao2	kgmj	kgmj
漕	cao2	igmj	igmj
槽	cao2	sgmj	sgmj
艚	cao2	tegj	tugj
螬	cao2	jgmj	jgmj
艹	cao3	aghh	aghh
草	cao3	ajj	ajj

ce

汉字	拼音	86 版	98 版
册	ce4	mmgd	mmgd
侧	ce4	wmjh	wmjh
厕	ce4	dmjk	dmjk
恻	ce4	nmjh	nmjh
测	ce4	imjh	imjh
策	ce4	tgmi	tsmb
刂	ce4	jhh	jhh

cen

汉字	拼音	86 版	98 版
岑	cen2	mwyn	mwyn
涔	cen2	imwn	imwn
噌	ceng1	kulj	kulj
层	ceng2	nfci	nfci
曾	ceng2	uljf	uljf
蹭	ceng4	khuj	khuj

cha

汉字	拼音	86 版	98 版
嚓	cha1	kpwi	kpwi
叉	cha1	cyi	cyi
杈	cha1	scyy	scyy
插	cha1	rtfv	rtfe
锸	cha1	qtfv	qtfe
查	cha2	sjgf	sjgf
茬	cha2	adhf	adhf
茶	cha2	awsu	awsu
搽	cha2	raws	raws
猹	cha2	qtsg	qtsg
槎	cha2	suda	suag
察	cha2	pwfi	pwfi
碴	cha2	dsjg	dsjg
檫	cha2	spwi	spwi
衩	cha3	pucy	pucy
镲	cha3	qpwi	qpwi
汊	cha4	icyy	icyy
岔	cha4	wvmj	wvmj
诧	cha4	ypta	ypta
姹	cha4	vpta	vpta
差	cha4	udaf	uaf
刹	cha4	qsjh	rsjh

chai

汉字	拼音	86 版	98 版
拆	chai1	rryy	rryy
钗	chai1	qcyy	qcyy
侪	chai2	wyjh	wyjh
柴	chai2	hxsu	hxsu
豺	chai2	eeft	eftt
虿	chai4	dnju	gqju
瘥	chai4	uuda	uuad

chan

汉字	拼音	86 版	98 版
觇	chan1	hkmq	hkmq
掺	chan1	rcde	rcde
搀	chan1	rqku	rqku
婵	chan2	vujf	vujf
谗	chan2	yqku	yqku
孱	chan2	nbbb	nbbb
禅	chan2	pyuf	pyuf
馋	chan2	qnqu	qnqu
缠	chan2	xyjf	xojf
蝉	chan2	jujf	jujf
廛	chan2	yjff	ojff
潺	chan2	inbb	inbb
蟾	chan2	jqdy	jqdy
躔	chan2	khyf	khof
澶	chan2	iylg	iylg
产	chan3	ute	ute
谄	chan3	yqvg	yqeg
铲	chan3	qutt	qutt
阐	chan3	uujf	uujf
蒇	chan3	admt	admu
冁	chan3	ujfe	ujfe
骣	chan3	cnbb	cgnb
忏	chan4	ntfh	ntfh
颤	chan4	ylkm	ylkm
羼	chan4	nudd	nuuu

chang

汉字	拼音	86 版	98 版
伥	chang1	wtay	wtay

昌	chang1	jjf	jjf
娼	chang1	vjjg	vjjg
猖	chang1	qtjj	qtjj
菖	chang1	ajjf	ajjf
阊	chang1	ujjd	ujjd
鲳	chang1	qgjj	qgjj
长	chang2	tayi	tayi
肠	chang2	enrt	enrt
苌	chang2	atay	atay
尝	chang2	ipfc	ipfc
偿	chang2	wipc	wipc
常	chang2	ipkh	ipkh
徜	chang2	timk	timk
嫦	chang2	viph	viph
厂	chang3	dgt	dgt
场	chang3	fnrt	fnrt
昶	chang3	ynij	ynij
惝	chang3	nimk	nimk
敞	chang3	imkt	imkt
氅	chang3	imkn	imke
怅	chang4	ntay	ntay
畅	chang4	jhnr	jhnr
倡	chang4	wjjg	wjjg
鬯	chang4	qobx	obxb
唱	chang4	kjjg	kjjg

chao

汉字	拼音	86 版	98 版
抄	chao1	ritt	ritt
怊	chao1	nvkg	nvkg
钞	chao1	qitt	qitt
焯	chao1	ohjh	ohjh
超	chao1	fhvk	fhvk
绰	chao1	xhjh	xhjh
晁	chao2	jiqb	jqiu
巢	chao2	vjsu	vjsu
朝	chao2	fjeg	fjeg
嘲	chao2	kfje	kfje
潮	chao2	ifje	ifje
吵	chao3	kitt	kitt
炒	chao3	oitt	oitt
耖	chao4	diit	fsit

che

汉字	拼音	86 版	98 版
车	che1	lgnh	lgnh
砗	che1	dlh	dlh
扯	che3	rhg	rhg
彻	che4	tavn	tavt
坼	che4	fryy	fryy
掣	che4	rmhr	tgmr
撤	che4	ryct	ryct
澈	che4	iyct	iyct

chen

汉字	拼音	86 版	98 版
抻	chen1	rjhh	rjhh
郴	chen1	ssbh	ssbh
琛	chen1	gpws	gpws
嗔	chen1	kfhw	kfhw
尘	chen2	iff	iff
臣	chen2	ahnh	ahnh
忱	chen2	npqn	npqn
沉	chen2	ipmn	ipwn
辰	chen2	dfei	dfei
陈	chen2	baiy	baiy
宸	chen2	pdfe	pdfe
晨	chen2	jdfe	jdfe
谌	chen2	yadn	ydwn
碜	chen3	dcde	dcde
衬	chen4	pufy	pufy
龀	chen4	hwbx	hwbx
趁	chen4	fhwe	fhwe
榇	chen4	susy	susy

cheng

汉字	拼音	86 版	98 版
谶	chen4	ywwg	ywwg
称	cheng1	tqiy	tqiy
柽	cheng1	scfg	scfg
蛏	cheng1	jcfg	jcfg
铛	cheng1	qivg	qivg
撑	cheng1	ripr	ripr
瞠	cheng1	hipf	hipf
丞	cheng2	bigf	bigf
成	cheng2	dnnt	dnv
呈	cheng2	kgf	kgf
承	cheng2	bdii	bdii
枨	cheng2	stay	stay
诚	cheng2	ydnt	ydnn
城	cheng2	fdnt	fdnn
乘	cheng2	tuxv	tuxv
埕	cheng2	fkgg	fkgg
铖	cheng2	qdnt	qdnn
惩	cheng2	tghn	tghn
程	cheng2	tkgg	tkgg
裎	cheng2	pukg	pukg
塍	cheng2	eudf	eugf
酲	cheng2	sgkg	sgkg
澄	cheng2	iwgu	iwgu
橙	cheng2	swgu	swgu
逞	cheng3	kgpd	kgpd
骋	cheng3	cmgn	cgmn
秤	cheng4	tguh	tguf

chi

汉字	拼音	86 版	98 版
吃	chi1	ktnn	ktnn
哧	chi1	kfoy	kfoy
蚩	chi1	bhgj	bhgj
鸱	chi1	qayg	qayg
眵	chi1	hqqy	hqqy
笞	chi1	tckf	tckf
嗤	chi1	kbhj	kbhj
媸	chi1	vbhj	vbhj
痴	chi1	utdk	utdk
螭	chi1	jybc	jyrc
魑	chi1	rqcc	rqcc
弛	chi2	xbn	xbn
池	chi2	ibn	ibn
驰	chi2	cbn	cgbn
迟	chi2	nypi	nypi
茌	chi2	awff	awff

持	chi2	rffy	rffy
墀	chi2	fnih	fnig
踟	chi2	khtk	khtk
篪	chi2	trhm	trhw
尺	chi3	nyi	nyi
侈	chi3	wqqy	wqqy
齿	chi3	hwbj	hwbj
耻	chi3	bhg	bhg
豉	chi3	gkuc	gkuc
褫	chi3	purm	purw
彳	chi4	ttth	ttth
叱	chi4	kxn	kxn
斥	chi4	ryi	ryi
赤	chi4	fou	fou
饬	chi4	qntl	qnte
炽	chi4	okwy	okwy
翅	chi4	fcnd	fcnd
敕	chi4	gkit	skty
啻	chi4	upmk	yupk
傺	chi4	wwfi	wwfi
瘛	chi4	udhn	udhn

chong

汉字	拼音	86 版	98 版
充	chong1	ycqb	ycqb
冲	chong1	ukhh	ukhh
忡	chong1	nkhh	nkhh
茺	chong1	aycq	aycq
舂	chong1	dwvf	dwef
憧	chong1	nujf	nujf
艟	chong1	teuf	tuuf
虫	chong2	jhny	jhny
崇	chong2	mpfi	mpfi
宠	chong3	pdxb	pdxy
铳	chong4	qycq	qycq

chou

汉字	拼音	86 版	98 版
抽	chou1	rmg	rmg
瘳	chou1	unwe	unwe
仇	chou2	wvn	wvn
俦	chou2	wdtf	wdtf
惆	chou2	nmfk	nmfk
绸	chou2	xmfk	xmfk
畴	chou2	ldtf	ldtf
愁	chou2	tonu	tonu
稠	chou2	tmfk	tmfk
筹	chou2	tdtf	tdtf
酬	chou2	sgyh	sgyh
踌	chou2	khdf	khdf
雠	chou2	wyyy	wyyy
丑	chou3	nfd	nhgg
瞅	chou3	htoy	htoy
臭	chou4	thdu	thdu

chu

汉字	拼音	86 版	98 版
屮	chu1	bhk	bhk
出	chu1	bmk	bmk
初	chu1	puvn	puvt
樗	chu1	sffn	sffn
刍	chu2	qvf	qvf
除	chu2	bwty	bwgs
厨	chu2	dgkf	dgkf
滁	chu2	ibwt	ibws
锄	chu2	qegl	qege
蜍	chu2	jwty	jwgs
雏	chu2	qvwy	qvwy
橱	chu2	sdgf	sdgf
躇	chu2	khaj	khaj
蹰	chu2	khdf	khdf
杵	chu3	stfh	stfh
础	chu3	dbmh	dbmh
储	chu3	wyfj	wyfj
楮	chu3	sftj	sftj
楚	chu3	ssnh	ssnh
褚	chu3	pufj	pufj
亍	chu4	fhk	gsj
处	chu4	thi	thi
怵	chu4	nsyy	nsyy
绌	chu4	xbmh	xbmh
搐	chu4	ryxl	ryxl
触	chu4	qejy	qejy
憷	chu4	nssh	nssh
黜	chu4	lfom	lfom
矗	chu4	fhfh	fhfh
畜	chu4	yxlf	yxlf

chuai

汉字	拼音	86 版	98 版
搋	chuai1	rrhm	rrhw
揣	chuai1	rmdj	rmdj
嘬	chuai4	kjbc	kjbc
踹	chuai4	khmj	khmj
膪	chuai4	eupk	eyuk

chuan

汉字	拼音	86 版	98 版
巛	chuan1	vnnn	vnnn
川	chuan1	kthh	kthh
氚	chuan1	rnkj	rkk
穿	chuan1	pwat	pwat
传	chuan2	wfny	wfny
舡	chuan2	teag	tuag
船	chuan2	temk	tuwk
遄	chuan2	mdmp	mdmp
椽	chuan2	sxey	sxey
舛	chuan3	qahh	qgh
喘	chuan3	kmdj	kmdj
串	chuan4	kkhk	kkhk
钏	chuan4	qkh	qkh

chuang

汉字	拼音	86 版	98 版
疮	chuang1	uwbv	uwbv
窗	chuang1	pwtq	pwtq
床	chuang2	ysi	osi
闯	chuang3	ucd	ucgd
创	chuang4	wbjh	wbjh
怆	chuang4	nwbn	nwbn

chui

汉字	拼音	86 版	98 版
吹	chui1	kqwy	kqwy
炊	chui1	oqwy	oqwy
垂	chui2	tgaf	tgaf
陲	chui2	btgf	btgf
捶	chui2	rtgf	rtgf
棰	chui2	stgf	stgf
槌	chui2	swnp	stnp
锤	chui2	qtgf	qtgf

chun

汉字	拼音	86 版	98 版
春	chun1	dwjf	dwjf
椿	chun1	sdwj	sdwj
蝽	chun1	jdwj	jdwj
纯	chun2	xgbn	xgbn
唇	chun2	dfek	dfek
莼	chun2	axgn	axgn
淳	chun2	iybg	iybg
鹑	chun2	ybqg	ybqg
醇	chun2	sgyb	sgyb
蠢	chun3	dwjj	dwjj
踔	chuo1	khhj	khhj
戳	chuo1	nwya	nwya
啜	chuo4	kccc	kccc
辍	chuo4	lccc	lccc
龊	chuo4	hwbh	hwbh

ci

汉字	拼音	86 版	98 版
呲	ci1	khxn	khxn
疵	ci1	uhxv	uhxv
词	ci2	yngk	yngk
祠	ci2	pynk	pynk
茨	ci2	auqw	auqw
瓷	ci2	uqwn	uqwy
慈	ci2	uxxn	uxxn
辞	ci2	tduh	tduh
磁	ci2	duxx	duxx
雌	ci2	hxwy	hxwy
鹚	ci2	uxxg	uxxg
糍	ci2	ouxx	ouxx
此	ci3	hxn	hxn
次	ci4	uqwy	uqwy
刺	ci4	gmij	smjh
赐	ci4	mjqr	mjqr

cong

汉字	拼音	86 版	98 版
囱	cong1	tlqi	tlqi
匆	cong1	qryi	qryi
苁	cong1	awwu	awwu
枞	cong1	swwy	swwy
葱	cong1	aqrn	aqrn
骢	cong1	ctln	cgtn
璁	cong1	gtln	gtln
聪	cong1	bukn	bukn
从	cong2	wwy	wwy
丛	cong2	wwgf	wwgf
淙	cong2	ipfi	ipfi
琮	cong2	gpfi	gpfi

cou

汉字	拼音	86 版	98 版
凑	cou4	udwd	udwd
楱	cou4	sdwd	sdwd
腠	cou4	edwd	edwd
辏	cou4	ldwd	ldwd

cu

汉字	拼音	86 版	98 版
粗	cu1	oegg	oegg
徂	cu2	tegg	tegg
殂	cu2	gqeg	gqeg
促	cu4	wkhy	wkhy
猝	cu4	qtyf	qtyf
蔟	cu4	aytd	aytd
醋	cu4	sgaj	sgaj
簇	cu4	tytd	tytd
蹙	cu4	dhih	dhih
蹴	cu4	khyn	khyy

cuan

汉字	拼音	86 版	98 版
氽	cuan1	tyiu	tyiu
撺	cuan1	rpwh	rpwh
镩	cuan1	qpwh	qpwh
蹿	cuan1	khph	khph
窜	cuan4	pwkh	pwkh
篡	cuan4	thdc	thdc
爨	cuan4	wfmo	emgo

cui

汉字	拼音	86 版	98 版
崔	cui1	mwyf	mwyf
催	cui1	wmwy	wmwy
摧	cui1	rmwy	rmwy
榱	cui1	syke	syke
璀	cui3	gmwy	gmwy
脆	cui4	eqdb	eqdb
啐	cui4	kywf	kywf
悴	cui4	nywf	nywf
淬	cui4	iywf	iywf
萃	cui4	aywf	aywf
毳	cui4	tfnn	eeeb
瘁	cui4	uywf	uywf
粹	cui4	oywf	oywf
翠	cui4	nywf	nywf

cun

汉字	拼音	86 版	98 版
村	cun1	sfy	sfy
皴	cun1	cwtc	cwtb
存	cun2	dhbd	dhbd
忖	cun3	nfy	nfy
寸	cun4	fghy	fghy

cuo

汉字	拼音	86 版	98 版
搓	cuo1	ruda	ruag
磋	cuo1	duda	duag
撮	cuo1	rjbc	rjbc
蹉	cuo1	khua	khua

嵯	cuo2	muda	muag
痤	cuo2	uwwf	uwwf
矬	cuo2	tdwf	tdwf
鹾	cuo2	hlqa	hlra
脞	cuo3	ewwf	ewwf
厝	cuo4	dajd	dajd
挫	cuo4	rwwf	rwwf
措	cuo4	rajg	rajg
锉	cuo4	qwwf	qwwf
错	cuo4	qajg	qajg

da

汉字	拼音	86 版	98 版
哒	da1	kdpy	kdpy
耷	da1	dbf	dbf
搭	da1	rawk	rawk
嗒	da1	kawk	kawk
褡	da1	puak	puak
疸	da1	ujgd	ujgd
达	da2	dpi	dpi
妲	da2	vjgg	vjgg
怛	da2	njgg	njgg
笪	da2	tjgf	tjgf
答	da2	twgk	twgk
瘩	da2	uawk	uawk
靼	da2	afjg	afjg
鞑	da2	afdp	afdp
打	da3	rsh	rsh
大	da4	dddd	dddd

dai

汉字	拼音	86 版	98 版
呆	dai1	ksu	ksu
歹	dai3	gqi	gqi
傣	dai3	wdwi	wdwi
逮	dai3	vipi	vipi
代	dai4	way	wayy
岱	dai4	wamj	waym
甙	dai4	aafd	afyi
绐	dai4	xckg	xckg
迨	dai4	ckpd	ckpd
带	dai4	gkph	gkph
待	dai4	tffy	tffy
怠	dai4	cknu	cknu
殆	dai4	gqck	gqck
玳	dai4	gway	gway
贷	dai4	wamu	waym
埭	dai4	fviy	fviy
袋	dai4	waye	waye
戴	dai4	falw	falw
黛	dai4	walo	wayo
骀	dai4	cckg	cgck

dan

汉字	拼音	86 版	98 版
丹	dan1	myd	myd
单	dan1	ujfj	ujfj
担	dan1	rjgg	rjgg
眈	dan1	hpqn	hpqn
耽	dan1	bpqn	bpqn
郸	dan1	ujfb	ujfb
聃	dan1	bmfg	bmfg
殚	dan1	gquf	gquf
瘅	dan1	uujf	uujf
箪	dan1	tujf	tujf
儋	dan1	wqdy	wqdy
卩	dan1	bnh	bnh
亻	dan1	wth	wth
胆	dan3	ejgg	ejgg
掸	dan3	rujf	rujf
赕	dan3	mooy	mooy
旦	dan4	jgf	jgf
但	dan4	wjgg	wjgg
诞	dan4	ythp	ythp
啖	dan4	kooy	kooy
惮	dan4	nujf	nujf
淡	dan4	iooy	iooy
萏	dan4	aqvf	aqef
蛋	dan4	nhju	nhju
氮	dan4	rnoo	rooi
澹	dan4	iqdy	iqdy

dang

汉字	拼音	86 版	98 版
当	dang1	ivf	ivf
裆	dang1	puiv	puiv
挡	dang3	rivg	rivg
党	dang3	ipkq	ipkq
谠	dang3	yipq	yipq
凼	dang4	ibk	ibk
宕	dang4	pdf	pdf
砀	dang4	dnrt	dnrt
荡	dang4	ainr	ainr
档	dang4	sivg	sivg
菪	dang4	apdf	apdf

dao

汉字	拼音	86 版	98 版
刀	dao1	vnt	vnt
叨	dao1	kvn	kvt
忉	dao1	nvn	nvt
氘	dao1	rnjj	rjk
导	dao3	nfu	nfu
岛	dao3	qynm	qmk
倒	dao3	wgcj	wgcj
捣	dao3	rqym	rqmh
祷	dao3	pydf	pydf
蹈	dao3	khev	khee
帱	dao4	mhdf	mhdf
到	dao4	gcfj	gcfj
悼	dao4	nhjh	nhjh
盗	dao4	uqwl	uqwl
道	dao4	uthp	uthp
稻	dao4	tevg	teeg
纛	dao4	gxgi	gxhi

de

汉字	拼音	86 版	98 版
的	de1	rqyy	rqyy
得	de2	tjgf	tjgf
锝	de2	qjgf	qjgf
德	de2	tfln	tfln

deng

汉字	拼音	86 版	98 版
灯	deng1	osh	osh
登	deng1	wgku	wgku
噔	deng1	kwgu	kwgu
簦	deng1	twgu	twgu
蹬	deng1	khwu	khwu
等	deng3	tffu	tffu
戥	deng3	jtga	jtga
邓	deng4	cbh	cbh
凳	deng4	wgkm	wgkw
嶝	deng4	mwgu	mwgu
瞪	deng4	hwgu	hwgu
磴	deng4	dwgu	dwgu
镫	deng4	qwgu	qwgu

di

汉字	拼音	86 版	98 版
低	di1	wqay	wqay
羝	di1	udqy	uqay
堤	di1	fjgh	fjgh
嘀	di1	kumd	kyud
滴	di1	iumd	iyud
氐	di1	qayi	qayi
镝	di2	qumd	qyud
狄	di2	qtoy	qtoy
籴	di2	tyou	tyou
迪	di2	mpd	mpd
敌	di2	tdty	tdty
涤	di2	itsy	itsy
荻	di2	aqto	aqto
笛	di2	tmf	tmf
觌	di2	fnuq	fnuq
嫡	di2	vumd	vyud
诋	di3	yqay	yqay
邸	di3	qayb	qayb
坻	di3	fqay	fqay
底	di3	yqay	oqay
抵	di3	rqay	rqay
柢	di3	sqay	sqay
砥	di3	dqay	dqay
骶	di3	meqy	meqy
地	di4	fbn	fbn
弟	di4	uxht	uxht
帝	di4	upmh	yuph
娣	di4	vuxt	vuxt
递	di4	uxhp	uxhp
第	di4	txht	txht
谛	di4	yuph	yyuh
棣	di4	sviy	sviy
睇	di4	huxt	huxt
缔	di4	xuph	xyuh
蒂	di4	auph	ayuh
碲	di4	duph	dyuh

dia

汉字	拼音	86 版	98 版
嗲	dia3	kwqq	kwrq

dian

汉字	拼音	86 版	98 版
掂	dian1	ryhk	rohk
滇	dian1	ifhw	ifhw
颠	dian1	fhwm	fhwm
巅	dian1	mfhm	mfhm
癫	dian1	ufhm	ufhm
典	dian3	mawu	mawu
点	dian3	hkou	hkou
碘	dian3	dmaw	dmaw
踮	dian3	khyk	khok
丶	dian3	yyll	yyll
电	dian4	jnv	jnv
佃	dian4	wlg	wlg
甸	dian4	qld	qld
坫	dian4	fhkg	fhkg
店	dian4	yhkd	ohkd
垫	dian4	rvyf	rvyf
玷	dian4	ghkg	ghkg
钿	dian4	qlg	qlg
惦	dian4	nyhk	nohk
淀	dian4	ipgh	ipgh
奠	dian4	usgd	usgd
殿	dian4	nawc	nawc
靛	dian4	geph	geph
癜	dian4	unac	unac
簟	dian4	tsjj	tsjj

diao

汉字	拼音	86 版	98 版
刁	diao1	ngd	ngd
叼	diao1	kngg	kngg
凋	diao1	umfk	umfk
貂	diao1	eevk	evkg
碉	diao1	dmfk	dmfk
雕	diao1	mfky	mfky
鲷	diao1	qgmk	qgmk
吊	diao4	kmhj	kmhj
钓	diao4	qqyy	qqyy
调	diao4	ymfk	ymfk
掉	diao4	rhjh	rhjh
铞	diao4	qkmh	qkmh

die

汉字	拼音	86 版	98 版
爹	die1	wqqq	wrqq
跌	die1	khrw	khtg
迭	die2	rwpi	tgpi
垤	die2	fgcf	fgcf
瓞	die2	rcyw	rcyg
谍	die2	yans	yans
喋	die2	kans	kans
堞	die2	fans	fans
揲	die2	rans	rans
耋	die2	ftxf	ftxf
叠	die2	cccg	cccg
牒	die2	thgs	thgs
碟	die2	dans	dans
蝶	die2	jans	jans
蹀	die2	khas	khas
鲽	die2	qgas	qgas

ding

汉字	拼音	86 版	98 版
丁	ding1	sgh	sgh
仃	ding1	wsh	wsh
叮	ding1	ksh	ksh
玎	ding1	gsh	gsh
疔	ding1	usk	usk
盯	ding1	hsh	hsh
耵	ding1	bsh	bsh
町	ding1	lsh	lsh
酊	ding3	sgsh	sgsh
顶	ding3	sdmy	sdmy
鼎	ding3	hndn	hndn
钉	ding4	qsh	qsh
订	ding4	ysh	ysh
定	ding4	pghu	pghu
啶	ding4	kpgh	kpgh
腚	ding4	epgh	epgh
碇	ding4	dpgh	dpgh
锭	ding4	qpgh	qpgh
铤	ding4	qtfp	qtfp

diu

汉字	拼音	86 版	98 版
丢	diu1	tfcu	tfcu
铥	diu1	qtfc	qtfc

dong

汉字	拼音	86 版	98 版
东	dong1	aii	aii
冬	dong1	tuu	tuu
咚	dong1	ktuy	ktuy
岽	dong1	maiu	maiu
氡	dong1	rntu	rtui
鸫	dong1	aiqg	aiqg
夂	dong1	ttny	ttny
董	dong3	atgf	atgf
懂	dong3	natf	natf
动	dong4	fcln	fcet
冻	dong4	uaiy	uaiy
侗	dong4	wmgk	wmgk
垌	dong4	fmgk	fmgk
峒	dong4	mmgk	mmgk
恫	dong4	nmgk	nmgk
栋	dong4	saiy	saiy
洞	dong4	imgk	imgk
胨	dong4	eaiy	eaiy
胴	dong4	emgk	emgk
硐	dong4	dmgk	dmgk

dou

汉字	拼音	86 版	98 版
都	dou1	ftjb	ftjb
兜	dou1	qrnq	rqnq
蔸	dou1	aqrq	arqq
篼	dou1	tqrq	trqq
抖	dou3	rufh	rufh
陡	dou3	bfhy	bfhy
蚪	dou3	jufh	jufh
斗	dou4	ufk	ufk
豆	dou4	gkuf	gkuf
逗	dou4	gkup	gkup
痘	dou4	ugku	ugku
窦	dou4	pwfd	pwfd

du

汉字	拼音	86 版	98 版
嘟	du1	kftb	kftb
督	du1	hich	hich
毒	du2	gxgu	gxu
读	du2	yfnd	yfnd
渎	du2	ifnd	ifnd
椟	du2	sfnd	sfnd
牍	du2	thgd	thgd
犊	du2	trfd	cfnd
黩	du2	lfod	lfod
髑	du2	melj	melj
独	du2	qtjy	qtjy
笃	du3	tcf	tcgf
堵	du3	fftj	fftj
赌	du3	mftj	mftj
睹	du3	hftj	hftj
芏	du4	aff	aff
妒	du4	vynt	vynt
杜	du4	sfg	sfg
肚	du4	efg	efg
度	du4	yaci	oaci
渡	du4	iyac	ioac
镀	du4	qyac	qoac
蠹	du4	gkhj	gkhj

duan

汉字	拼音	86 版	98 版
端	duan1	umdj	umdj
短	duan3	tdgu	tdgu
段	duan4	wdmc	thdc
断	duan4	onrh	onrh
缎	duan4	xwdc	xthc
椴	duan4	swdc	sthc
煅	duan4	owdc	othc
锻	duan4	qwdc	qthc
簖	duan4	tonr	tonr

dui

汉字	拼音	86 版	98 版
堆	dui1	fwyg	fwyg
队	dui4	bwy	bwy
对	dui4	cfy	cfy
兑	dui4	ukqb	ukqb
怼	dui4	cfnu	cfnu
碓	dui4	dwyg	dwyg
憝	dui4	ybtn	ybtn
镦	dui4	qybt	qybt

dun

汉字	拼音	86 版	98 版
吨	dun1	kgbn	kgbn
敦	dun1	ybty	ybty
墩	dun1	fybt	fybt
礅	dun1	dybt	dybt
蹲	dun1	khuf	khuf
盹	dun3	hgbn	hgbn
趸	dun3	dnkh	gqkh

囤	dun4	lgbn	lgbn
沌	dun4	igbn	igbn
炖	dun4	ogbn	ogbn
盾	dun4	rfhd	rfhd
砘	dun4	dgbn	dgbn
钝	dun4	qgbn	qgbn
顿	dun4	gbnm	gbnm
遁	dun4	rfhp	rfhp

duo

汉字	拼音	86 版	98 版
多	duo1	qqu	qqu
咄	duo1	kbmh	kbmh
哆	duo1	kqqy	kqqy
裰	duo1	pucc	pucc
掇	duo1	rccc	rccc
夺	duo2	dfu	dfu
铎	duo2	qcfh	qcgh
踱	duo2	khyc	khoc
朵	duo3	msu	wsu
哚	duo3	kmsy	kwsy
垛	duo3	fmsy	fwsy
缍	duo3	xtgf	xtgf
躲	duo3	tmds	tmds
剁	duo4	msjh	wsjh
沲	duo4	itbn	itbn
堕	duo4	bdef	bdef
舵	duo4	tepx	tupx
惰	duo4	ndae	ndae
跺	duo4	khms	khws

e

汉字	拼音	86 版	98 版
屙	e1	nbsk	nbsk
婀	e1	vbsk	vbsk
讹	e2	ywxn	ywxn
俄	e2	wtrt	wtry
娥	e2	vtrt	vtry
峨	e2	mtrt	mtry
莪	e2	atrt	atry
锇	e2	qtrt	qtry
鹅	e2	trng	trng
蛾	e2	jtrt	jtry
额	e2	ptkm	ptkm
呃	e3	kdbn	kdbn
厄	e4	dbv	dbv
扼	e4	rdbn	rdbn
苊	e4	adbb	adbb
轭	e4	ldbn	ldbn
垩	e4	gogf	goff
恶	e4	gogn	gonu
饿	e4	qntt	qnty
谔	e4	ykkn	ykkn
鄂	e4	kkfb	kkfb
阏	e4	uywu	uywu
愕	e4	nkkn	nkkn
萼	e4	akkn	akkn
遏	e4	jqwp	jqwp
腭	e4	ekkn	ekkn
锷	e4	qkkn	qkkn
鹗	e4	kkfg	kkfg
颚	e4	kkfm	kkfm
噩	e4	gkkk	gkkk
鳄	e4	qgkn	qgkn

ei

汉字	拼音	86 版	98 版
诶	ei1	yctd	yctd

en

汉字	拼音	86 版	98 版
恩	en1	ldnu	ldnu
蒽	en1	aldn	aldn
唔	en2	kgkg	kgkg
摁	en4	rldn	rldn
嗯	en4	kldn	kldn

er

汉字	拼音	86 版	98 版
儿	er2	qtn	qtn
而	er2	dmjj	dmjj
鸸	er2	dmjg	dmjg
鲕	er2	qgdj	qgdj
尔	er3	qiu	qiu
耳	er3	bghg	bghg
迩	er3	qipi	qipi
洱	er3	ibg	ibg
饵	er3	qnbg	qnbg
珥	er3	gbg	gbg
铒	er3	qbg	qbg
二	er4	fgg	fgg
佴	er4	wbg	wbg
贰	er4	afmi	afmy

fa

汉字	拼音	86 版	98 版
发	fa1	ntcy	ntcy
乏	fa2	tpi	tpu
伐	fa2	wat	way
垡	fa2	waff	waff
罚	fa2	lyjj	lyjj
阀	fa2	uwae	uwai
筏	fa2	twar	twau
法	fa3	ifcy	ifcy
砝	fa3	dfcy	dfcy
珐	fa4	gfcy	gfcy

fan

汉字	拼音	86 版	98 版
帆	fan1	mhmy	mhwy
番	fan1	tolf	tolf
幡	fan1	mhtl	mhtl
翻	fan1	toln	toln
藩	fan1	aitl	aitl
蕃	fan1	atol	atol
凡	fan2	myi	wyi
矾	fan2	dmyy	dwyy
钒	fan2	qmyy	qwyy
烦	fan2	odmy	odmy
樊	fan2	sqqd	srrd
燔	fan2	otol	otol
繁	fan2	txgi	txti
蹯	fan2	khtl	khtl

蘩	fan2	atxi	atxi
反	fan3	rci	rci
返	fan3	rcpi	rcpi
攵	fan3	ttgy	ttgy
犭	fan3	qte	qttt
犯	fan4	qtbn	qtbn
泛	fan4	itpy	itpy
饭	fan4	qnrc	qnrc
范	fan4	aibb	aibb
贩	fan4	mrcy	mrcy
畈	fan4	lrcy	lrcy
梵	fan4	ssmy	sswy

fang

汉字	拼音	86 版	98 版
方	fang1	yygn	yygt
邡	fang1	ybh	ybh
坊	fang1	fyn	fyt
芳	fang1	ayb	ayr
枋	fang1	syn	syt
钫	fang1	qyn	qyt
防	fang2	byn	byt
妨	fang2	vyn	vyt
房	fang2	ynyv	ynye
肪	fang2	eyn	eyt
鲂	fang2	qgyn	qgyt
仿	fang3	wyn	wyt
访	fang3	yyn	yyt
纺	fang3	xyn	xyt
舫	fang3	teyn	tuyt
放	fang4	yty	yty

fei

汉字	拼音	86 版	98 版
飞	fei1	nui	nui
妃	fei1	vnn	vnn
非	fei1	djdd	hdhd
啡	fei1	kdjd	khdd
绯	fei1	xdjd	xhdd
菲	fei1	adjd	ahdd
扉	fei1	yndd	ynhd
蜚	fei1	djdj	hdhj
霏	fei1	fdjd	fhdd
鲱	fei1	qgdd	qghd
肥	fei2	ecn	ecn
淝	fei2	iecn	iecn
腓	fei2	edjd	ehdd
匪	fei3	adjd	ahdd
诽	fei3	ydjd	yhdd
悱	fei3	ndjd	nhdd
斐	fei3	djdy	hdhy
榧	fei3	sadd	sahd
翡	fei3	djdn	hdhn
篚	fei3	tadd	tahd
吠	fei4	kdy	kdy
废	fei4	ynty	onty
沸	fei4	ixjh	ixjh
狒	fei4	qtxj	qtxj
肺	fei4	egmh	egmh
费	fei4	xjmu	xjmu
痱	fei4	udjd	uhdd
镄	fei4	qxjm	qxjm
芾	fei4	agmh	agmh

fen

汉字	拼音	86 版	98 版
吩	fen1	kwvn	kwvt
纷	fen1	xwvn	xwvt
芬	fen1	awvb	awvr
氛	fen1	rnwv	rwve
酚	fen1	sgwv	sgwv
坟	fen2	fyy	fyy
汾	fen2	iwvn	iwvt
棼	fen2	sswv	sswv
焚	fen2	ssou	ssou
鼢	fen2	vnuv	enuv
粉	fen3	owvn	owvt
分	fen4	wvb	wvr
份	fen4	wwvn	wwvt
奋	fen4	dlf	dlf
忿	fen4	wvnu	wvnu
偾	fen4	wfam	wfam
愤	fen4	nfam	nfam
粪	fen4	oawu	oawu
鲼	fen4	qgfm	qgfm
瀵	fen4	iolw	iolw

feng

汉字	拼音	86 版	98 版
丰	feng1	dhk	dhk
风	feng1	mqi	wri
沣	feng1	idhh	idhh
枫	feng1	smqy	swry
封	feng1	fffy	fffy
疯	feng1	umqi	uwri
砜	feng1	dmqy	dwry
峰	feng1	mtdh	mtdh
烽	feng1	otdh	otdh
葑	feng1	afff	afff
锋	feng1	qtdh	qtdh
蜂	feng1	jtdh	jtdh
酆	feng1	dhdb	mdhb
冯	feng2	ucg	ucgg
逢	feng2	tdhp	tdhp
缝	feng2	xtdp	xtdp
讽	feng3	ymqy	ywry
唪	feng3	kdwh	kdwg
凤	feng4	mci	wci
奉	feng4	dwfh	dwgj
俸	feng4	wdwh	wdwg

fo

汉字	拼音	86 版	98 版
佛	fo2	wxjh	wxjh

fou

汉字	拼音	86 版	98 版
缶	fou3	rmk	tfbj
否	fou3	gikf	dhkf

fu

汉字	拼音	86 版	98 版
夫	fu1	fwi	gggy

呋	fu1	kfwy	kgy
肤	fu1	efwy	egy
趺	fu1	khfw	khgy
麸	fu1	gtfw	gtgy
稃	fu1	tebg	tebg
跗	fu1	khwf	khwf
孵	fu1	qytb	qytb
敷	fu1	geht	syty
弗	fu2	xjk	xjk
伏	fu2	wdy	wdy
凫	fu2	qynm	qwb
孚	fu2	ebf	ebf
扶	fu2	rfwy	rgy
芙	fu2	afwu	agu
怫	fu2	nxjh	nxjh
拂	fu2	rxjh	rxjh
服	fu2	ebcy	ebcy
绂	fu2	xdcy	xdcy
绋	fu2	xxjh	xxjh
苻	fu2	awfu	awfu
俘	fu2	webg	webg
氟	fu2	rnxj	rxjk
祓	fu2	pydc	pydy
罘	fu2	lgiu	ldhu
茯	fu2	awdu	awdu
郛	fu2	ebbh	ebbh
浮	fu2	iebg	iebg
砩	fu2	dxjh	dxjh
蚨	fu2	jfwy	jgy
匐	fu2	qgkl	qgkl
桴	fu2	sebg	sebg
涪	fu2	iukg	iukg
符	fu2	twfu	twfu
艴	fu2	xjqc	xjqc
菔	fu2	aebc	aebc
袱	fu2	puwd	puwd
幅	fu2	mhgl	mhgl
福	fu2	pygl	pygl
蜉	fu2	jebg	jebg
辐	fu2	lgkl	lgkl
幞	fu2	mhoy	mhog
蝠	fu2	jgkl	jgkl
黻	fu2	oguc	oidy
抚	fu3	rfqn	rfqn
甫	fu3	gehy	sghy
府	fu3	ywfi	owfi
拊	fu3	rwfy	rwfy
斧	fu3	wqrj	wrrj
俯	fu3	wywf	wowf
釜	fu3	wqfu	wrfu
辅	fu3	lgey	lsy
腑	fu3	eywf	eowf
滏	fu3	iwqu	iwru
腐	fu3	ywfw	owfw
黼	fu3	oguy	oisy
父	fu4	wqu	wru
讣	fu4	yhy	yhy
付	fu4	wfy	wfy
妇	fu4	vvg	vvg
负	fu4	qmu	qmu
附	fu4	bwfy	bwfy
咐	fu4	kwfy	kwfy
阜	fu4	wnnf	tnfj
驸	fu4	cwfy	cgwf
复	fu4	tjtu	tjtu
赴	fu4	fhhi	fhhi
副	fu4	gklj	gklj
傅	fu4	wgef	wsfy
富	fu4	pgkl	pgkl
赋	fu4	mgah	mgay
缚	fu4	xgef	xsfy
腹	fu4	etjt	etjt
鲋	fu4	qgwf	qgwf
赙	fu4	mgef	msfy
蝮	fu4	jtjt	jtjt
鳆	fu4	qgtt	qgtt
覆	fu4	sttt	sttt
馥	fu4	tjtt	tjtt

ga

汉字	拼音	86 版	98 版
旮	ga1	vjf	vjf
伽	ga1	wlkg	wekg
嘎	ga1	kdha	kdha
呷	ga1	klh	klh
钆	ga2	qnn	qnn
尜	ga2	idiu	idiu
噶	ga2	kajn	kajn
尕	ga3	eiu	biu
尬	ga4	dnwj	dnwj

gai

汉字	拼音	86 版	98 版
该	gai1	yynw	yynw
陔	gai1	bynw	bynw
垓	gai1	fynw	fynw
赅	gai1	mynw	mynw
改	gai3	nty	nty
丐	gai4	ghnv	ghnv
钙	gai4	qghn	qghn
盖	gai4	uglf	uglf
溉	gai4	ivcq	ivaq
戤	gai4	ecla	bcla
概	gai4	svcq	svaq

gan

汉字	拼音	86 版	98 版
甘	gan1	afd	fghg
肝	gan1	efh	efh
坩	gan1	fafg	ffg
泔	gan1	iafg	ifg
苷	gan1	aaff	aff
柑	gan1	safg	sfg
竿	gan1	tfj	tfj
疳	gan1	uafd	ufd
酐	gan1	sgfh	sgfh
尴	gan1	dnjl	dnjl
矸	gan1	dfh	dfh
杆	gan3	sfh	sfh
秆	gan3	tfh	tfh
赶	gan3	fhfk	fhfk
敢	gan3	nbty	nbty
感	gan3	dgkn	dgkn

澉	gan3	inbt	inbt
橄	gan3	snbt	snbt
擀	gan3	rfjf	rfjf
干	gan4	fggh	fggh
旰	gan4	jfh	jfh
绀	gan4	xafg	xfg
淦	gan4	iqg	iqg
赣	gan4	ujtm	ujtm

gang

汉字	拼音	86 版	98 版
冈	gang1	mqi	mri
刚	gang1	mqjh	mrjh
纲	gang1	xmqy	xmry
肛	gang1	eag	eag
缸	gang1	rmag	tfba
钢	gang1	qmqy	qmry
罡	gang1	lghf	lghf
岗	gang3	mmqu	mmru
港	gang3	iawn	iawn
杠	gang4	sag	sag
筻	gang4	tgjq	tgjr
戆	gang4	ujtn	ujtn

gao

汉字	拼音	86 版	98 版
皋	gao1	rdfj	rdfj
羔	gao1	ugou	ugou
高	gao1	ymkf	ymkf
槔	gao1	srdf	srdf
睾	gao1	tlff	tlff
膏	gao1	ypke	ypke
篙	gao1	tymk	tymk
糕	gao1	ougo	ougo
杲	gao3	jsu	jsu
搞	gao3	rymk	rymk
缟	gao3	xymk	xymk
槁	gao3	symk	symk
稿	gao3	tymk	tymk
镐	gao3	qymk	qymk
藁	gao3	ayms	ayms
告	gao4	tfkf	tfkf
诰	gao4	ytfk	ytfk
郜	gao4	tfkb	tfkb
锆	gao4	qtfk	qtfk

ge

汉字	拼音	86 版	98 版
戈	ge1	agnt	agny
圪	ge1	ftnn	ftnn
纥	ge1	xtnn	xtnn
疙	ge1	utnv	utnv
哥	ge1	sksk	sksk
胳	ge1	etkg	etkg
袼	ge1	putk	putk
鸽	ge1	wgkg	wgkg
割	ge1	pdhj	pdhj
搁	ge1	rutk	rutk
歌	ge1	sksw	sksw
咯	ge1	ktkg	ktkg
阁	ge2	utkd	utkd
革	ge2	afj	afj
格	ge2	stkg	stkg
鬲	ge2	gkmh	gkmh
隔	ge2	bgkh	bgkh
嗝	ge2	kgkh	kgkh
塥	ge2	fgkh	fgkh
搿	ge2	rwgr	rwgr
膈	ge2	egkh	egkh
镉	ge2	qgkh	qgkh
骼	ge2	metk	metk
葛	ge3	ajqn	ajqn
哿	ge3	lksk	eksk
舸	ge3	tesk	tusk
个	ge4	whj	whj
各	ge4	tkf	tkf
虼	ge4	jtnn	jtnn
硌	ge4	dtkg	dtkg
铬	ge4	qtkg	qtkg

gei

汉字	拼音	86 版	98 版
给	gei3	xwgk	xwgk

gen

汉字	拼音	86 版	98 版
根	gen1	svey	svy
跟	gen1	khve	khvy
哏	gen2	kvey	kvy
亘	gen4	gjgf	gjgf
艮	gen4	vei	vngy
茛	gen4	aveu	avu

geng

汉字	拼音	86 版	98 版
庚	geng1	yvwi	ovwi
耕	geng1	difj	fsfj
赓	geng1	yvwm	ovwm
羹	geng1	ugod	ugod
哽	geng3	kgjq	kgjr
埂	geng3	fgjq	fgjr
绠	geng3	xgjq	xgjr
耿	geng3	boy	boy
梗	geng3	sgjq	sgjr
鲠	geng3	qggq	qggr
更	geng4	gjqi	gjri

gong

汉字	拼音	86 版	98 版
工	gong1	aaaa	aaaa
弓	gong1	xngn	xngn
公	gong1	wcu	wcu
功	gong1	aln	aet
攻	gong1	aty	aty
肱	gong1	edcy	edcy
宫	gong1	pkkf	pkkf
恭	gong1	awnu	awnu
蚣	gong1	jwcy	jwcy
躬	gong1	tmdx	tmdx
龚	gong1	dxaw	dxyw
觥	gong1	qeiq	qeiq

巩	gong3	amyy	awyy
汞	gong3	aiu	aiu
拱	gong3	rawy	rawy
珙	gong3	gawy	gawy
供	gong4	wawy	wawy
共	gong4	awu	awu
贡	gong4	amu	amu

gou

汉字	拼音	86 版	98 版
勾	gou1	qci	qci
佝	gou1	wqkg	wqkg
沟	gou1	iqcy	iqcy
钩	gou1	qqcy	qqcy
缑	gou1	xwnd	xwnd
篝	gou1	tfjf	tamf
鞲	gou1	afff	afaf
岣	gou3	mqkg	mqkg
狗	gou3	qtqk	qtqk
苟	gou3	aqkf	aqkf
枸	gou3	sqkg	sqkg
笱	gou3	tqkf	tqkf
构	gou4	sqcy	sqcy
诟	gou4	yrgk	yrgk
购	gou4	mqcy	mqcy
垢	gou4	frgk	frgk
够	gou4	qkqq	qkqq
媾	gou4	vfjf	vamf
彀	gou4	fpgc	fpgc
遘	gou4	fjgp	amfp
觏	gou4	fjgq	amfq

gu

汉字	拼音	86 版	98 版
估	gu1	wdg	wdg
咕	gu1	kdg	kdg
姑	gu1	vdg	vdg
孤	gu1	brcy	brcy
沽	gu1	idg	idg
轱	gu1	ldg	ldg
鸪	gu1	dqyg	dqgg
菇	gu1	avdf	avdf
菰	gu1	abry	abry
蛄	gu1	jdg	jdg
觚	gu1	qery	qery
辜	gu1	duj	duj
酤	gu1	sgdg	sgdg
毂	gu1	fplc	fplc
箍	gu1	trah	trah
鹘	gu3	meqg	meqg
古	gu3	dghg	dghg
汩	gu3	ijg	ijg
诂	gu3	ydg	ydg
谷	gu3	wwkf	wwkf
股	gu3	emcy	ewcy
牯	gu3	trdg	cdg
骨	gu3	mef	mef
罟	gu3	ldf	ldf
钴	gu3	qdg	qdg
蛊	gu3	jlf	jlf
鼓	gu3	fkuc	fkuc
嘏	gu3	dnhc	dnhc
臌	gu3	efkc	efkc
瞽	gu3	fkuh	fkuh
固	gu4	ldd	ldd
故	gu4	dty	dty
顾	gu4	dbdm	dbdm
崮	gu4	mldf	mldf
梏	gu4	stfk	stfk
牿	gu4	trtk	ctfk
雇	gu4	ynwy	ynwy
痼	gu4	uldd	uldd
锢	gu4	qldg	qldg
鲴	gu4	qgld	qgld

gua

汉字	拼音	86 版	98 版
瓜	gua1	rcyi	rcyi
刮	gua1	tdjh	tdjh
胍	gua1	ercy	ercy
鸹	gua1	tdqg	tdqg
呱	gua1	krcy	krcy
栝	gua1	stdg	stdg
剐	gua3	kmwj	kmwj
寡	gua3	pdev	pdev
卦	gua4	ffhy	ffhy
诖	gua4	yffg	yffg
挂	gua4	rffg	rffg
褂	gua4	pufh	pufh

guai

汉字	拼音	86 版	98 版
乖	guai1	tfux	tfux
拐	guai3	rkln	rket
怪	guai4	ncfg	ncfg

guan

汉字	拼音	86 版	98 版
关	guan1	udu	udu
观	guan1	cmqn	cmqn
官	guan1	pnhn	pnf
倌	guan1	wpnn	wpng
棺	guan1	spnn	spng
鳏	guan1	qgli	qgli
馆	guan3	qnpn	qnpn
管	guan3	tpnn	tpnf
莞	guan3	apfq	apfq
冠	guan4	pfqf	pfqf
贯	guan4	xfmu	xmu
惯	guan4	nxfm	nxmy
掼	guan4	rxfm	rxmy
涫	guan4	ipnn	ipng
盥	guan4	qgil	eilf
灌	guan4	iaky	iaky
鹳	guan4	akkg	akkg
罐	guan4	rmay	tfby

guang

汉字	拼音	86 版	98 版
光	guang1	iqb	igqb
咣	guang1	kiqn	kigq
桄	guang1	siqn	sigq
胱	guang1	eiqn	eigq

广	guang3	yygt	oygt
犷	guang3	qtyt	qtot
逛	guang4	qtgp	qtgp

gui

汉字	拼音	86 版	98 版
归	gui1	jvg	jvg
圭	gui1	fff	fff
妫	gui1	vyly	vyey
龟	gui1	qjnb	qjnb
规	gui1	fwmq	gmqn
皈	gui1	rrcy	rrcy
闺	gui1	uffd	uffd
硅	gui1	dffg	dffg
瑰	gui1	grqc	grqc
鲑	gui1	qgff	qgff
傀	gui1	wrqc	wrqc
宄	gui3	pvb	pvb
轨	gui3	lvn	lvn
庋	gui3	yfci	ofci
匦	gui3	alvv	alvv
诡	gui3	yqdb	yqdb
癸	gui3	wgdu	wgdu
鬼	gui3	rqci	rqci
晷	gui3	jthk	jthk
簋	gui3	tvel	tvlf
刽	gui4	wfcj	wfcj
刿	gui4	mqjh	mqjh
柜	gui4	sang	sang
炅	gui4	jou	jou
贵	gui4	khgm	khgm
桂	gui4	sffg	sffg
跪	gui4	khqb	khqb
鳜	gui4	qgdw	qgdw
桧	gui4	swfc	swfc
炔	gui4	onwy	onwy

gun

汉字	拼音	86 版	98 版
衮	gun3	uceu	uceu
绲	gun3	xjxx	xjxx
辊	gun3	ljxx	ljxx
滚	gun3	iuce	iuce
磙	gun3	duce	duce
鲧	gun3	qgti	qgti
棍	gun4	sjxx	sjxx

guo

汉字	拼音	86 版	98 版
呙	guo1	kmwu	kmwu
埚	guo1	fkmw	fkmw
郭	guo1	ybbh	ybbh
崞	guo1	mybg	mybg
聒	guo1	btdg	btdg
锅	guo1	qkmw	qkmw
蝈	guo1	jlgy	jlgy
国	guo2	lgyi	lgyi
帼	guo2	mhly	mhly
掴	guo2	rlgy	rlgy
虢	guo2	efhm	efhw
馘	guo2	uthg	uthg
果	guo3	jsi	jsi
猓	guo3	qtjs	qtjs
椁	guo3	sybg	sybg
蜾	guo3	jjsy	jjsy
裹	guo3	yjse	yjse
过	guo4	fpi	fpi

ha

汉字	拼音	86 版	98 版
铪	ha1	qwgk	qwgk
蛤	ha2	jwgk	jwgk
哈	ha3	kwgk	kwgk

hai

汉字	拼音	86 版	98 版
咳	hai1	kynw	kynw
孩	hai2	bynw	bynw
骸	hai2	meyw	meyw
还	hai2	gipi	dhpi
海	hai3	itxu	itxy
胲	hai3	eynw	eynw
醢	hai3	sgdl	sgdl
亥	hai4	yntw	yntw
骇	hai4	cynw	cgyw
害	hai4	pdhk	pdhk
氦	hai4	rnyw	rynw

han

汉字	拼音	86 版	98 版
顸	han1	fdmy	fdmy
蚶	han1	jafg	jfg
酣	han1	sgaf	sgfg
憨	han1	nbtn	nbtn
鼾	han1	thlf	thlf
邗	han2	fbh	fbh
含	han2	wynk	wynk
邯	han2	afbh	fbh
函	han2	bibk	bibk
晗	han2	jwyk	jwyk
涵	han2	ibib	ibib
焓	han2	owyk	owyk
寒	han2	pfju	pawu
韩	han2	fjfh	fjfh
罕	han3	pwfj	pwfj
喊	han3	kdgt	kdgk
汉	han4	icy	icy
汗	han4	ifh	ifh
旱	han4	jfj	jfj
悍	han4	njfh	njfh
捍	han4	rjfh	rjfh
焊	han4	ojfh	ojfh
菡	han4	abib	abib
颔	han4	wynm	wynm
撖	han4	rnbt	rnbt
憾	han4	ndgn	ndgn
撼	han4	rdgn	rdgn
翰	han4	fjwn	fjwn
瀚	han4	ifjn	ifjn

hang

汉字	拼音	86 版	98 版
杭	hang2	symn	sywn

绗	hang2	xtfh	xtgs
航	hang2	teym	tuyw
颃	hang2	ymdm	ywdm
行	hang2	tfhh	tgsh
沆	hang4	iymn	iywn

hao

汉字	拼音	86 版	98 版
蒿	hao1	aymk	aymk
嚆	hao1	kayk	kayk
薅	hao1	avdf	avdf
蚝	hao2	jtfn	jen
毫	hao2	yptn	ypeb
嗥	hao2	krdf	krdf
豪	hao2	ypeu	ypge
嚎	hao2	kype	kype
壕	hao2	fype	fype
濠	hao2	iype	iype
好	hao3	vbg	vbg
郝	hao3	fobh	fobh
号	hao4	kgnb	kgnb
昊	hao4	jgdu	jgdu
浩	hao4	itfk	itfk
耗	hao4	ditn	fsen
皓	hao4	rtfk	rtfk
颢	hao4	jyim	jyim
灏	hao4	ijym	ijym

he

汉字	拼音	86 版	98 版
诃	he1	yskg	yskg
呵	he1	kskg	kskg
喝	he1	kjqn	kjqn
嗬	he1	kawk	kawk
禾	he2	tttt	tttt
合	he2	wgkf	wgkf
何	he2	wskg	wskg
劾	he2	yntl	ynte
和	he2	tkg	tkg
河	he2	iskg	iskg
曷	he2	jqwn	jqwn
阂	he2	uynw	uynw
核	he2	synw	synw
盍	he2	fclf	fclf
荷	he2	awsk	awsk
涸	he2	ildg	ildg
盒	he2	wgkl	wgkl
菏	he2	aisk	aisk
颌	he2	wgkm	wgkm
阖	he2	ufcl	ufcl
翮	he2	gkmn	gkmn
贺	he4	lkmu	ekmu
褐	he4	pujn	pujn
赫	he4	fofo	fofo
鹤	he4	pwyg	pwyg
壑	he4	hpgf	hpgf

hei

汉字	拼音	86 版	98 版
嗨	hei1	kitu	kitx
黑	hei1	lfou	lfou
嘿	hei1	klfo	klfo

hen

汉字	拼音	86 版	98 版
痕	hen2	uvei	uvi
很	hen3	tvey	tvy
狠	hen3	qtve	qtvy
恨	hen4	nvey	nvy

heng

汉字	拼音	86 版	98 版
亨	heng1	ybj	ybj
哼	heng1	kybh	kybh
恒	heng2	ngjg	ngjg
桁	heng2	stfh	stgs
珩	heng2	gtfh	gtgs
横	heng2	samw	samw
衡	heng2	tqdh	tqds
蘅	heng2	atqh	atqs

hong

汉字	拼音	86 版	98 版
轰	hong1	lccu	lccu
訇	hong1	qyd	qyd
烘	hong1	oawy	oawy
薨	hong1	alpx	alpx
弘	hong2	xcy	xcy
红	hong2	xag	xag
宏	hong2	pdcu	pdcu
闳	hong2	udci	udci
泓	hong2	ixcy	ixcy
洪	hong2	iawy	iawy
荭	hong2	axaf	axaf
虹	hong2	jag	jag
鸿	hong2	iaqg	iaqg
蕻	hong2	adaw	adaw
黉	hong2	ipaw	ipaw
哄	hong3	kawy	kawy
讧	hong4	yag	yag

hou

汉字	拼音	86 版	98 版
侯	hou2	wntd	wntd
喉	hou2	kwnd	kwnd
猴	hou2	qtwd	qtwd
瘊	hou2	uwnd	uwnd
篌	hou2	twnd	twnd
糇	hou2	ownd	ownd
骺	hou2	merk	merk
吼	hou3	kbnn	kbnn
后	hou4	rgkd	rgkd
厚	hou4	djbd	djbd
後	hou4	txty	txty
逅	hou4	rgkp	rgkp
候	hou4	whnd	whnd
堠	hou4	fwnd	fwnd
鲎	hou4	ipqg	ipqg

hu

汉字	拼音	86 版	98 版
乎	hu1	tuhk	tufk

呼	hu1	ktuh	ktuf
忽	hu1	qrnu	qrnu
烀	hu1	otuh	otuf
轷	hu1	ltuh	ltuf
唿	hu1	kqrn	kqrn
惚	hu1	nqrn	nqrn
滹	hu1	ihah	ihtf
鹄	hu2	tfkg	tfkg
囫	hu2	lqre	lqre
弧	hu2	xrcy	xrcy
狐	hu2	qtry	qtry
胡	hu2	deg	deg
壶	hu2	fpog	fpof
斛	hu2	qeuf	qeuf
湖	hu2	ideg	ideg
猢	hu2	qtde	qtde
葫	hu2	adef	adef
煳	hu2	odeg	odeg
瑚	hu2	gdeg	gdeg
鹕	hu2	deqg	deqg
槲	hu2	sqef	sqef
糊	hu2	odeg	odeg
蝴	hu2	jdeg	jdeg
醐	hu2	sgde	sgde
觳	hu2	fpgc	fpgc
虍	hu3	hav	hhgn
虎	hu3	hamv	hwv
浒	hu3	iytf	iytf
唬	hu3	kham	khwn
琥	hu3	gham	ghwn
互	hu4	gxgd	gxd
户	hu4	yne	yne
冱	hu4	ugxg	ugxg
护	hu4	rynt	rynt
沪	hu4	iynt	iynt
岵	hu4	mdg	mdg
怙	hu4	ndg	ndg
戽	hu4	ynuf	ynuf
祜	hu4	pydg	pydg
笏	hu4	tqrr	tqrr
扈	hu4	ynkc	ynkc
瓠	hu4	dfny	dfny
鹱	hu4	qync	qgac

hua

汉字	拼音	86 版	98 版
花	hua1	awxb	awxb
砉	hua1	dhdf	dhdf
华	hua2	wxfj	wxfj
哗	hua2	kwxf	kwxf
骅	hua2	cwxf	cgwf
铧	hua2	qwxf	qwxf
滑	hua2	imeg	imeg
猾	hua2	qtme	qtme
划	hua2	ajh	ajh
化	hua4	wxn	wxn
画	hua4	glbj	glbj
话	hua4	ytdg	ytdg
桦	hua4	swxf	swxf

huai

汉字	拼音	86 版	98 版
怀	huai2	ngiy	ndhy
徊	huai2	tlkg	tlkg
淮	huai2	iwyg	iwyg
槐	huai2	srqc	srqc
踝	huai2	khjs	khjs
坏	huai4	fgiy	fdhy

huan

汉字	拼音	86 版	98 版
欢	huan1	cqwy	cqwy
獾	huan1	qtay	qtay
环	huan2	ggiy	gdhy
洹	huan2	igjg	igjg
桓	huan2	sgjg	sgjg
萑	huan2	awyf	awyf
锾	huan2	qefc	qegc
寰	huan2	plge	plge
缳	huan2	xlge	xlge
鬟	huan2	dele	dele
圜	huan2	llge	llge
缓	huan3	xefc	xegc
幻	huan4	xnn	xnn
奂	huan4	qmdu	qmdu
宦	huan4	pahh	pahh
唤	huan4	kqmd	kqmd
换	huan4	rqmd	rqmd
浣	huan4	ipfq	ipfq
涣	huan4	iqmd	iqmd
患	huan4	kkhn	kkhn
焕	huan4	oqmd	oqmd
逭	huan4	pnhp	pnpd
痪	huan4	uqmd	uqmd
豢	huan4	udeu	ugge
漶	huan4	ikkn	ikkn
鲩	huan4	qgpq	qgpq
擐	huan4	rlge	rlge

huang

汉字	拼音	86 版	98 版
肓	huang1	ynef	ynef
荒	huang1	aynq	aynk
慌	huang1	nayq	nayk
皇	huang2	rgf	rgf
凰	huang2	mrgd	wrgd
隍	huang2	brgg	brgg
黄	huang2	amwu	amwu
徨	huang2	trgg	trgg
惶	huang2	nrgg	nrgg
湟	huang2	irgg	irgg
遑	huang2	rgpd	rgpd
煌	huang2	orgg	orgg
潢	huang2	iamw	iamw
璜	huang2	gamw	gamw
篁	huang2	trgf	trgf
蝗	huang2	jrgg	jrgg
癀	huang2	uamw	uamw
磺	huang2	damw	damw
簧	huang2	tamw	tamw
蟥	huang2	jamw	jamw
鳇	huang2	qgrg	qgrg
恍	huang3	niqn	nigq

晃	huang3	jiqb	jigq
谎	huang3	yayq	yayk
幌	huang3	mhjq	mhjq

hui

汉字	拼音	86 版	98 版
灰	hui1	dou	dou
诙	hui1	ydoy	ydoy
咴	hui1	kdoy	kdoy
恢	hui1	ndoy	ndoy
挥	hui1	rplh	rplh
虺	hui1	gqji	gqji
晖	hui1	jplh	jplh
珲	hui1	gplh	gplh
辉	hui1	iqpl	igql
麾	hui1	yssn	osse
徽	hui1	tmgt	tmgt
隳	hui1	bdan	bdan
回	hui2	lkd	lkd
洄	hui2	ilkg	ilkg
茴	hui2	alkf	alkf
蛔	hui2	jlkg	jlkg
悔	hui3	ntxu	ntxy
毁	hui3	vamc	eawc
卉	hui4	faj	faj
汇	hui4	ian	ian
会	hui4	wfcu	wfcu
讳	hui4	yfnh	yfnh
浍	hui4	iwfc	iwfc
绘	hui4	xwfc	xwfc
荟	hui4	awfc	awfc
诲	hui4	ytxu	ytxy
恚	hui4	ffnu	ffnu
烩	hui4	owfc	owfc
贿	hui4	mdeg	mdeg
彗	hui4	dhdv	dhdv
晦	hui4	jtxu	jtxy
秽	hui4	tmqy	tmqy
喙	hui4	kxey	kxey
惠	hui4	gjhn	gjhn
缋	hui4	xkhm	xkhm

慧	hui4	dhdn	dhdn
蕙	hui4	agjn	agjn
蟪	hui4	jgjn	jgjn

hun

汉字	拼音	86 版	98 版
昏	hun1	qajf	qajf
荤	hun1	aplj	aplj
婚	hun1	vqaj	vqaj
阍	hun1	uqaj	uqaj
浑	hun2	iplh	iplh
馄	hun2	qnjx	qnjx
魂	hun2	fcrc	fcrc
混	hun2	ijxx	ijxx
诨	hun4	yplh	yplh
溷	hun4	iley	ilge

huo

汉字	拼音	86 版	98 版
耠	huo1	diwk	fswk
锪	huo1	qqrn	qqrn
劐	huo1	awyj	awyj
豁	huo1	pdhk	pdhk
攉	huo1	rfwy	rfwy
活	huo2	itdg	itdg
火	huo3	oooo	oooo
伙	huo3	woy	woy
钬	huo3	qoy	qoy
夥	huo3	jsqq	jsqq
或	huo4	akgd	akgd
货	huo4	wxmu	wxmu
获	huo4	aqtd	aqtd
祸	huo4	pykw	pykw
惑	huo4	akgn	akgn
霍	huo4	fwyf	fwyf
镬	huo4	qawc	qawc
嚯	huo4	kfwy	kfwy
藿	huo4	afwy	afwy
蠖	huo4	jawc	jawc

ji

汉字	拼音	86 版	98 版
丌	ji1	gjk	gjk
讥	ji1	ymn	ywn
击	ji1	fmk	gbk
叽	ji1	kmn	kwn
饥	ji1	qnmn	qnwn
乩	ji1	hknn	hknn
圾	ji1	feyy	fbyy
机	ji1	smn	swn
玑	ji1	gmn	gwn
肌	ji1	emn	ewn
芨	ji1	aeyu	abyu
矶	ji1	dmn	dwn
鸡	ji1	cqyg	cqgg
咭	ji1	kfkg	kfkg
剞	ji1	dskj	dskj
唧	ji1	kvcb	kvbh
姬	ji1	vahh	vahh
屐	ji1	ntfc	ntfc
积	ji1	tkwy	tkwy
笄	ji1	tgaj	tgaj
基	ji1	adwf	dwff
嵇	ji1	tdnm	tdnm
犄	ji1	trdk	cdsk
缉	ji1	xkbg	xkbg
赍	ji1	fwwm	fwwm
畸	ji1	ldsk	ldsk
跻	ji1	khyj	khyj
箕	ji1	tadw	tdwu
畿	ji1	xxal	xxal
稽	ji1	tdnj	tdnj
齑	ji1	ydjj	yjhg
墼	ji1	gjff	lbwf
激	ji1	iryt	iryt
羁	ji1	lafc	lafg
及	ji2	eyi	byi
吉	ji2	fkf	fkf
岌	ji2	meyu	mbyu
汲	ji2	ieyy	ibyy
级	ji2	xeyy	xbyy

即	ji2	vcbh	vbh
极	ji2	seyy	sbyy
亟	ji2	bkcg	bkcg
佶	ji2	wfkg	wfkg
急	ji2	qvnu	qvnu
笈	ji2	teyu	tbyu
疾	ji2	utdi	utdi
戢	ji2	kbnt	kbny
棘	ji2	gmii	smsm
殛	ji2	gqbg	gqbg
集	ji2	wysu	wysu
嫉	ji2	vutd	vutd
楫	ji2	skbg	skbg
蒺	ji2	autd	autd
辑	ji2	lkbg	lkbg
瘠	ji2	uiwe	uiwe
蕺	ji2	akbt	akby
籍	ji2	tdij	tfsj
嵴	ji2	miwe	miwe
几	ji3	mtn	wtn
己	ji3	nngn	nngn
虮	ji3	jmn	jwn
挤	ji3	ryjh	ryjh
脊	ji3	iwef	iwef
掎	ji3	rdsk	rdsk
戟	ji3	fjat	fjay
麂	ji3	ynjm	oxxw
迹	ji4	yopi	yopi
绩	ji4	xgmy	xgmy
计	ji4	yfh	yfh
记	ji4	ynn	ynn
伎	ji4	wfcy	wfcy
纪	ji4	xnn	xnn
妓	ji4	vfcy	vfcy
忌	ji4	nnu	nnu
技	ji4	rfcy	rfcy
芰	ji4	afcu	afcu
际	ji4	bfiy	bfiy
剂	ji4	yjjh	yjjh
季	ji4	tbf	tbf
哜	ji4	kyjh	kyjh
既	ji4	vcaq	vaqn
洎	ji4	ithg	ithg
济	ji4	iyjh	iyjh
继	ji4	xonn	xonn
觊	ji4	mnmq	mnmq
偈	ji4	wjqn	wjqn
寂	ji4	phic	phic
寄	ji4	pdsk	pdsk
悸	ji4	ntbg	ntbg
祭	ji4	wfiu	wfiu
蓟	ji4	aqgj	aqgj
暨	ji4	vcag	vaqg
跽	ji4	khnn	khnn
霁	ji4	fyjj	fyjj
鲚	ji4	qgyj	qgyj
稷	ji4	tlwt	tlwt
鲫	ji4	qgvb	qgvb
冀	ji4	uxlw	uxlw
髻	ji4	defk	defk
骥	ji4	cuxw	cguw

jia

汉字	拼音	86 版	98 版
加	jia1	lkg	ekg
佳	jia1	wffg	wffg
迦	jia1	lkpd	ekpd
枷	jia1	slkg	sekg
浃	jia1	iguw	igud
珈	jia1	glkg	gekg
家	jia1	peu	pgeu
痂	jia1	ulkd	uekd
笳	jia1	tlkf	tekf
袈	jia1	lkye	ekye
葭	jia1	anhc	anhc
跏	jia1	khlk	khek
嘉	jia1	fkuk	fkuk
镓	jia1	qpey	qpge
挟	jia1	rguw	rgud
夹	jia2	guwi	gudi
袷	jia2	puwk	puwk
郏	jia2	guwb	gudb
荚	jia2	aguw	agud
恝	jia2	dhvn	dhvn
戛	jia2	dhar	dhau
铗	jia2	qguw	qgud
蛱	jia2	jguw	jgud
颊	jia2	guwm	gudm
岬	jia3	mlh	mlh
甲	jia3	lhnh	lhnh
胛	jia3	elh	elh
贾	jia3	smu	smu
钾	jia3	qlh	qlh
瘕	jia3	unhc	unhc
假	jia3	wnhc	wnhc
价	jia4	wwjh	wwjh
驾	jia4	lkcf	ekcg
架	jia4	lksu	eksu
嫁	jia4	vpey	vpge
稼	jia4	tpey	tpge

jian

汉字	拼音	86 版	98 版
戋	jian1	gggt	gai
奸	jian1	vfh	vfh
尖	jian1	idu	idu
坚	jian1	jcff	jcff
歼	jian1	gqtf	gqtf
间	jian1	ujd	ujd
肩	jian1	yned	yned
艰	jian1	cvey	cvy
兼	jian1	uvou	uvjw
监	jian1	jtyl	jtyl
笺	jian1	tgr	tgau
菅	jian1	apnn	apnf
湔	jian1	iuej	iuej
犍	jian1	trvp	cvgp
缄	jian1	xdgt	xdgk
搛	jian1	ruvo	ruvw
煎	jian1	uejo	uejo
缣	jian1	xuvo	xuvw
蒹	jian1	auvo	auvw
鲣	jian1	qgjf	qgjf

鹣	jian1	uvog	uvjg
鞯	jian1	afab	afab
囝	jian3	lbd	lbd
拣	jian3	ranw	ranw
枧	jian3	smqn	smqn
俭	jian3	wwgi	wwgg
柬	jian3	glii	sld
茧	jian3	aju	aju
捡	jian3	rwgi	rwgg
笕	jian3	tmqb	tmqb
减	jian3	udgt	udgk
剪	jian3	uejv	uejv
检	jian3	swgi	swgg
趼	jian3	khga	khga
睑	jian3	hwgi	hwgg
硷	jian3	dwgi	dwgg
裥	jian3	puuj	puuj
锏	jian3	qujg	qujg
简	jian3	tujf	tujf
谫	jian3	yuev	yuev
戬	jian3	goga	goja
碱	jian3	ddgt	ddgk
翦	jian3	uejn	uejn
謇	jian3	pfjy	pawy
蹇	jian3	pfjh	pawh
见	jian4	mqb	mqb
件	jian4	wrhh	wtgh
建	jian4	vfhp	vgpk
饯	jian4	qngt	qnga
剑	jian4	wgij	wgij
牮	jian4	warh	wayg
荐	jian4	adhb	adhb
贱	jian4	mgt	mgay
健	jian4	wvfp	wvgp
涧	jian4	iujg	iujg
舰	jian4	temq	tumq
渐	jian4	ilrh	ilrh
谏	jian4	ygli	yslg
楗	jian4	svfp	svgp
毽	jian4	tfnp	evgp
溅	jian4	imgt	imga
腱	jian4	evfp	evgp
践	jian4	khgt	khga
鉴	jian4	jtyq	jtyq
键	jian4	qvfp	qvgp
僭	jian4	waqj	waqj
箭	jian4	tuej	tuej
踺	jian4	khvp	khvp
廴	jian4	pny	pny

jiang

汉字	拼音	86 版	98 版
江	jiang1	iag	iag
姜	jiang1	ugvf	ugvf
将	jiang1	uqfy	uqfy
茳	jiang1	aiaf	aiaf
浆	jiang1	uqiu	uqiu
豇	jiang1	gkua	gkua
僵	jiang1	wglg	wglg
缰	jiang1	xglg	xglg
礓	jiang1	dglg	dglg
疆	jiang1	xfgg	xfgg
讲	jiang3	yfjh	yfjh
奖	jiang3	uqdu	uqdu
桨	jiang3	uqsu	uqsu
蒋	jiang3	auqf	auqf
耩	jiang3	diff	fsaf
匠	jiang4	ark	ark
降	jiang4	btah	btgh
洚	jiang4	itah	itgh
绛	jiang4	xtah	xtgh
酱	jiang4	uqsg	uqsg
犟	jiang4	xkjh	xkjg
糨	jiang4	oxkj	oxkj

jiao

汉字	拼音	86 版	98 版
艽	jiao1	avb	avb
交	jiao1	uqu	uru
郊	jiao1	uqbh	urbh
姣	jiao1	vuqy	vury
娇	jiao1	vtdj	vtdj
浇	jiao1	iatq	iatq
茭	jiao1	auqu	auru
骄	jiao1	ctdj	cgtj
胶	jiao1	euqy	eury
椒	jiao1	shic	shic
焦	jiao1	wyou	wyou
蛟	jiao1	juqy	jury
跤	jiao1	khuq	khur
僬	jiao1	wwyo	wwyo
鲛	jiao1	qguq	qgur
蕉	jiao1	awyo	awyo
礁	jiao1	dwyo	dwyo
鹪	jiao1	wyog	wyog
教	jiao1	ftbt	ftbt
嚼	jiao2	kelf	kelf
角	jiao3	qej	qej
佼	jiao3	wuqy	wury
挢	jiao3	rtdj	rtdj
狡	jiao3	qtuq	qtur
绞	jiao3	xuqy	xury
饺	jiao3	qnuq	qnur
皎	jiao3	ruqy	rury
矫	jiao3	tdtj	tdtj
脚	jiao3	efcb	efcb
铰	jiao3	quqy	qury
搅	jiao3	ripq	ripq
剿	jiao3	vjsj	vjsj
敫	jiao3	ryty	ryty
徼	jiao3	tryt	tryt
缴	jiao3	xryt	xryt
糸	jiao3	xiu	xiu
纟	jiao3	xxxx	xnng
叫	jiao4	knhh	knhh
轿	jiao4	ltdj	ltdj
较	jiao4	luqy	lury
窖	jiao4	pwtk	pwtk
酵	jiao4	sgfb	sgfb
噍	jiao4	kwyo	kwyo
醮	jiao4	sgwo	sgwo
觉	jiao4	ipmq	ipmq

jie

汉字	拼音	86 版	98 版
阶	jie1	bwjh	bwjh
疖	jie1	ubk	ubk
皆	jie1	xxrf	xxrf
接	jie1	ruvg	ruvg
秸	jie1	tfkg	tfkg
喈	jie1	kxxr	kxxr
嗟	jie1	kuda	kuag
揭	jie1	rjqn	rjqn
街	jie1	tffh	tffs
节	jie1	abj	abj
孑	jie2	bnhg	bnhg
讦	jie2	yfh	yfh
劫	jie2	fcln	fcet
杰	jie2	sou	sou
诘	jie2	yfkg	yfkg
拮	jie2	rfkg	rfkg
洁	jie2	ifkg	ifkg
结	jie2	xfkg	xfkg
桀	jie2	qahs	qgsu
婕	jie2	vgvh	vgvh
捷	jie2	rgvh	rgvh
颉	jie2	fkdm	fkdm
睫	jie2	hgvh	hgvh
截	jie2	fawy	fawy
碣	jie2	djqn	djqn
竭	jie2	ujqn	ujqn
鲒	jie2	qgfk	qgfk
羯	jie2	udjn	ujqn
姐	jie3	vegg	vegg
解	jie3	qevh	qevg
介	jie4	wjj	wjj
戒	jie4	aak	aak
芥	jie4	awjj	awjj
届	jie4	nmd	nmd
界	jie4	lwjj	lwjj
疥	jie4	uwjk	uwjk
诫	jie4	yaah	yaah
借	jie4	wajg	wajg
蚧	jie4	jwjh	jwjh
骱	jie4	mewj	mewj
藉	jie4	adij	afsj

jin

汉字	拼音	86 版	98 版
巾	jin1	mhk	mhk
今	jin1	wynb	wynb
斤	jin1	rtth	rtth
钅	jin1	qtgn	qtgn
金	jin1	qqqq	qqqq
津	jin1	ivfh	ivgh
矜	jin1	cbtn	cnhn
衿	jin1	puwn	puwn
筋	jin1	telb	teer
襟	jin1	pusi	pusi
仅	jin3	wcy	wcy
卺	jin3	bigb	bigb
紧	jin3	jcxi	jcxi
堇	jin3	akgf	akgf
谨	jin3	yakg	yakg
锦	jin3	qrmh	qrmh
廑	jin3	yakg	oakg
馑	jin3	qnag	qnag
槿	jin3	sakg	sakg
瑾	jin3	gakg	gakg
尽	jin4	nyuu	nyuu
劲	jin4	caln	caet
妗	jin4	vwyn	vwyn
近	jin4	rpk	rpk
进	jin4	fjpk	fjpk
荩	jin4	anyu	anyu
晋	jin4	gogj	gojf
浸	jin4	ivpc	ivpc
烬	jin4	onyu	onyu
赆	jin4	mnyu	mnyu
缙	jin4	xgoj	xgoj
禁	jin4	ssfi	ssfi
靳	jin4	afrh	afrh
觐	jin4	akgq	akgq
噤	jin4	kssi	kssi

jing

汉字	拼音	86 版	98 版
京	jing1	yiu	yiu
泾	jing1	icag	icag
经	jing1	xcag	xcag
茎	jing1	acaf	acaf
荆	jing1	agaj	agaj
惊	jing1	nyiy	nyiy
旌	jing1	yttg	yttg
菁	jing1	agef	agef
晶	jing1	jjjf	jjjf
腈	jing1	egeg	egeg
睛	jing1	hgeg	hgeg
粳	jing1	ogjq	ogjr
兢	jing1	dqdq	dqdq
精	jing1	ogeg	ogeg
鲸	jing1	qgyi	qgyi
井	jing3	fjk	fjk
阱	jing3	bfjh	bfjh
刭	jing3	cajh	cajh
肼	jing3	efjh	efjh
颈	jing3	cadm	cadm
景	jing3	jyiu	jyiu
儆	jing3	waqt	waqt
憬	jing3	njyi	njyi
警	jing3	aqky	aqky
净	jing4	uqvh	uqvh
弪	jing4	xcag	xcag
径	jing4	tcag	tcag
迳	jing4	capd	capd
胫	jing4	ecag	ecag
痉	jing4	ucad	ucad
竞	jing4	ukqb	ukqb
婧	jing4	vgeg	vgeg
竟	jing4	ujqb	ujqb
敬	jing4	aqkt	aqkt
靖	jing4	ugeg	ugeg
境	jing4	fujq	fujq
獍	jing4	qtuq	qtuq
静	jing4	geqh	geqh
镜	jing4	qujq	qujq

jiong

汉字	拼音	86 版	98 版
扃	jiong1	ynmk	ynmk
迥	jiong3	mkpd	mkpd
炯	jiong3	omkg	omkg
窘	jiong3	pwvk	pwvk

jiu

汉字	拼音	86 版	98 版
纠	jiu1	xnhh	xnhh
究	jiu1	pwvb	pwvb
鸠	jiu1	vqyg	vqgg
赳	jiu1	fhnh	fhnh
阄	jiu1	uqjn	uqjn
啾	jiu1	ktoy	ktoy
揪	jiu1	rtoy	rtoy
鬏	jiu1	deto	deto
九	jiu3	vtn	vtn
久	jiu3	qyi	qyi
灸	jiu3	qyou	qyou
玖	jiu3	gqyy	gqyy
韭	jiu3	djdg	hdhg
酒	jiu3	isgg	isgg
旧	jiu4	hjg	hjg
臼	jiu4	vthg	ethg
咎	jiu4	thkf	thkf
疚	jiu4	uqyi	uqyi
柩	jiu4	saqy	saqy
桕	jiu4	svg	seg
厩	jiu4	dvcq	dvaq
救	jiu4	fiyt	giyt
就	jiu4	yidn	yidy
舅	jiu4	vllb	eler
僦	jiu4	wyin	wyiy
鹫	jiu4	yidg	yidg

ju

汉字	拼音	86 版	98 版
居	ju1	ndd	ndd
拘	ju1	rqkg	rqkg
狙	ju1	qteg	qteg
苴	ju1	aegf	aegf
驹	ju1	cqkg	cgqk
疽	ju1	uegd	uegd
掬	ju1	rqoy	rqoy
椐	ju1	sndg	sndg
琚	ju1	gndg	gndg
趄	ju1	fheg	fheg
锔	ju1	qnnk	qnnk
裾	ju1	pund	pund
雎	ju1	egwy	egwy
鞠	ju1	afqo	afqo
鞫	ju1	afqy	afqy
局	ju2	nnkd	nnkd
桔	ju2	sfkg	sfkg
菊	ju2	aqou	aqou
橘	ju2	scbk	scnk
咀	ju3	kegg	kegg
沮	ju3	iegg	iegg
举	ju3	iwfh	igwg
矩	ju3	tdan	tdan
莒	ju3	akkf	akkf
榉	ju3	siwh	sigg
榘	ju3	tdas	tdas
龃	ju3	hwbg	hwbg
踽	ju3	khty	khty
句	ju4	qkd	qkd
巨	ju4	and	and
讵	ju4	yang	yang
拒	ju4	rang	rang
苣	ju4	aanf	aanf
具	ju4	hwu	hwu
炬	ju4	oang	oang
钜	ju4	qang	qang
俱	ju4	whwy	whwy
倨	ju4	wndg	wndg
剧	ju4	ndjh	ndjh
惧	ju4	nhwy	nhwy
据	ju4	rndg	rndg
距	ju4	khan	khan
犋	ju4	trhw	chwy
飓	ju4	mqhw	wrhw
锯	ju4	qndg	qndg
窭	ju4	pwov	pwov
聚	ju4	bcti	bciu
屦	ju4	ntov	ntov
踞	ju4	khnd	khnd
遽	ju4	haep	hgep
醵	ju4	sghe	sghe

juan

汉字	拼音	86 版	98 版
娟	juan1	vkeg	vkeg
捐	juan1	rkeg	rkeg
涓	juan1	ikeg	ikeg
鹃	juan1	keqg	keqg
镌	juan1	qwye	qwyb
蠲	juan1	uwlj	uwlj
锩	juan3	qudb	qugb
卷	juan4	udbb	ugbb
倦	juan4	wudb	wugb
桊	juan4	udsu	ugsu
狷	juan4	qtke	qtke
绢	juan4	xkeg	xkeg
眷	juan4	udhf	ughf
鄄	juan4	sfbh	sfbh

Jue

汉字	拼音	86 版	98 版
噘	jue1	kduw	kduw
撅	jue1	rduw	rduw
孓	jue2	byi	byi
决	jue2	unwy	unwy
诀	jue2	ynwy	ynwy
抉	jue2	rnwy	rnwy
珏	jue2	ggyy	ggyy
绝	jue2	xqcn	xqcn
崛	jue2	mnbm	mnbm
掘	jue2	rnbm	rnbm
桷	jue2	sqeh	sqeh
觖	jue2	qenw	qenw
厥	jue2	dubw	dubw
劂	jue2	dubj	dubj

谲	jue2	ycbk	ycnk
獗	jue2	qtdw	qtdw
蕨	jue2	aduw	aduw
噱	jue2	khae	khge
橛	jue2	sduw	sduw
爵	jue2	elvf	elvf
镢	jue2	qduw	qduw
矍	jue2	hhwc	hhwc
爝	jue2	oelf	oelf
攫	jue2	rhhc	rhhc
蹶	jue3	khdw	khdw
倔	jue4	wnbm	wnbm

Jun

汉字	拼音	86 版	98 版
军	jun1	plj	plj
君	jun1	vtkd	vtkf
均	jun1	fqug	fqug
钧	jun1	qqug	qqug
皲	jun1	plhc	plby
菌	jun1	altu	altu
筠	jun1	tfqu	tfqu
麇	jun1	ynjt	oxxt
隽	jun4	wyeb	wybr
俊	jun4	wcwt	wcwt
郡	jun4	vtkb	vtkb
峻	jun4	mcwt	mcwt
捃	jun4	rvtk	rvtk
骏	jun4	ccwt	cgct
浚	jun4	ucwt	ucwt

ka

汉字	拼音	86 版	98 版
咔	ka1	khhy	khhy
咖	ka1	klkg	kekg
喀	ka1	kptk	kptk
卡	ka3	hhu	hhu
佧	ka3	whhy	whhy
胩	ka3	ehhy	ehhy

kai

汉字	拼音	86 版	98 版
开	kai1	gak	gak
揩	kai1	rxxr	rxxr
锎	kai1	quga	quga
凯	kai3	mnmn	mnwn
剀	kai3	mnjh	mnjh
垲	kai3	fmnn	fmnn
恺	kai3	nmnn	nmnn
铠	kai3	qmnn	qmnn
慨	kai3	nvcq	nvaq
蒈	kai3	axxr	axxr
楷	kai3	sxxr	sxxr
锴	kai3	qxxr	qxxr
忾	kai4	nrnn	nrn

kan

汉字	拼音	86 版	98 版
刊	kan1	fjh	fjh
勘	kan1	adwl	dwne
龛	kan1	wgkx	wgky
堪	kan1	fadn	fdwn
戡	kan1	adwa	dwna
槛	kan3	sjtl	sjtl
坎	kan3	fqwy	fqwy
侃	kan3	wkqn	wkkn
砍	kan3	dqwy	dqwy
莰	kan3	afqw	afqw
看	kan4	rhf	rhf
阚	kan4	unbt	unbt
瞰	kan4	hnbt	hnbt

kang

汉字	拼音	86 版	98 版
康	kang1	yvii	ovii
慷	kang1	nyvi	novi
糠	kang1	oyvi	oovi
闶	kang1	uymv	uywv
扛	kang2	rag	rag
亢	kang4	ymb	ywb
伉	kang4	wymn	wywn
抗	kang4	rymn	rywn
炕	kang4	oymn	oywn
钪	kang4	qymn	qywn

kao

汉字	拼音	86 版	98 版
尻	kao1	nvv	nvv
考	kao3	ftgn	ftgn
拷	kao3	rftn	rftn
栲	kao3	sftn	sftn
烤	kao3	oftn	oftn
铐	kao4	qftn	qftn
犒	kao4	tryk	cymk
靠	kao4	tfkd	tfkd

ke

汉字	拼音	86 版	98 版
蚵	ke1	jskg	jskg
苛	ke1	askf	askf
柯	ke1	sskg	sskg
珂	ke1	gskg	gskg
科	ke1	tufh	tufh
轲	ke1	lskg	lskg
疴	ke1	uskd	uskd
钶	ke1	qskg	qskg
棵	ke1	sjsy	sjsy
颏	ke1	yntm	yntm
稞	ke1	tjsy	tjsy
窠	ke1	pwjs	pwjs
颗	ke1	jsdm	jsdm
瞌	ke1	hfcl	hfcl
磕	ke1	dfcl	dfcl
蝌	ke1	jtuf	jtuf
髁	ke1	mejs	mejs
嗑	ke1	kfcl	kfcl
壳	ke2	fpmb	fpwb
坷	ke3	fskg	fskg
可	ke3	skd	skd
岢	ke3	mskf	mskf
渴	ke3	ijqn	ijqn
克	ke4	dqb	dqb

刻	ke4	yntj	yntj
客	ke4	ptkf	ptkf
恪	ke4	ntkg	ntkg
课	ke4	yjsy	yjsy
氪	ke4	rndq	rdqv
骒	ke4	cjsy	cgjs
缂	ke4	xafh	xafh
溘	ke4	ifcl	ifcl
锞	ke4	qjsy	qjsy

ken

汉字	拼音	86 版	98 版
肯	ken3	hef	hef
垦	ken3	veff	vff
恳	ken3	venu	vnu
啃	ken3	kheg	kheg
裉	ken4	puve	puvy

keng

汉字	拼音	86 版	98 版
吭	keng1	kymn	kywn
坑	keng1	fymn	fywn
铿	keng1	qjcf	qjcf

kong

汉字	拼音	86 版	98 版
空	kong1	pwaf	pwaf
倥	kong1	wpwa	wpwa
崆	kong1	mpwa	mpwa
箜	kong1	tpwa	tpwa
孔	kong3	bnn	bnn
恐	kong3	amyn	awyn
控	kong4	rpwa	rpwa

kou

汉字	拼音	86 版	98 版
抠	kou1	raqy	rary
芤	kou1	abnb	abnb
眍	kou1	haqy	hary
口	kou3	kkkk	kkkk
叩	kou4	kbh	kbh
扣	kou4	rkg	rkg
寇	kou4	pfqc	pfqc
筘	kou4	trkf	trkf
蔻	kou4	apfl	apfc

ku

汉字	拼音	86 版	98 版
刳	ku1	dfnj	dfnj
枯	ku1	sdg	sdg
哭	ku1	kkdu	kkdu
堀	ku1	fnbm	fnbm
窟	ku1	pwnm	pwnm
骷	ku1	medg	medg
苦	ku3	adf	adf
库	ku4	ylk	olk
绔	ku4	xdfn	xdfn
喾	ku4	iptk	iptk
裤	ku4	puyl	puol
酷	ku4	sgtk	sgtk

kua

汉字	拼音	86 版	98 版
夸	kua1	dfnb	dfnb
侉	kua3	wdfn	wdfn
垮	kua3	fdfn	fdfn
挎	kua4	rdfn	rdfn
胯	kua4	edfn	edfn
跨	kua4	khdn	khdn

kuai

汉字	拼音	86 版	98 版
蒯	kuai3	aeej	aeej
块	kuai4	fnwy	fnwy
快	kuai4	nnwy	nnwy
侩	kuai4	wwfc	wwfc
郐	kuai4	wfcb	wfcb
哙	kuai4	kwfc	kwfc
狯	kuai4	qtwc	qtwc
脍	kuai4	ewfc	ewfc
筷	kuai4	tnnw	tnnw

kuan

汉字	拼音	86 版	98 版
宽	kuan1	pamq	pamq
髋	kuan1	mepq	mepq
款	kuan3	ffiw	ffiw

kuang

汉字	拼音	86 版	98 版
匡	kuang1	agd	agd
诓	kuang1	yagg	yagg
哐	kuang1	kagg	kagg
筐	kuang1	tagf	tagf
狂	kuang2	qtgg	qtgg
诳	kuang2	yqtg	yqtg
夼	kuang3	dkj	dkj
邝	kuang4	ybh	obh
圹	kuang4	fyt	fot
纩	kuang4	xyt	xot
况	kuang4	ukqn	ukqn
旷	kuang4	jyt	jot
矿	kuang4	dyt	dot
贶	kuang4	mkqn	mkqn
框	kuang4	sagg	sagg
眶	kuang4	hagg	hagg

kui

汉字	拼音	86 版	98 版
亏	kui1	fnv	fnv
岿	kui1	mjvf	mjvf
悝	kui1	njfg	njfg
盔	kui1	dolf	dolf
窥	kui1	pwfq	pwgq
奎	kui2	dfff	dfff
逵	kui2	fwfp	fwfp
馗	kui2	vuth	vuth
喹	kui2	kdff	kdff
揆	kui2	rwgd	rwgd
葵	kui2	awgd	awgd
暌	kui2	jwgd	jwgd
魁	kui2	rqcf	rqcf
睽	kui2	hwgd	hwgd

蝰	kui2	jdff	jdff
夔	kui2	uhtt	utht
跬	kui3	khff	khff
匮	kui4	akhm	akhm
喟	kui4	kleg	kleg
愦	kui4	nkhm	nkhm
愧	kui4	nrqc	[illegible]
[illegible]	[illegible]	[illegible]	[illegible]
[illegible]	kui4	akhm	akhm
馈	kui4	qnkm	qnkm
篑	kui4	tkhm	tkhm
聩	kui4	bkhm	bkhm

kun

汉字	拼音	86 版	98 版
坤	kun1	fjhh	fjhh
昆	kun1	jxxb	jxxb
琨	kun1	gjxx	gjxx
锟	kun1	qjxx	qjxx
髡	kun1	degq	degq
醌	kun1	sgjx	sgjx
鲲	kun1	qgjx	qgjx
悃	kun3	nlsy	nlsy
捆	kun3	rlsy	rlsy
阃	kun3	ulsi	ulsi
困	kun4	lsi	lsi

kuo

汉字	拼音	86 版	98 版
扩	kuo4	ryt	rot
括	kuo4	rtdg	rtdg
蛞	kuo4	jtdg	jtdg
阔	kuo4	uitd	uitd
廓	kuo4	yybb	oybb

la

汉字	拼音	86 版	98 版
垃	la1	fug	fug
拉	la1	rug	rug
啦	la1	krug	krug
邋	la1	vlqp	vlrp
旯	la2	jvb	jvb
砬	la2	dug	dug
喇	la3	kgkj	kskj
剌	la4	gkij	skjh
腊	la4	eajg	eajg
[illegible]	la4	ugkj	uskj
蜡	la4	jajg	jajg
辣	la4	ugki	uskg

lai

汉字	拼音	86 版	98 版
来	lai2	goi	gusi
崃	lai2	mgoy	mgus
徕	lai2	tgoy	tgus
涞	lai2	igoy	igus
莱	lai2	agou	agus
铼	lai2	qgoy	qgus
赉	lai4	gomu	gusm
睐	lai4	hgoy	hgus
赖	lai4	gkim	skqm
濑	lai4	igkm	iskm
癞	lai4	ugkm	uskm
籁	lai4	tgkm	tskm

lan

汉字	拼音	86 版	98 版
兰	lan2	uff	udf
岚	lan2	mmqu	mwru
拦	lan2	rufg	rudg
栏	lan2	sufg	sudg
婪	lan2	ssvf	ssvf
阑	lan2	ugli	usld
蓝	lan2	ajtl	ajtl
谰	lan2	yugi	yusl
澜	lan2	iugi	iusl
褴	lan2	pujl	pujl
斓	lan2	yugi	yusl
篮	lan2	tjtl	tjtl
镧	lan2	qugi	qusl
览	lan3	jtyq	jtyq
揽	lan3	rjtq	rjtq
缆	lan3	xjtq	xjtq
榄	lan3	sjtq	sjtq
漤	lan3	issv	issv
罱	lan3	lfmf	lfmf
懒	lan3	ngkm	nskm
烂	lan4	oufg	oudg
滥	lan4	ijtl	ijtl

lang

汉字	拼音	86 版	98 版
啷	lang1	kyvb	kyvb
郎	lang2	yvcb	yvbh
狼	lang2	qtye	qtyv
廊	lang2	yyvb	oyvb
琅	lang2	gyve	gyvy
榔	lang2	syvb	syvb
稂	lang2	tyve	tyvy
锒	lang2	qyve	qyvy
螂	lang2	jyvb	jyvb
阆	lang2	uyve	uyvi
朗	lang3	yvce	yveg
莨	lang4	ayve	ayvu
蒗	lang4	aiye	aiyv
浪	lang4	iyve	iyvy

lao

汉字	拼音	86 版	98 版
捞	lao1	rapl	rape
劳	lao2	aplb	aper
牢	lao2	prhj	ptgj
崂	lao2	mapl	mape
痨	lao2	uapl	uape
铹	lao2	qapl	qape
醪	lao2	sgne	sgne
老	lao3	ftxb	ftxb
佬	lao3	wftx	wftx
姥	lao3	vftx	vftx
栳	lao3	sftx	sftx
铑	lao3	qftx	qftx
唠	lao4	kapl	kape
涝	lao4	iapl	iape

烙	lao4	otkg	otkg
耢	lao4	dial	fsae
酪	lao4	sgtk	sgtk

le

汉字	拼音	86 版	98 版
了	le1	bnh	bnh
仂	le4	wln	wet
乐	le4	qii	tnii
叻	le4	kln	ket
泐	le4	ibln	ibet
勒	le4	afln	afet
鳓	le4	qgal	qgae

lei

汉字	拼音	86 版	98 版
嘞	lei1	kafl	kafe
雷	lei2	flf	flf
嫘	lei2	vlxi	vlxi
缧	lei2	xlxi	xlxi
檑	lei2	sflg	sflg
镭	lei2	qflg	qflg
羸	lei2	ynky	yeuy
耒	lei3	dii	fsi
诔	lei3	ydiy	yfsy
垒	lei3	cccf	cccf
磊	lei3	dddf	dddf
蕾	lei3	aflf	aflf
儡	lei3	wlll	wlll
肋	lei4	eln	eet
泪	lei4	ihg	ihg
类	lei4	odu	odu
累	lei4	lxiu	lxiu
酹	lei4	sgef	sgef
擂	lei4	rflg	rflg

leng

汉字	拼音	86 版	98 版
塄	leng2	flyn	flyt
棱	leng2	sfwt	sfwt
楞	leng2	slyn	slyt
冷	leng3	uwyc	uwyc
愣	leng4	nlyn	nlyt

li

汉字	拼音	86 版	98 版
厘	li2	djfd	djfd
梨	li2	tjsu	tjsu
狸	li2	qtjf	qtjf
离	li2	ybmc	yrbc
骊	li2	cgmy	cggy
犁	li2	tjrh	tjtg
喱	li2	kdjf	kdjf
鹂	li2	gmyg	gmyg
漓	li2	iybc	iyrc
缡	li2	xybc	xyrc
蓠	li2	aybc	ayrc
蜊	li2	jtjh	jtjh
嫠	li2	fitv	ftdv
璃	li2	gybc	gyrc
鲡	li2	qggy	qggy
黎	li2	tqti	tqti
篱	li2	tybc	tyrc
罹	li2	lnwy	lnwy
藜	li2	atqi	atqi
黧	li2	tqto	tqto
蠡	li2	xejj	xejj
礼	li3	pynn	pynn
李	li3	sbf	sbf
里	li3	jfd	jfd
俚	li3	wjfg	wjfg
哩	li3	kjfg	kjfg
娌	li3	vjfg	vjfg
逦	li3	gmyp	gmyp
理	li3	gjfg	gjfg
锂	li3	qjfg	qjfg
鲤	li3	qgjf	qgjf
澧	li3	imau	imau
醴	li3	sgmu	sgmu
鳢	li3	qgmu	qgmu
莉	li4	atjj	atjj
力	li4	ltn	ent
历	li4	dlv	dee
厉	li4	ddnv	dgqe
立	li4	uuuu	uuuu
吏	li4	gkqi	gkri
丽	li4	gmyy	gmyy
利	li4	tjh	tjh
励	li4	ddnl	dgqe
呖	li4	kdln	kdet
坜	li4	fdln	fdet
沥	li4	idln	idet
苈	li4	adlb	ader
例	li4	wgqj	wgqj
戾	li4	yndi	yndi
枥	li4	sdln	sdet
疠	li4	udnv	ugqe
隶	li4	vii	vii
俐	li4	wtjh	wtjh
俪	li4	wgmy	wgmy
栎	li4	sqiy	stni
疬	li4	udlv	udee
荔	li4	alll	aeee
轹	li4	lqiy	ltni
郦	li4	gmyb	gmyb
栗	li4	ssu	ssu
猁	li4	qttj	qttj
砺	li4	dddn	ddgq
砾	li4	dqiy	dtni
莅	li4	awuf	awuf
唳	li4	kynd	kynd
笠	li4	tuf	tuf
粒	li4	oug	oug
粝	li4	oddn	odgq
蛎	li4	jddn	jdgq
傈	li4	wssy	wssy
痢	li4	utjk	utjk
詈	li4	lyf	lyf
跞	li4	khqi	khti
雳	li4	fdlb	fder
溧	li4	issy	issy
篥	li4	tssu	tssu

lian

汉字	拼音	86 版	98 版
奁	lian2	daqu	daru
连	lian2	lpk	lpk
帘	lian2	pwmh	pwmh
怜	lian2	nwyc	nwyc
涟	lian2	ilpy	ilpy
莲	lian2	alpu	alpu
[illegible]	[illegible]	[illegible]	[illegible]
裢	lian2	pulp	pulp
廉	lian2	yuvo	ouvw
鲢	lian2	qglp	qglp
濂	lian2	iyuo	iouw
臁	lian2	eyuo	eouw
镰	lian2	qyuo	qouw
蠊	lian2	jyuo	jouw
敛	lian3	wgit	wgit
琏	lian3	glpy	gl[illegible]
脸	lian3	ewgi	[illegible]
裣	lian3	puwi	puwg
蔹	lian3	awgt	awgt
练	lian4	xanw	xanw
炼	lian4	oanw	oanw
恋	lian4	yonu	yonu
殓	lian4	gqwi	gqwg
链	lian4	qlpy	qlpy
楝	lian4	sgli	sslg
潋	lian4	iwgt	iwgt

liang

汉字	拼音	86 版	98 版
良	liang2	yvei	yvi
凉	liang2	uyiy	uyiy
梁	liang2	ivws	ivws
椋	liang2	syiy	syiy
粮	liang2	oyve	oyvy
粱	liang2	ivwo	ivwo
墚	liang2	fivs	fivs
踉	liang2	khye	khyv
冫	liang3	uyg	uyg
俩	liang3	wgmw	wgmw
两	liang3	gmww	gmww
魉	liang3	rqcw	rqcw
靓	liang4	gemq	gemq
亮	liang4	ypmb	ypwb
谅	liang4	yyiy	yyiy
辆	liang4	lgmw	lgmw
晾	liang4	jyiy	jyiy
量	liang4	jgjf	jgjf

liao

汉字	拼音	86 版	98 版
潦	liao2	idui	idui
辽	liao2	bpk	bpk
疗	liao2	ubk	ubk
聊	liao2	bqth	[illegible]
僚	liao2	[illegible]	[illegible]
寥	[illegible]	[illegible]	pnwe
[illegible]	[illegible]	kdui	kdui
[illegible]	liao2	pdui	pdui
撩	liao2	rdui	rdui
獠	liao2	qtdi	qtdi
缭	liao2	xdui	xdui
燎	liao2	odui	odui
鹩	liao2	dujg	dujg
钌	liao3	qbh	qbh
蓼	liao3	anwe	anwe
廖	liao4	ynwe	onwe
镣	liao4	qdui	qdui
尥	liao4	dnqy	dnqy
料	liao4	oufh	oufh
撂	liao4	rltk	rltk

lie

汉字	拼音	86 版	98 版
咧	lie3	kgqj	kgqj
列	lie4	gqjh	gqjh
劣	lie4	itlb	iter
冽	lie4	ugqj	ugqj
洌	lie4	igqj	igqj
埒	lie4	fefy	fefy
烈	lie4	gqjo	gqjo
捩	lie4	rynd	rynd
猎	lie4	qtaj	qtaj
裂	lie4	gqje	gqje
趔	lie4	fhgj	fhgj
躐	lie4	khvn	khvn
鬣	lie4	devn	devn

lin

汉字	拼音	86 版	98 版
[illegible]	lin1	[illegible]	[illegible]
邻	lin2	wycb	wycb
林	lin2	ssy	ss[illegible]
临	lin2	[illegible]	[illegible]
[illegible]	[illegible]	[illegible]	kssy
[illegible]	lin2	issy	issy
琳	lin2	gssy	gssy
粼	lin2	oqab	oqgb
嶙	lin2	moqh	moqg
遴	lin2	oqap	oqgp
辚	lin2	loqh	loqg
霖	lin2	fssu	fssu
瞵	lin2	hoqh	hoqg
磷	lin2	doqh	doqg
鳞	lin2	qgoh	qgog
麟	lin2	ynjh	oxxg
凛	lin3	uyli	uyli
廪	lin3	yyli	oyli
懔	lin3	nyli	nyli
檩	lin3	syli	syli
吝	lin4	ykf	ykf
赁	lin4	wtfm	wtfm
蔺	lin4	auwy	auwy
膦	lin4	eoqh	eoqg
躏	lin4	khay	khay

ling

汉字	拼音	86 版	98 版
伶	ling2	wwyc	wwyc
灵	ling2	vou	vou
囹	ling2	lwyc	lwyc
泠	ling2	iwyc	iwyc

苓	ling2	awyc	awyc
柃	ling2	swyc	swyc
玲	ling2	gwyc	gwyc
瓴	ling2	wycn	wycy
凌	ling2	ufwt	ufwt
铃	ling2	qwyc	qwyc
陵	ling2	bfwt	bfwt
棂	ling2	svoy	svoy
绫	ling2	xfwt	xfwt
羚	ling2	udwc	uwyc
翎	ling2	wycn	wycn
聆	ling2	bwyc	bwyc
菱	ling2	afwt	afwt
蛉	ling2	jwyc	jwyc
囹	ling2	lwyc	lwyc
龄	ling2	hwbc	hwbc
鲮	ling2	qgft	qgft
酃	ling2	fkkb	fkkb
岭	ling3	mwyc	mwyc
领	ling3	wycm	wycm
令	ling4	wycu	wycu
另	ling4	klb	ker
呤	ling4	kwyc	kwyc

liu

汉字	拼音	86 版	98 版
溜	liu1	iqyl	iqyl
熘	liu1	oqyl	oqyl
刘	liu2	yjh	yjh
浏	liu2	iyjh	iyjh
流	liu2	iycq	iyck
留	liu2	qyvl	qyvl
琉	liu2	gycq	gyck
硫	liu2	dycq	dyck
旒	liu2	ytyq	ytyk
遛	liu2	qyvp	qyvp
馏	liu2	qnql	qnql
骝	liu2	cqyl	cgql
榴	liu2	sqyl	sqyl
瘤	liu2	uqyl	uqyl
镏	liu2	qqyl	qqyl
鎏	liu2	iycq	iycq
柳	liu3	sqtb	sqtb
绺	liu3	xthk	xthk
锍	liu3	qycq	qyck
六	liu4	uygy	uygy
鹨	liu4	nweg	nweg

long

汉字	拼音	86 版	98 版
龙	long2	dxv	dxyi
咙	long2	kdxn	kdxy
泷	long2	idxn	idxy
茏	long2	adxb	adxy
栊	long2	sdxn	sdxy
珑	long2	gdxn	gdxy
胧	long2	edxn	edxy
砻	long2	dxdf	dxyd
笼	long2	tdxb	tdxy
聋	long2	dxbf	dxyb
隆	long2	btgg	btgg
癃	long2	ubtg	ubtg
窿	long2	pwbg	pwbg
陇	long3	bdxn	bdxy
垄	long3	dxff	dxyf
垅	long3	fdxn	fdxy
拢	long3	rdxn	rdxy

lou

汉字	拼音	86 版	98 版
喽	lou1	kovg	kovg
娄	lou2	ovf	ovf
蒌	lou2	aovf	aovf
楼	lou2	sovg	sovg
耧	lou2	diov	fsov
蝼	lou2	jovg	jovg
髅	lou2	meov	meov
嵝	lou3	movg	movg
搂	lou3	rovg	rovg
篓	lou3	tovf	tovf
陋	lou4	bgmn	bgmn
漏	lou4	infy	infy
瘘	lou4	uovd	uovd
镂	lou4	qovg	qovg

lu

汉字	拼音	86 版	98 版
噜	lu1	kqgj	kqgj
撸	lu1	rqgj	rqgj
氇	lu1	tfnj	eqgj
卢	lu2	hne	hnr
庐	lu2	yyne	oyne
芦	lu2	aynr	aynr
垆	lu2	fhnt	fhnt
泸	lu2	ihnt	ihnt
炉	lu2	oynt	oynt
栌	lu2	shnt	shnt
胪	lu2	ehnt	ehnt
轳	lu2	lhnt	lhnt
鸬	lu2	hnqg	hnqg
舻	lu2	tehn	tuhn
颅	lu2	hndm	hndm
鲈	lu2	qghn	qghn
卤	lu3	hlqi	hlru
虏	lu3	halv	hee
掳	lu3	rhal	rhet
鲁	lu3	qgjf	qgjf
橹	lu3	sqgj	sqgj
镥	lu3	qqgj	qqgj
露	lu4	fkhk	fkhk
陆	lu4	bfmh	bgbh
录	lu4	viu	viu
赂	lu4	mtkg	mtkg
辂	lu4	ltkg	ltkg
渌	lu4	iviy	iviy
逯	lu4	vipi	vipi
鹿	lu4	ynjx	oxxv
禄	lu4	pyvi	pyvi
碌	lu4	dviy	dviy
路	lu4	khtk	khtk
漉	lu4	iynx	ioxx
戮	lu4	nwea	nwea
辘	lu4	lynx	loxx

潞	lu4	ikhk	ikhk
璐	lu4	gkhk	gkhk
簏	lu4	tynx	toxx
鹭	lu4	khtg	khtg
麓	lu4	ssyx	ssox

luan

汉字	拼音	86 版	98 版
娈	luan2	yovf	yovf
孪	luan2	yobf	yobf
峦	luan2	yomj	yomj
挛	luan2	yorj	yorj
栾	luan2	yosu	yosu
鸾	luan2	yoqg	yoqg
脔	luan2	yomw	yomw
滦	luan2	iyos	iyos
銮	luan2	yoqf	yoqf
卵	luan3	qyty	qyty
乱	luan4	tdnn	tdnn

lue

汉字	拼音	86 版	98 版
掠	lue3	ryiy	ryiy
略	lue4	ltkg	ltkg
锊	lue4	qefy	qefy

lun

汉字	拼音	86 版	98 版
抡	lun2	rwxn	rwxn
仑	lun2	wxb	wxb
伦	lun2	wwxn	wwxn
囵	lun2	lwxv	lwxv
沦	lun2	iwxn	iwxn
纶	lun2	xwxn	xwxn
轮	lun2	lwxn	lwxn
论	lun4	ywxn	ywxn

luo

汉字	拼音	86 版	98 版
罗	luo2	lqu	lqu
猡	luo2	qtlq	qtlq
脶	luo2	ekmw	ekmw
萝	luo2	alqu	alqu
逻	luo2	lqpi	lqpi
椤	luo2	slqy	slqy
锣	luo2	qlqy	qlqy
箩	luo2	tlqu	tlqu
骡	luo2	clxi	cgli
镙	luo2	qlxi	qlxi
螺	luo2	jlxi	jlxi
倮	luo3	wjsy	wjsy
裸	luo3	pujs	pujs
瘰	luo3	ulxi	ulxi
蠃	luo3	ynky	yejy
泺	luo4	iqiy	itni
洛	luo4	itkg	itkg
络	luo4	xtkg	xtkg
荦	luo4	aprh	aptg
骆	luo4	ctkg	cgtk
珞	luo4	gtkg	gtkg
落	luo4	aitk	aitk
摞	luo4	rlxi	rlxi
漯	luo4	ilxi	ilxi
雒	luo4	tkwy	tkwy

lv

汉字	拼音	86 版	98 版
驴	lv2	cynt	cgyn
闾	lv2	ukkd	ukkd
榈	lv2	sukk	sukk
偻	lv3	wovg	wovg
吕	lv3	kkf	kkf
侣	lv3	wkkg	wkkg
旅	lv3	ytey	ytey
稆	lv3	tkkg	tkkg
铝	lv3	qkkg	qkkg
屡	lv3	novd	novd
缕	lv3	xovg	xovg
膂	lv3	ytee	ytee
褛	lv3	puov	puov
履	lv3	nttt	nttt
捋	lv3	refy	refy
滤	lv4	ihan	ihny
律	lv4	tvfh	tvgh
虑	lv4	hani	hni
率	lv4	yxif	yxif
绿	lv4	xviy	xviy
氯	lv4	rnvi	rvii

ma

汉字	拼音	86 版	98 版
妈	ma1	vcg	vcgg
吗	ma1	kcg	kcgg
嘛	ma1	kyss	koss
麻	ma2	yssi	ossi
蟆	ma2	jajd	jajd
马	ma3	cnng	cgd
犸	ma3	qtcg	qtcg
玛	ma3	gcg	gcgg
码	ma3	dcg	dcgg
蚂	ma3	jcg	jcgg
杩	ma4	scg	scgg
骂	ma4	kkcf	kkcg

mai

汉字	拼音	86 版	98 版
埋	mai2	fjfg	fjfg
霾	mai2	feef	fejf
买	mai3	nudu	nudu
荬	mai3	anud	anud
唛	mai4	kgty	kgty
劢	mai4	dnln	gqet
迈	mai4	dnpv	gqpe
麦	mai4	gtu	gtu
卖	mai4	fnud	fnud
脉	mai4	eyni	eyni

man

汉字	拼音	86 版	98 版
颟	man1	agmm	agmm
蛮	man2	yoju	yoju
馒	man2	qnjc	qnjc
瞒	man2	hagw	hagw

鞔	man2	afqq	afqq
鳗	man2	qgjc	qgjc
满	man3	iagw	iagw
螨	man3	jagw	jagw
曼	man4	jlcu	jlcu
谩	man4	yjlc	yjlc
墁	man4	fjlc	fjlc
幔	man4	mhjc	mhjc
慢	man4	njlc	njlc
漫	man4	ijlc	ijlc
缦	man4	xjlc	xjlc
蔓	man4	ajlc	ajlc
熳	man4	ojlc	ojlc
镘	man4	qjlc	qjlc

mang

汉字	拼音	86 版	98 版
邙	mang2	ynbh	ynbh
忙	mang2	nynn	nynn
芒	mang2	aynb	aynb
盲	mang2	ynhf	ynhf
茫	mang2	aiyn	aiyn
硭	mang2	dayn	dayn
氓	mang2	ynna	ynna
莽	mang3	adaj	adaj
漭	mang3	iada	iada
蟒	mang3	jada	jada

mao

汉字	拼音	86 版	98 版
猫	mao1	qtal	qtal
毛	mao2	tfnv	etgn
矛	mao2	cbtr	cnht
牦	mao2	trtn	cen
茅	mao2	acbt	acnt
旄	mao2	yttn	yten
锚	mao2	qalg	qalg
髦	mao2	detn	deeb
蝥	mao2	cbtj	cnhj
茆	mao2	aqtb	aqtb
卯	mao3	qtbh	qtbh
峁	mao3	mqtb	mqtb
泖	mao3	iqtb	iqtb
昴	mao3	jqtb	jqtb
铆	mao3	qqtb	qqtb
茂	mao4	adnt	adu
冒	mao4	jhf	jhf
贸	mao4	qyvm	qyvm
耄	mao4	ftxn	ftxe
袤	mao4	ycbe	ycne
帽	mao4	mhjh	mhjh
瑁	mao4	gjhg	gjhg
瞀	mao4	cbth	cnhh
貌	mao4	eerq	erqn
懋	mao4	scbn	scnn

me

汉字	拼音	86 版	98 版
么	me1	tcu	tcu
麽	me1	yssc	ossc

mei

汉字	拼音	86 版	98 版
没	mei2	imcy	iwcy
枚	mei2	sty	sty
玫	mei2	gty	gty
眉	mei2	nhd	nhd
莓	mei2	atxu	atxu
梅	mei2	stxu	stxy
媒	mei2	vafs	vfsy
嵋	mei2	mnhg	mnhg
湄	mei2	inhg	inhg
猸	mei2	qtnh	qtnh
楣	mei2	snhg	snhg
煤	mei2	oafs	ofsy
酶	mei2	sgtu	sgtx
镅	mei2	qnhg	qnhg
鹛	mei2	nhqg	nhqg
霉	mei2	ftxu	ftxu
每	mei3	txgu	txu
美	mei3	ugdu	ugdu
浼	mei3	iqkq	iqkq
镁	mei3	qugd	qugd
妹	mei4	vfiy	vfy
昧	mei4	jfiy	jfy
袂	mei4	punw	punw
媚	mei4	vnhg	vnhg
寐	mei4	pnhi	pufu
魅	mei4	rqci	rqcf

men

汉字	拼音	86 版	98 版
们	men1	wun	wun
门	men2	uyhn	uyhn
扪	men2	run	run
钔	men2	qun	qun
闷	men4	uni	uni
焖	men4	ouny	ouny
懑	men4	iagn	iagn

meng

汉字	拼音	86 版	98 版
虻	meng2	jynn	jynn
萌	meng2	ajef	ajef
盟	meng2	jelf	jelf
甍	meng2	alpn	alpy
瞢	meng2	alph	alph
朦	meng2	eape	eape
檬	meng2	sape	sape
礞	meng2	dape	dape
艨	meng2	teae	tuae
蒙	meng2	apge	apfe
勐	meng3	blln	blet
猛	meng3	qtbl	qtbl
锰	meng3	qblg	qblg
艋	meng3	tebl	tubl
蜢	meng3	jblg	jblg
懵	meng3	nalh	nalh
蠓	meng3	jape	jape
孟	meng4	blf	blf
梦	meng4	ssqu	ssqu

mi

汉字	拼音	86 版	98 版
咪	mi1	koy	koy
眯	mi1	hoy	hoy
弥	mi2	xqiy	xqiy
祢	mi2	pyqi	pyqi
迷	mi2	opi	opi
猕	mi2	qtxi	qtxi
谜	mi2	yopy	yopy
醚	mi2	sgop	sgop
糜	mi2	ysso	osso
縻	mi2	yssi	ossi
麋	mi2	ynjo	oxxo
靡	mi2	yssd	ossd
蘼	mi2	aysd	aosd
米	mi3	oyty	oyty
芈	mi3	gjgh	hghg
弭	mi3	xbg	xbg
敉	mi3	oty	oty
脒	mi3	eoy	eoy
汨	mi4	ijg	ijg
宓	mi4	pntr	pntr
泌	mi4	intt	intt
觅	mi4	emqb	emqb
秘	mi4	tntt	tntt
密	mi4	pntm	pntm
幂	mi4	pjdh	pjdh
谧	mi4	yntl	yntl
嘧	mi4	kpnm	kpnm
蜜	mi4	pntj	pntj

mian

汉字	拼音	86 版	98 版
眠	mian2	hnan	hnan
绵	mian2	xrmh	xrmh
棉	mian2	srmh	srmh
免	mian3	qkqb	qkqb
沔	mian3	ighn	ighn
黾	mian3	kjnb	kjnb
勉	mian3	qkql	qkqe
眄	mian3	hghn	hghn
娩	mian3	vqkq	vqkq
冕	mian3	jqkq	jqkq
湎	mian3	idmd	idlf
缅	mian3	xdmd	xdlf
腼	mian3	edmd	edlf
渑	mian3	ikjn	ikjn
面	mian4	dmjd	dljf

miao

汉字	拼音	86 版	98 版
喵	miao1	kalg	kalg
苗	miao2	alf	alf
描	miao2	ralg	ralg
瞄	miao2	halg	halg
鹋	miao2	alqg	alqg
杪	miao3	sitt	sitt
眇	miao3	hitt	hitt
秒	miao3	titt	titt
淼	miao3	iiiu	iiiu
渺	miao3	ihit	ihit
缈	miao3	xhit	xhit
藐	miao3	aeeq	aerq
邈	miao3	eerp	erqp
妙	miao4	vitt	vitt
庙	miao4	ymd	omd
缪	miao4	xnwe	xnwe

mie

汉字	拼音	86 版	98 版
咩	mie1	kudh	kuh
灭	mie4	goi	goi
蔑	mie4	aldt	alaw
篾	mie4	tldt	tlaw
蠛	mie4	jalt	jalw

min

汉字	拼音	86 版	98 版
民	min2	nav	nav
岷	min2	mnan	mnan
玟	min2	gyy	gyy
苠	min2	anab	anab
珉	min2	gnan	gnan
缗	min2	xnaj	xnaj
皿	min3	lhng	lhng
闵	min3	uyi	uyi
抿	min3	rnan	rnan
泯	min3	inan	inan
闽	min3	uji	uji
悯	min3	nuyy	nuyy
敏	min3	txgt	txty
愍	min3	natn	natn
鳘	min3	txgg	txtg

ming

汉字	拼音	86 版	98 版
名	ming2	qkf	qkf
明	ming2	jeg	jeg
鸣	ming2	kqyg	kqgg
茗	ming2	aqkf	aqkf
冥	ming2	pjuu	pjuu
铭	ming2	qqkg	qqkg
溟	ming2	ipju	ipju
暝	ming2	jpju	jpju
瞑	ming2	hpju	hpju
螟	ming2	jpju	jpju
酩	ming3	sgqk	sgqk
命	ming4	wgkb	wgkb

miu

汉字	拼音	86 版	98 版
谬	miu4	ynwe	ynwe

mo

汉字	拼音	86 版	98 版
摸	mo1	rajd	rajd
嬷	mo2	vysc	vosc
谟	mo2	yajd	yajd
嫫	mo2	vajd	vajd
馍	mo2	qnad	qnad
摹	mo2	ajdr	ajdr
模	mo2	sajd	sajd
膜	mo2	eajd	eajd

摩	mo2	yssr	ossr
磨	mo2	yssd	ossd
蘑	mo2	aysd	aosd
魔	mo2	yssc	ossc
抹	mo3	rgsy	rgsy
貉	mo4	eetk	etkg
末	mo4	gsi	gsi
殁	mo4	gqmc	gqwc
沫	mo4	igsy	igsy
茉	mo4	agsu	agsu
陌	mo4	bdjg	bdjg
秣	mo4	tgsy	tgsy
莫	mo4	ajdu	ajdu
寞	mo4	pajd	pajd
漠	mo4	iajd	iajd
蓦	mo4	ajdc	ajdg
貊	mo4	eedj	edjg
墨	mo4	lfof	lfof
瘼	mo4	uajd	uajd
镆	mo4	qajd	qajd
默	mo4	lfod	lfod
貘	mo4	eead	eajd
耱	mo4	diyd	fsod

mou

汉字	拼音	86 版	98 版
哞	mou1	kcrh	kctg
蛑	mou2	jcrh	jctg
蝥	mou2	cbtj	cnhj
牟	mou2	crhj	ctgj
侔	mou2	wcrh	wctg
眸	mou2	hcrh	hctg
谋	mou2	yafs	yfsy
鍪	mou2	cbtq	cnhq
某	mou3	afsu	fsu

mu

汉字	拼音	86 版	98 版
呒	mu2	kfqn	kfqn
毪	mu2	tfnh	ectg
母	mu3	xgui	xnny
亩	mu3	ylf	ylf
牡	mu3	trfg	cfg
姆	mu3	vxgu	vxy
拇	mu3	rxgu	rxy
坶	mu3	fxgu	fxy
木	mu4	ssss	ssss
仫	mu4	wtcy	wtcy
目	mu4	hhhh	hhhh
沐	mu4	isy	isy
牧	mu4	trty	cty
苜	mu4	ahf	ahf
钼	mu4	qhg	qhg
募	mu4	ajdl	ajde
墓	mu4	ajdf	ajdf
幕	mu4	ajdh	ajdh
睦	mu4	hfwf	hfwf
慕	mu4	ajdn	ajdn
暮	mu4	ajdj	ajdj
穆	mu4	trie	trie

na

汉字	拼音	86 版	98 版
拿	na2	wgkr	wgkr
镎	na2	qwgr	qwgr
哪	na3	kvfb	kngb
那	na4	vfbh	ngbh
纳	na4	xmwy	xmwy
肭	na4	emwy	emwy
娜	na4	vvfb	vngb
衲	na4	pumw	pumw
钠	na4	qmwy	qmwy
捺	na4	rdfi	rdfi
呐	na4	kmwy	kmwy

nai

汉字	拼音	86 版	98 版
乃	nai3	etn	bnt
奶	nai3	ven	vbt
艿	nai3	aeb	abr
氖	nai3	rneb	rbe
奈	nai4	dfiu	dfiu
柰	nai4	sfiu	sfiu
耐	nai4	dmjf	dmjf
萘	nai4	adfi	adfi
鼐	nai4	ehnn	bhnn

nan

汉字	拼音	86 版	98 版
囡	nan1	lvd	lvd
男	nan2	llb	ler
南	nan2	fmuf	fmuf
难	nan2	cwyg	cwyg
喃	nan2	kfmf	kfmf
楠	nan2	sfmf	sfmf
赧	nan3	fobc	fobc
腩	nan3	efmf	efmf
蝻	nan3	jfmf	jfmf

nang

汉字	拼音	86 版	98 版
囔	nang1	kgke	kgke
囊	nang2	gkhe	gkhe
馕	nang2	qnge	qnge
曩	nang3	jyke	jyke
攮	nang3	rgke	rgke

nao

汉字	拼音	86 版	98 版
孬	nao1	givb	dhvb
呶	nao2	kvcy	kvcy
挠	nao2	ratq	ratq
硇	nao2	dtlq	dtlr
铙	nao2	qatq	qatq
猱	nao2	qtcs	qtcs
蛲	nao2	jatq	jatq
垴	nao3	fybh	fyrb
恼	nao3	nybh	nyrb
脑	nao3	eybh	eyrb
瑙	nao3	gvtq	gvtr
闹	nao4	uymh	uymh
淖	nao4	ihjh	ihjh

ne

汉字	拼音	86 版	98 版
呢	ne1	knxn	knxn
讷	ne4	ymwy	ymwy

nei

汉字	拼音	86 版	98 版
馁	nei3	qnev	qnev
内	nei4	mwi	mwi

nen

汉字	拼音	86 版	98 版
嫩	nen4	vgkt	vskt

neng

汉字	拼音	86 版	98 版
能	neng2	cexx	cexx

ni

汉字	拼音	86 版	98 版
妮	ni1	vnxn	vnxn
尼	ni2	nxv	nxv
坭	ni2	fnxn	fnxn
怩	ni2	nnxn	nnxn
泥	ni2	inxn	inxn
倪	ni2	wvqn	weqn
铌	ni2	qnxn	qnxn
猊	ni2	qtvq	qteq
霓	ni2	fvqb	feqb
鲵	ni2	qgvq	qgeq
你	ni3	wqiy	wqiy
拟	ni3	rnyw	rnyw
旎	ni3	ytnx	ytnx
伲	ni4	wnxn	wnxn
昵	ni4	jnxn	jnxn
逆	ni4	ubtp	ubtp
匿	ni4	aadk	aadk
溺	ni4	ixuu	ixuu
睨	ni4	hvqn	heqn
腻	ni4	eafm	eafy

nian

汉字	拼音	86 版	98 版
拈	nian1	rhkg	rhkg
蔫	nian1	agho	agho
年	nian2	rhfk	tgj
鲇	nian2	qghk	qghk
鲶	nian2	qgwn	qgwn
黏	nian2	twik	twik
捻	nian3	rwyn	rwyn
辇	nian3	fwfl	gglj
撵	nian3	rfwl	rggl
碾	nian3	dnae	dnae
辗	nian3	lnae	lnae
廿	nian4	aghg	aghg
念	nian4	wynn	wynn
埝	nian4	fwyn	fwyn

niang

汉字	拼音	86 版	98 版
娘	niang2	vyve	vyvy
酿	niang4	sgye	sgyv

niao

汉字	拼音	86 版	98 版
鸟	niao3	qyng	qgd
茑	niao3	aqyg	aqgf
袅	niao3	qyne	qyeu
嬲	niao3	llvl	leve
尿	niao4	nii	nii
脲	niao4	eniy	eniy

nie

汉字	拼音	86 版	98 版
捏	nie1	rjfg	rjfg
乜	nie4	nnv	nnv
陧	nie4	bjfg	bjfg
涅	nie4	ijfg	ijfg
聂	nie4	bccu	bccu
臬	nie4	thsu	thsu
啮	nie4	khwb	khwb
嗫	nie4	kbcc	kbcc
镊	nie4	qbcc	qbcc
镍	nie4	qths	qths
颞	nie4	bccm	bccm
蹑	nie4	khbc	khbc
孽	nie4	awnb	atnb
蘖	nie4	awns	atns

nin

汉字	拼音	86 版	98 版
您	nin2	wqin	wqin
恁	nin2	wtfn	wtfn

ning

汉字	拼音	86 版	98 版
宁	ning2	psj	psj
咛	ning2	kpsh	kpsh
狞	ning2	qtps	qtps
柠	ning2	spsh	spsh
聍	ning2	bpsh	bpsh
凝	ning2	uxth	uxth
甯	ning2	pnej	pnej
拧	ning3	rpsh	rpsh
佞	ning4	wfvg	wfvg
泞	ning4	ipsh	ipsh

niu

汉字	拼音	86 版	98 版
妞	niu1	vnfg	vnhg
牛	niu2	rhk	tgk
忸	niu3	nnfg	nnhg
扭	niu3	rnfg	rnhg
狃	niu3	qtnf	qtng
纽	niu3	xnfg	xnhg
钮	niu3	qnfg	qnhg
拗	niu4	rxln	rxet

nong

汉字	拼音	86 版	98 版
农	nong2	pei	pei
侬	nong2	wpey	wpey
哝	nong2	kpey	kpey

浓	nong2	ipey	ipey
脓	nong2	epey	epey
廾	nong4	agth	agth
弄	nong4	gaj	gaj

nou

汉字	拼音	86 版	98 版
耨	nou4	didf	fsdf

nu

汉字	拼音	86 版	98 版
奴	nu2	vcy	vcy
孥	nu2	vcbf	vcbf
驽	nu2	vccf	vccg
努	nu3	vclb	vcer
弩	nu3	vcxb	vcxb
胬	nu3	vcmw	vcmw
怒	nu4	vcnu	vcnu

nuan

汉字	拼音	86 版	98 版
暖	nuan3	jefc	jegc

nue

汉字	拼音	86 版	98 版
疟	nue4	uagd	uagd
虐	nue4	haag	hagd

nuo

汉字	拼音	86 版	98 版
挪	nuo2	rvfb	rngb
傩	nuo2	wcwy	wcwy
诺	nuo4	yadk	yadk
喏	nuo4	kadk	kadk
搦	nuo4	rxuu	rxuu
锘	nuo4	qadk	qadk
懦	nuo4	nfdj	nfdj
糯	nuo4	ofdj	ofdj

nv

汉字	拼音	86 版	98 版
女	nv3	vvvv	vvvv
钕	nv3	qvg	qvg
恧	nv4	dmjn	dmjn
衄	nv4	tlnf	tlng

o

汉字	拼音	86 版	98 版
噢	o1	ktmd	ktmd
哦	o4	ktrt	ktry

ou

汉字	拼音	86 版	98 版
讴	ou1	yaqy	yary
欧	ou1	aqqw	arqw
殴	ou1	aqmc	arwc
瓯	ou1	aqgn	argy
鸥	ou1	aqqg	arqg
沤	ou1	iaqy	iary
呕	ou3	kaqy	kary
偶	ou3	wjmy	wjmy
耦	ou3	dijy	fsjy
藕	ou3	adiy	afsy
怄	ou4	naqy	nary

pa

汉字	拼音	86 版	98 版
趴	pa1	khwy	khwy
啪	pa1	krrg	krrg
葩	pa1	arcb	arcb
杷	pa2	scn	scn
爬	pa2	rhyc	rhyc
耙	pa2	dicn	fscn
琶	pa2	ggcb	ggcb
筢	pa2	trcb	trcb
帕	pa4	mhrg	mhrg
怕	pa4	nrg	nrg

pai

汉字	拼音	86 版	98 版
拍	pai1	rrg	rrg
俳	pai2	wdjd	whdd
徘	pai2	tdjd	thdd
排	pai2	rdjd	rhdd
牌	pai2	thgf	thgf
哌	pai4	krey	krey
派	pai4	irey	irey
湃	pai4	irdf	irdf
蒎	pai4	aire	aire

pan

汉字	拼音	86 版	98 版
潘	pan1	itol	itol
攀	pan1	sqqr	srrr
爿	pan2	nhde	unht
盘	pan2	telf	tulf
磐	pan2	temd	tuwd
蹒	pan2	khaw	khaw
蟠	pan2	jtol	jtol
判	pan4	udjh	ugjh
泮	pan4	iufh	iugh
叛	pan4	udrc	ugrc
盼	pan4	hwvn	hwvt
畔	pan4	lufh	lugh
袢	pan4	puuf	puug
襻	pan4	pusr	pusr

pang

汉字	拼音	86 版	98 版
乓	pang1	rgyu	ryu
滂	pang1	iupy	iyuy
磅	pang2	dupy	dyuy
彷	pang2	tyn	tyt
庞	pang2	ydxv	odxy
逄	pang2	tahp	tgpk
旁	pang2	upyb	yupy
螃	pang2	jupy	jyuy

榜	pang3	diuy	fsyy
胖	pang4	eufh	eugh

pao

汉字	拼音	86 版	98 版
抛	pao1	rvln	rvet
脬	pao1	eebg	eebg
刨	pao2	qnjh	qnjh
咆	pao2	kqnn	kqnn
庖	pao2	yqnv	oqnv
狍	pao2	qtqn	qtqn
袍	pao2	puqn	puqn
匏	pao2	dfnn	dfnn
跑	pao3	khqn	khqn
炮	pao4	oqnn	oqnn
泡	pao4	iqnn	iqnn
疱	pao4	uqnv	uqnv

pei

汉字	拼音	86 版	98 版
呸	pei1	kgig	kdhg
胚	pei1	egig	edhg
醅	pei1	sguk	sguk
陪	pei2	bukg	bukg
培	pei2	fukg	fukg
赔	pei2	mukg	mukg
锫	pei2	qukg	qukg
裴	pei2	djde	hdhe
沛	pei4	igmh	igmh
佩	pei4	wmgh	wwgh
帔	pei4	mhhc	mhby
旆	pei4	ytgh	ytgh
配	pei4	sgnn	sgnn
辔	pei4	xlxk	xlxk
霈	pei4	figh	figh

pen

汉字	拼音	86 版	98 版
喷	pen1	kfam	kfam
盆	pen2	wvlf	wvlf
湓	pen2	iwvl	iwvl

peng

汉字	拼音	86 版	98 版
怦	peng1	nguh	nguf
抨	peng1	rguh	rguf
砰	peng1	dguh	dguf
烹	peng1	ybou	ybou
嘭	peng1	kfke	kfke
朋	peng2	eeg	eeg
堋	peng2	feeg	feeg
彭	peng2	fkue	fkue
棚	peng2	seeg	seeg
硼	peng2	deeg	deeg
蓬	peng2	atdp	atdp
鹏	peng2	eeqg	eeqg
澎	peng2	ifke	ifke
篷	peng2	ttdp	ttdp
膨	peng2	efke	efke
蟛	peng2	jfke	jfke
捧	peng3	rdwh	rdwg
碰	peng4	duog	duog

pi

汉字	拼音	86 版	98 版
丕	pi1	gigf	dhgd
批	pi1	rxxn	rxxn
纰	pi1	xxxn	xxxn
邳	pi1	gigb	dhgb
坯	pi1	fgig	fdhg
披	pi1	rhcy	rby
砒	pi1	dxxn	dxxn
劈	pi1	nkuv	nkuv
噼	pi1	knku	knku
霹	pi1	fnku	fnku
铍	pi2	qhcy	qby
皮	pi2	hci	bnty
芘	pi2	axxb	axxb
枇	pi2	sxxn	sxxn
毗	pi2	lxxn	lxxn
疲	pi2	uhci	ubi
蚍	pi2	jxxn	jxxn
郫	pi2	rtfb	rtfb
陴	pi2	brtf	brtf
啤	pi2	krtf	krtf
埤	pi2	frtf	frtf
琵	pi2	ggxx	ggxx
脾	pi2	ertf	ertf
罴	pi2	lfco	lfco
蜱	pi2	jrtf	jrtf
貔	pi2	eetx	etlx
鼙	pi2	fkuf	fkuf
匹	pi3	aqv	aqv
庀	pi3	yxv	oxv
仳	pi3	wxxn	wxxn
圮	pi3	fnn	fnn
痞	pi3	ugik	udhk
擗	pi3	rnku	rnku
癖	pi3	unku	unku
辟	pi4	nkuh	nkuh
屁	pi4	nxxv	nxxv
淠	pi4	ilgj	ilgj
媲	pi4	vtlx	vtlx
睥	pi4	hrtf	hrtf
僻	pi4	wnku	wnku
甓	pi4	nkun	nkuy
譬	pi4	nkuy	nkuy

pian

汉字	拼音	86 版	98 版
偏	pian1	wyna	wyna
犏	pian1	trya	cyna
篇	pian1	tyna	tyna
翩	pian1	ynmn	ynmn
骈	pian2	cuah	cgua
胼	pian2	euah	euah
蹁	pian2	khya	khya
谝	pian3	yyna	yyna
片	pian4	thgn	thgn
骗	pian4	cyna	cgya

piao

汉字	拼音	86 版	98 版
剽	piao1	sfij	sfij

漂	piao1	isfi	isfi
缥	piao1	xsfi	xsfi
飘	piao1	sfiq	sfir
螵	piao1	jsfi	jsfi
瓢	piao2	sfiy	sfiy
嫖	piao2	vsfi	vsfi
莩	piao3	aebf	aebf
殍	piao3	gqeb	gqeb
瞟	piao3	hsfi	hsfi
票	piao4	sfiu	sfiu
嘌	piao4	ksfi	ksfi

pie

汉字	拼音	86 版	98 版
氕	pie1	rntr	rte
瞥	pie1	umih	ithf
撇	pie3	rumt	rity
丿	pie3	ttll	ttll
苤	pie3	agig	adhg

pin

汉字	拼音	86 版	98 版
拚	pin1	rcah	rcah
姘	pin1	vuah	vuah
拼	pin1	ruah	ruah
贫	pin2	wvmu	wvmu
嫔	pin2	vprw	vprw
频	pin2	hidm	hhdm
颦	pin2	hidf	hhdf
品	pin3	kkkf	kkkf
榀	pin3	skkk	skkk
牝	pin4	trxn	cxn
聘	pin4	bmgn	bmgn

ping

汉字	拼音	86 版	98 版
娉	ping1	vmgn	vmgn
乒	ping1	rgtr	rtr
俜	ping1	wmgn	wmgn
冖	ping2	pyn	pyn
平	ping2	guhk	gufk
评	ping2	yguh	yguf
凭	ping2	wtfm	wtfw
坪	ping2	fguh	fguf
苹	ping2	aguh	aguf
屏	ping2	nuak	nuak
枰	ping2	sguh	sguf
瓶	ping2	uagn	uagy
萍	ping2	aigh	aigf
鲆	ping2	qggh	qggf

po

汉字	拼音	86 版	98 版
钋	po1	qhy	qhy
坡	po1	fhcy	fby
泼	po1	inty	inty
颇	po1	hcdm	bdmy
攴	po1	hcu	hcu
婆	po2	ihcv	ibvf
鄱	po2	tolb	tolb
皤	po2	rtol	rtol
叵	po3	akd	akd
钷	po3	qakg	qakg
笸	po3	takf	takf
迫	po4	rpd	rpd
珀	po4	grg	grg
破	po4	dhcy	dby
粕	po4	org	org
魄	po4	rrqc	rrqc

pou

汉字	拼音	86 版	98 版
剖	pou1	ukjh	ukjh
掊	pou2	rukg	rukg
裒	pou2	yveu	yeeu

pu

汉字	拼音	86 版	98 版
扑	pu1	rhy	rhy
噗	pu1	kogy	koug
脯	pu2	egey	esy
仆	pu2	why	why
匍	pu2	qgey	qsi
莆	pu2	agey	asu
菩	pu2	aukf	aukf
葡	pu2	aqgy	aqsu
蒲	pu2	aigy	aisu
璞	pu2	gogy	goug
濮	pu2	iwoy	iwog
镤	pu2	qogy	qoug
朴	pu3	shy	shy
圃	pu3	lgey	lsi
埔	pu3	fgey	fsy
浦	pu3	igey	isy
普	pu3	uogj	uojf
溥	pu3	igef	isfy
谱	pu3	yuoj	yuoj
氆	pu3	tfnj	euoj
镨	pu3	quoj	quoj
蹼	pu3	khoy	khog
铺	pu4	qgey	qsy
曝	pu4	jjai	jjai

qi

汉字	拼音	86 版	98 版
七	qi1	agn	agn
沏	qi1	iavn	iavt
妻	qi1	gvhv	gvhv
柒	qi1	iasu	iasu
凄	qi1	ugvv	ugvv
栖	qi1	ssg	ssg
桤	qi1	smnn	smnn
戚	qi1	dhit	dhii
萋	qi1	agvv	agvv
期	qi1	adwe	dweg
欺	qi1	adww	dwqw
嘁	qi1	kdht	kdhi
漆	qi1	iswi	iswi
蹊	qi1	khed	khed
亓	qi2	fjj	fjj
祁	qi2	pybh	pybh
齐	qi2	yjj	yjj
圻	qi2	frh	frh

岐	qi2	mfcy	mfcy
芪	qi2	aqab	aqab
其	qi2	adwu	dwu
奇	qi2	dskf	dskf
歧	qi2	hfcy	hfcy
祈	qi2	pyrh	pyrh
耆	qi2	ftxj	ftxj
脐	qi2	eyjh	eyjh
颀	qi2	rdmy	rdmy
崎	qi2	mdsk	mdsk
淇	qi2	iadw	idwy
畦	qi2	lffg	lffg
萁	qi2	aadw	adwu
骐	qi2	cadw	cgdw
骑	qi2	cdsk	cgdk
棋	qi2	sadw	sdwy
琦	qi2	gdsk	gdsk
琪	qi2	gadw	gdwy
祺	qi2	pyaw	pydw
蛴	qi2	jyjh	jyjh
旗	qi2	ytaw	ytdw
綦	qi2	adwi	dwxi
蜞	qi2	jadw	jdwy
蕲	qi2	aujr	aujr
鳍	qi2	qgfj	qgfj
麒	qi2	ynjw	oxxw
荠	qi2	ayjj	ayjj
乞	qi3	tnb	tnb
企	qi3	whf	whf
屺	qi3	mnn	mnn
岂	qi3	mnb	mnb
芑	qi3	anb	anb
启	qi3	ynkd	ynkd
杞	qi3	snn	snn
起	qi3	fhnv	fhnv
绮	qi3	xdsk	xdsk
綮	qi3	ynti	ynti
槭	qi4	sdht	sdhi
气	qi4	rnb	rtgn
讫	qi4	ytnn	ytnn
汔	qi4	itnn	itnn
迄	qi4	tnpv	tnpv
弃	qi4	ycaj	ycaj
汽	qi4	irnn	irn
泣	qi4	iug	iug
契	qi4	dhvd	dhvd
砌	qi4	davn	davt
葺	qi4	akbf	akbf
碛	qi4	dgmy	dgmy
器	qi4	kkdk	kkdk
憩	qi4	tdtn	tdtn

qia

汉字	拼音	86 版	98 版
掐	qia1	rqvg	rqeg
葜	qia1	adhd	adhd
恰	qia4	nwgk	nwgk
洽	qia4	iwgk	iwgk
髂	qia4	mepk	mepk

qian

汉字	拼音	86 版	98 版
千	qian1	tfk	tfk
仟	qian1	wtfh	wtfh
阡	qian1	btfh	btfh
扦	qian1	rtfh	rtfh
芊	qian1	atfj	atfj
迁	qian1	tfpk	tfpk
佥	qian1	wgif	wgig
岍	qian1	mgah	mgah
钎	qian1	qtfh	qtfh
牵	qian1	dprh	dptg
悭	qian1	njcf	njcf
铅	qian1	qmkg	qwkg
谦	qian1	yuvo	yuvw
愆	qian1	tifn	tign
签	qian1	twgi	twgg
骞	qian1	pfjc	pawg
搴	qian1	pfjr	pawr
褰	qian1	pfje	pawe
前	qian2	uejj	uejj
荨	qian2	avfu	avfu
钤	qian2	qwyn	qwyn
虔	qian2	hayi	hyi
钱	qian2	qgt	qgay
钳	qian2	qafg	qfg
乾	qian2	fjtn	fjtn
掮	qian2	ryne	ryne
箝	qian2	traf	trff
潜	qian2	ifwj	iggj
黔	qian2	lfon	lfon
浅	qian3	igt	igay
肷	qian3	eqwy	eqwy
遣	qian3	khgp	khgp
谴	qian3	ykhp	ykhp
缱	qian3	xkhp	xkhp
欠	qian4	qwu	qwu
芡	qian4	aqwu	aqwu
茜	qian4	asf	asf
倩	qian4	wgeg	wgeg
堑	qian4	lrff	lrff
嵌	qian4	mafw	mfqw
椠	qian4	lrsu	lrsu
歉	qian4	uvow	uvjw

qiang

汉字	拼音	86 版	98 版
羌	qiang1	udnb	unv
戕	qiang1	nhda	uay
戗	qiang1	wbat	wbay
枪	qiang1	swbn	swbn
跄	qiang1	khwb	khwb
腔	qiang1	epwa	epwa
蜣	qiang1	judn	junn
锖	qiang1	qgeg	qgeg
锵	qiang1	quqf	quqf
镪	qiang1	qxkj	qxkj
强	qiang2	xkjy	xkjy
墙	qiang2	ffuk	ffuk
嫱	qiang2	vfuk	vfuk
蔷	qiang2	afuk	afuk
樯	qiang2	sfuk	sfuk
抢	qiang3	rwbn	rwbn

羟	qiang3	udca	ucag
襁	qiang3	puxj	puxj
呛	qiang4	kwbn	kwbn
炝	qiang4	owbn	owbn

qiao

汉字	拼音	86 版	98 版
悄	qiao1	nieg	nieg
硗	qiao1	datq	datq
跷	qiao1	khaq	khaq
劁	qiao1	wyoj	wyoj
敲	qiao1	ymkc	ymkc
锹	qiao1	qtoy	qtoy
橇	qiao1	stfn	seee
缲	qiao1	xkks	xkks
峤	qiao2	mtdj	mtdj
乔	qiao2	tdjj	tdjj
侨	qiao2	wtdj	wtdj
荞	qiao2	atdj	atdj
桥	qiao2	stdj	stdj
谯	qiao2	ywyo	ywyo
憔	qiao2	nwyo	nwyo
鞒	qiao2	aftj	aftj
樵	qiao2	swyo	swyo
瞧	qiao2	hwyo	hwyo
巧	qiao3	agnn	agnn
愀	qiao3	ntoy	ntoy
俏	qiao4	wieg	wieg
诮	qiao4	yieg	yieg
峭	qiao4	mieg	mieg
窍	qiao4	pwan	pwan
翘	qiao4	atgn	atgn
撬	qiao4	rtfn	reee
鞘	qiao4	afie	afie

qie

汉字	拼音	86 版	98 版
切	qie1	avn	avt
茄	qie2	alkf	aekf
且	qie3	egd	egd
慊	qie4	nuvo	nuvw
妾	qie4	uvf	uvf
怯	qie4	nfcy	nfcy
窃	qie4	pwav	pwav
挈	qie4	dhvr	dhvr
惬	qie4	nagw	nagd
箧	qie4	tagw	tagd
锲	qie4	qdhd	qdhd
郄	qie4	qdcb	rdcb

qin

汉字	拼音	86 版	98 版
亲	qin1	usu	usu
侵	qin1	wvpc	wvpc
钦	qin1	qqwy	qqwy
衾	qin1	wyne	wyne
芩	qin2	awyn	awyn
芹	qin2	arj	arj
秦	qin2	dwtu	dwtu
琴	qin2	ggwn	ggwn
禽	qin2	wybc	wyrc
勤	qin2	akgl	akge
嗪	qin2	kdwt	kdwt
溱	qin2	idwt	idwt
噙	qin2	kwyc	kwyc
擒	qin2	rwyc	rwyc
檎	qin2	swyc	swyc
螓	qin2	jdwt	jdwt
锓	qin3	qvpc	qvpc
寝	qin3	puvc	puvc
吣	qin4	kny	kny
沁	qin4	iny	iny
揿	qin4	rqqw	rqqw

qing

汉字	拼音	86 版	98 版
青	qing1	gef	gef
氢	qing1	rnca	rcad
轻	qing1	lcag	lcag
倾	qing1	wxdm	wxdm
卿	qing1	qtvb	qtvb
圊	qing1	lged	lged
清	qing1	igeg	igeg
蜻	qing1	jgeg	jgeg
鲭	qing1	qgge	qgge
情	qing2	ngeg	ngeg
晴	qing2	jgeg	jgeg
氰	qing2	rnge	rged
擎	qing2	aqkr	aqkr
檠	qing2	aqks	aqks
黥	qing2	lfoi	lfoi
苘	qing3	amkf	amkf
顷	qing3	xdmy	xdmy
请	qing3	ygeg	ygeg
謦	qing3	fnmy	fnwy
庆	qing4	ydi	odi
箐	qing4	tgef	tgef
磬	qing4	fnmd	fnwd
罄	qing4	fnmm	fnwb

qiong

汉字	拼音	86 版	98 版
跫	qiong2	amyh	awyh
銎	qiong2	amyq	awyq
邛	qiong2	abh	abh
穷	qiong2	pwlb	pwer
穹	qiong2	pwxb	pwxb
茕	qiong2	apnf	apnf
筇	qiong2	tabj	tabj
琼	qiong2	gyiy	gyiy
蛩	qiong2	amyj	awyj

qiu

汉字	拼音	86 版	98 版
湫	qiu1	itoy	itoy
丘	qiu1	rgd	rthg
邱	qiu1	rgbh	rbh
秋	qiu1	toy	toy
蚯	qiu1	jrgg	jrg
楸	qiu1	stoy	stoy
鳅	qiu1	qgto	qgto
囚	qiu2	lwi	lwi
犰	qiu2	qtvn	qtvn

求	qiu2	fiyi	giyi
虬	qiu2	jnn	jnn
泅	qiu2	ilwy	ilwy
俅	qiu2	wfiy	wgiy
酋	qiu2	usgf	usgf
逑	qiu2	fiyp	giyp
球	qiu2	gfiy	ggiy
赇	qiu2	mfiy	mgiy
巯	qiu2	cayq	cayk
遒	qiu2	usgp	usgp
裘	qiu2	fiye	giye
鼽	qiu2	thlv	thlv
糗	qiu3	othd	othd

qu

汉字	拼音	86 版	98 版
匚	qu1	agn	agn
区	qu1	aqi	ari
岖	qu1	maqy	mary
诎	qu1	ybmh	ybmh
驱	qu1	caqy	cgar
屈	qu1	nbmk	nbmk
祛	qu1	pyfc	pyfc
蛆	qu1	jegg	jegg
躯	qu1	tmdq	tmdr
蛐	qu1	jmag	jmag
趋	qu1	fhqv	fhqv
麴	qu1	swwo	swwo
黢	qu1	lfot	lfot
瞿	qu2	hhwy	hhwy
劬	qu2	qkln	qket
朐	qu2	eqkg	eqkg
鸲	qu2	qkqg	qkqg
渠	qu2	ians	ians
蕖	qu2	aias	aias
磲	qu2	dias	dias
璩	qu2	ghae	ghge
蘧	qu2	ahap	ahgp
氍	qu2	hhwn	hhwe
癯	qu2	uhhy	uhhy
衢	qu2	thhh	thhs
蠼	qu2	jhhc	jhhc
曲	qu3	mad	mad
取	qu3	bcy	bcy
娶	qu3	bcvf	bcvf
龋	qu3	hwby	hwby
去	qu4	fcu	fcu
阒	qu4	uhdi	uhdi
觑	qu4	haoq	homq
趣	qu4	fhbc	fhbc

quan

汉字	拼音	86 版	98 版
悛	quan1	ncwt	ncwt
圈	quan1	ludb	lugb
全	quan2	wgf	wgf
权	quan2	scy	scy
诠	quan2	ywgg	ywgg
泉	quan2	riu	riu
荃	quan2	awgf	awgf
拳	quan2	udrj	ugrj
辁	quan2	lwgg	lwgg
痊	quan2	uwgd	uwgd
铨	quan2	qwgg	qwgg
筌	quan2	twgf	twgf
蜷	quan2	judb	jugb
醛	quan2	sgag	sgag
鬈	quan2	deub	deub
颧	quan2	akkm	akkm
犬	quan3	dgty	dgty
畎	quan3	ldy	ldy
绻	quan3	xudb	xugb
劝	quan4	cln	cet
券	quan4	udvb	ugvr

que

汉字	拼音	86 版	98 版
缺	que1	rmnw	tfbw
瘸	que2	ulkw	uekw
却	que4	fcbh	fcbh
悫	que4	fpmn	fpwn
雀	que4	iwyf	iwyf
确	que4	dqeh	dqeh
阕	que4	uwgd	uwgd
阙	que4	uubw	uubw
鹊	que4	ajqg	ajqg
榷	que4	spwy	spwy

qun

汉字	拼音	86 版	98 版
逡	qun1	cwtp	cwtp
裙	qun2	puvk	puvk
群	qun2	vtkd	vtku

ran

汉字	拼音	86 版	98 版
蚺	ran2	jmfg	jmfg
然	ran2	qdou	qdou
髯	ran2	demf	demf
燃	ran2	oqdo	oqdo
冉	ran3	mfd	mfd
苒	ran3	amff	amff
染	ran3	ivsu	ivsu

rang

汉字	拼音	86 版	98 版
禳	rang2	pyye	pyye
瓤	rang2	ykky	ykky
穰	rang2	tyke	tyke
嚷	rang3	kyke	kyke
壤	rang3	fyke	fyke
攘	rang3	ryke	ryke
让	rang4	yhg	yhg

rao

汉字	拼音	86 版	98 版
荛	rao2	aatq	aatq
饶	rao2	qnaq	qnaq
桡	rao2	satq	satq
娆	rao2	vatq	vatq
扰	rao3	rdnn	rdny
绕	rao4	xatq	xatq

re

汉字	拼音	86 版	98 版
惹	re3	adkn	adkn
热	re4	rvyo	rvyo

ren

汉字	拼音	86 版	98 版
人	ren2	wwww	wwww
仁	ren2	wfg	wfg
壬	ren2	tfd	tfd
忍	ren3	vynu	vynu
荏	ren3	awtf	awtf
稔	ren3	twyn	twyn
刃	ren4	vyi	vyi
认	ren4	ywy	ywy
仞	ren4	wvyy	wvyy
任	ren4	wtfg	wtfg
纫	ren4	xvyy	xvyy
妊	ren4	vtfg	vtfg
轫	ren4	lvyy	lvyy
韧	ren4	fnhy	fnhy
饪	ren4	qntf	qntf
衽	ren4	putf	putf

reng

汉字	拼音	86 版	98 版
扔	reng1	ren	rbt
仍	reng2	wen	wbt

ri

汉字	拼音	86 版	98 版
日	ri4	jjjj	jjjj

rong

汉字	拼音	86 版	98 版
戎	rong2	ade	ade
肜	rong2	eet	eet
狨	rong2	qtad	qtad
绒	rong2	xadt	xadt
茸	rong2	abf	abf
荣	rong2	apsu	apsu
容	rong2	pwwk	pwwk
嵘	rong2	maps	maps
溶	rong2	ipwk	ipwk
蓉	rong2	apwk	apwk
榕	rong2	spwk	spwk
熔	rong2	opwk	opwk
蝾	rong2	japs	japs
融	rong2	gkmj	gkmj
冗	rong3	pmb	pwb

rou

汉字	拼音	86 版	98 版
柔	rou2	cbts	cnhs
揉	rou2	rcbs	rcns
糅	rou2	ocbs	ocns
蹂	rou2	khcs	khcs
鞣	rou2	afcs	afcs
肉	rou4	mwwi	mwwi

ru

汉字	拼音	86 版	98 版
如	ru2	vkg	vkg
茹	ru2	avkf	avkf
铷	ru2	qvkg	qvkg
儒	ru2	wfdj	wfdj
嚅	ru2	kfdj	kfdj
孺	ru2	bfdj	bfdj
濡	ru2	ifdj	ifdj
薷	ru2	afdj	afdj
襦	ru2	pufj	pufj
蠕	ru2	jfdj	jfdj
颥	ru2	fdmm	fdmm
汝	ru3	ivg	ivg
乳	ru3	ebnn	ebnn
辱	ru3	dfef	dfef
入	ru4	tyi	tyi
洳	ru4	ivkg	ivkg
溽	ru4	idff	idff
缛	ru4	xdff	xdff
蓐	ru4	adff	adff
褥	ru4	pudf	pudf

ruan

汉字	拼音	86 版	98 版
阮	ruan3	bfqn	bfqn
朊	ruan3	efqn	efqn
软	ruan3	lqwy	lqwy

rui

汉字	拼音	86 版	98 版
蕤	rui2	aetg	ageg
蕊	rui3	annn	annn
芮	rui4	amwu	amwu
枘	rui4	smwy	smwy
蚋	rui4	jmwy	jmwy
锐	rui4	qukq	qukq
瑞	rui4	gmdj	gmdj
睿	rui4	hpgh	hpgh
闰	run4	ugd	ugd
润	run4	iugg	iugg

ruo

汉字	拼音	86 版	98 版
若	ruo4	adkf	adkf
偌	ruo4	wadk	wadk
弱	ruo4	xuxu	xuxu
箬	ruo4	tadk	tadk

sa

汉字	拼音	86 版	98 版
仨	sa1	wdg	wdg
撒	sa1	raet	raet
洒	sa3	isg	isg
卅	sa4	gkk	gkk
飒	sa4	umqy	uwry
脎	sa4	eqsy	ersy
萨	sa4	abut	abut

sai

汉字	拼音	86 版	98 版
塞	sai1	pfjf	pawf
腮	sai1	elny	elny
噻	sai1	kpff	kpaf

鳃	sai1	qgln	qgln
赛	sai4	pfjm	pawm

san

汉字	拼音	86 版	98 版
三	san1	dggg	dggg
叁	san1	cddf	cddf
毵	san1	cden	cdee
彡	san1	ettt	ettt
氵	san1	iyyg	iyyg
伞	san3	wuhj	wufj
馓	san3	qnat	qnat
散	san4	aety	aety

sang

汉字	拼音	86 版	98 版
桑	sang1	cccs	cccs
嗓	sang3	kccs	kccs
搡	sang3	rccs	rccs
磉	sang3	dccs	dccs
颡	sang3	cccm	cccm
丧	sang4	fueu	fueu

sao

汉字	拼音	86 版	98 版
搔	sao1	rcyj	rcyj
骚	sao1	ccyj	cgcj
缫	sao1	xvjs	xvjs
鳋	sao1	qgcj	qgcj
扫	sao3	rvg	rvg
嫂	sao3	vvhc	vehc
臊	sao4	ekks	ekks
埽	sao4	fvph	fvph
瘙	sao4	ucyj	ucyj

se

汉字	拼音	86 版	98 版
色	se4	qcb	qcb
涩	se4	ivyh	ivyh
啬	se4	fulk	fulk
铯	se4	qqcn	qqcn
瑟	se4	ggnt	ggnt
穑	se4	tfuk	tfuk

sen

汉字	拼音	86 版	98 版
森	sen1	sssu	sssu

seng

汉字	拼音	86 版	98 版
僧	seng1	wulj	wulj

sha

汉字	拼音	86 版	98 版
杀	sha1	qsu	rsu
沙	sha1	iitt	iitt
纱	sha1	xitt	xitt
砂	sha1	ditt	ditt
莎	sha1	aiit	aiit
铩	sha1	qqsy	qrsy
痧	sha1	uiit	uiit
裟	sha1	iite	iite
鲨	sha1	iitg	iitg
啥	sha2	kwfk	kwfk
傻	sha3	wtlt	wtlt
唼	sha4	kuvg	kuvg
歃	sha4	tfvw	tfew
煞	sha4	qvto	qvto
霎	sha4	fuvf	fuvf
厦	sha4	ddht	ddht

shai

汉字	拼音	86 版	98 版
筛	shai1	tjgh	tjgh
酾	shai1	sggy	sggy
晒	shai4	jsg	jsg

shan

汉字	拼音	86 版	98 版
凵	shan1	bnh	bnh
山	shan1	mmmm	mmmm
删	shan1	mmgj	mmgj
杉	shan1	set	set
芟	shan1	amcu	awcu
姗	shan1	vmmg	vmmg
衫	shan1	puet	puet
钐	shan1	qet	qet
埏	shan1	fthp	fthp
珊	shan1	gmmg	gmmg
舢	shan1	temh	tumh
跚	shan1	khmg	khmg
煽	shan1	oynn	oynn
潸	shan1	isse	isse
膻	shan1	eylg	eylg
苫	shan1	ahkf	ahkf
栅	shan1	smmg	smmg
闪	shan3	uwi	uwi
陕	shan3	bguw	bgud
讪	shan4	ymh	ymh
汕	shan4	imh	imh
疝	shan4	umk	umk
扇	shan4	ynnd	ynnd
善	shan4	uduk	uukf
骟	shan4	cynn	cgyn
鄯	shan4	udub	uukb
缮	shan4	xudk	xuuk
嬗	shan4	vylg	vylg
擅	shan4	rylg	rylg
膳	shan4	eudk	euuk
赡	shan4	mqdy	mqdy
蟮	shan4	judk	juuk
鳝	shan4	qguk	qguk

shang

汉字	拼音	86 版	98 版
伤	shang1	wtln	wtet
殇	shang1	gqtr	gqtr
商	shang1	umwk	yumk
觞	shang1	qetr	qetr
墒	shang1	fumk	fyuk
熵	shang1	oumk	oyuk
裳	shang1	ipke	ipke
垧	shang3	ftmk	ftmk

晌	shang3	jtmk	jtmk
赏	shang3	ipkm	ipkm
上	shang4	hhgg	hhgg
尚	shang4	imkf	imkf
绱	shang4	ximk	ximk

shao

汉字	拼音	86 版	98 版
捎	shao1	rieg	rieg
梢	shao1	sieg	sieg
烧	shao1	oatq	oatq
稍	shao1	tieg	tieg
筲	shao1	tief	tief
艄	shao1	teie	tuie
蛸	shao1	jieg	jieg
杓	shao2	sqyy	sqyy
勺	shao2	qyi	qyi
芍	shao2	aqyu	aqyu
韶	shao2	ujvk	ujvk
少	shao3	itr	ite
劭	shao4	vkln	vket
邵	shao4	vkbh	vkbh
绍	shao4	xvkg	xvkg
哨	shao4	kieg	kieg
潲	shao4	itie	itie

she

汉字	拼音	86 版	98 版
奢	she1	dftj	dftj
猞	she1	qtwk	qtwk
赊	she1	mwfi	mwfi
畲	she1	wfil	wfil
舌	she2	tdd	tdd
佘	she2	wfiu	wfiu
蛇	she2	jpxn	jpxn
舍	she3	wfkf	wfkf
厍	she4	dlk	dlk
设	she4	ymcy	ywcy
社	she4	pyfg	pyfg
射	she4	tmdf	tmdf
涉	she4	ihit	ihht
赦	she4	foty	foty
慑	she4	nbcc	nbcc
摄	she4	rbcc	rbcc
滠	she4	ibcc	ibcc
麝	she4	ynjf	oxxf

shen

汉字	拼音	86 版	98 版
糁	shen1	ocde	ocde
申	shen1	jhk	jhk
伸	shen1	wjhh	wjhh
身	shen1	tmdt	tmdt
呻	shen1	kjhh	kjhh
绅	shen1	xjhh	xjhh
诜	shen1	ytfq	ytfq
娠	shen1	vdfe	vdfe
砷	shen1	djhh	djhh
深	shen1	ipws	ipws
莘	shen1	auj	auj
神	shen2	pyjh	pyjh
沈	shen3	ipqn	ipqn
审	shen3	pjhj	pjhj
哂	shen3	ksg	ksg
矧	shen3	tdxh	tdxh
谂	shen3	ywyn	ywyn
婶	shen3	vpjh	vpjh
渖	shen3	ipjh	ipjh
葚	shen4	aadn	adwn
肾	shen4	jcef	jcef
甚	shen4	adwn	dwnb
胂	shen4	ejhh	ejhh
渗	shen4	icde	icde
慎	shen4	nfhw	nfhw
蜃	shen4	dfej	dfej

sheng

汉字	拼音	86 版	98 版
升	sheng1	tak	tak
生	sheng1	tgd	tgd
声	sheng1	fnr	fnr
牲	sheng1	trtg	ctgg
笙	sheng1	ttgf	ttgf
甥	sheng1	tgll	tgle
绳	sheng2	xkjn	xkjn
省	sheng3	ithf	ithf
眚	sheng3	tghf	tghf
胜	sheng4	etgg	etgg
圣	sheng4	cff	cff
晟	sheng4	jdnt	jdnb
盛	sheng4	dnnl	dnlf
剩	sheng4	tuxj	tuxj
嵊	sheng4	mtux	mtux

shi

汉字	拼音	86 版	98 版
尸	shi1	nngt	nngt
失	shi1	rwi	tgi
师	shi1	jgmh	jgmh
虱	shi1	ntji	ntji
诗	shi1	yffy	yffy
施	shi1	ytbn	ytbn
狮	shi1	qtjh	qtjh
湿	shi1	ijog	ijog
蓍	shi1	aftj	aftj
鲺	shi1	qgnj	qgnj
匙	shi1	jghx	jghx
十	shi2	fgh	fgh
什	shi2	wfh	wfh
石	shi2	dgtg	dgtg
时	shi2	jfy	jfy
识	shi2	ykwy	ykwy
实	shi2	pudu	pudu
拾	shi2	rwgk	rwgk
炻	shi2	odg	odg
蚀	shi2	qnjy	qnjy
食	shi2	wyve	wyvu
埘	shi2	fjfy	fjfy
鲥	shi2	qgjf	qgjf
史	shi3	kqi	kri
矢	shi3	tdu	tdu
豕	shi3	egty	gei
使	shi3	wgkq	wgkr

始	shi3	vckg	vckg
驶	shi3	ckqy	cgkr
屎	shi3	noi	noi
饣	shi4	qnb	qnb
莳	shi4	ajfu	ajfu
士	shi4	fghg	fghg
氏	shi4	qav	qav
礻	shi4	pyi	pyyy
世	shi4	anv	anv
仕	shi4	wfg	wfg
市	shi4	ymhj	ymhj
示	shi4	fiu	fiu
式	shi4	aad	aayi
事	shi4	gkvh	gkvh
侍	shi4	wffy	wffy
势	shi4	rvyl	rvye
视	shi4	pymq	pymq
试	shi4	yaag	yaay
饰	shi4	qnth	qnth
室	shi4	pgcf	pgcf
恃	shi4	nffy	nffy
拭	shi4	raag	raay
是	shi4	jghu	jghu
柿	shi4	symh	symh
贳	shi4	anmu	anmu
适	shi4	tdpd	tdpd
舐	shi4	tdqa	tdqa
轼	shi4	laag	laay
逝	shi4	rrpk	rrpk
铈	shi4	qymh	qymh
弑	shi4	qsaa	rsay
谥	shi4	yuwl	yuwl
释	shi4	toch	tocg
嗜	shi4	kftj	kftj
筮	shi4	taww	taww
誓	shi4	rryf	rryf
噬	shi4	ktaw	ktaw
螫	shi4	fotj	fotj

shou

汉字	拼音	86 版	98 版
收	shou1	nhty	nhty
手	shou3	rtgh	rtgh
守	shou3	pfu	pfu
首	shou3	uthf	uthf
艏	shou3	teuh	tuuh
寿	shou4	dtfu	dtfu
受	shou4	epcu	epcu
狩	shou4	qtpf	qtpf
兽	shou4	ulgk	ulgk
售	shou4	wykf	wykf
授	shou4	repc	repc
绶	shou4	xepc	xepc
瘦	shou4	uvhc	uehc

shu

汉字	拼音	86 版	98 版
书	shu1	nnhy	nnhy
殳	shu1	mcu	wcu
抒	shu1	rcbh	rcnh
纾	shu1	xcbh	xcnh
叔	shu1	hicy	hicy
枢	shu1	saqy	sary
姝	shu1	vriy	vtfy
倏	shu1	whtd	whtd
殊	shu1	gqri	gqtf
梳	shu1	sycq	syck
淑	shu1	ihic	ihic
菽	shu1	ahic	ahic
疏	shu1	nhyq	nhyk
舒	shu1	wfkb	wfkh
摅	shu1	rhan	rhny
毹	shu1	wgen	wgee
输	shu1	lwgj	lwgj
蔬	shu1	anhq	anhk
秫	shu2	tsyy	tsyy
孰	shu2	ybvy	ybvy
赎	shu2	mfnd	mfnd
塾	shu2	ybvf	ybvf
熟	shu2	ybvo	ybvo
暑	shu3	jftj	jftj
黍	shu3	twiu	twiu
署	shu3	lftj	lftj
鼠	shu3	vnun	enun
蜀	shu3	lqju	lqju
薯	shu3	alfj	alfj
曙	shu3	jlfj	jlfj
属	shu3	ntky	ntky
丨	shu4	hhll	hhll
术	shu4	syi	syi
戍	shu4	dynt	awi
束	shu4	gkii	skd
沭	shu4	isyy	isyy
述	shu4	sypi	sypi
树	shu4	scfy	scfy
竖	shu4	jcuf	jcuf
恕	shu4	vknu	vknu
庶	shu4	yaoi	oaoi
数	shu4	ovty	ovty
腧	shu4	ewgj	ewgj
墅	shu4	jfcf	jfcf
漱	shu4	igkw	iskw
澍	shu4	ifkf	ifkf
忄	shu4	nyhy	nyhy

shua

汉字	拼音	86 版	98 版
刷	shua1	nmhj	nmhj
唰	shua1	knmj	knmj
耍	shua3	dmjv	dmjv

shuai

汉字	拼音	86 版	98 版
衰	shuai1	ykge	ykge
摔	shuai1	ryxf	ryxf
甩	shuai3	env	env
帅	shuai4	jmhh	jmhh
蟀	shuai4	jyxf	jyxf

shuan

汉字	拼音	86 版	98 版
闩	shuan1	ugd	ugd
拴	shuan1	rwgg	rwgg
栓	shuan1	swgg	swgg
涮	shuan4	inmj	inmj

shuang

汉字	拼音	86 版	98 版
双	shuang1	ccy	ccy
霜	shuang1	fshf	fshf
孀	shuang1	vfsh	vfsh
爽	shuang3	dqqq	drrr

shui

汉字	拼音	86 版	98 版
谁	shui2	ywyg	ywyg
水	shui3	iiii	iiii
税	shui4	tukq	tukq
睡	shui4	htgf	htgf

shun

汉字	拼音	86 版	98 版
吮	shun3	kcqn	kcqn
顺	shun4	kdmy	kdmy
舜	shun4	epqh	epqg
瞬	shun4	heph	hepg

shuo

汉字	拼音	86 版	98 版
说	shuo1	yukq	yukq
妁	shuo4	vqyy	vqyy
烁	shuo4	oqiy	otni
朔	shuo4	ubte	ubte
铄	shuo4	qqiy	qtni
硕	shuo4	ddmy	ddmy
搠	shuo4	rube	rube
蒴	shuo4	aube	aube
槊	shuo4	ubts	ubts

si

汉字	拼音	86 版	98 版
厶	si1	cny	cny
丝	si1	xxgf	xxgf
司	si1	ngkd	ngkd
私	si1	tcy	tcy
咝	si1	kxxg	kxxg
思	si1	lnu	lnu
鸶	si1	xxgg	xxgg
斯	si1	adwr	dwrh
缌	si1	xlny	xlny
蛳	si1	jjgh	jjgh
厮	si1	dadr	ddwr
锶	si1	qlny	qlny
嘶	si1	kadr	kdwr
撕	si1	radr	rdwr
澌	si1	iadr	idwr
死	si3	gqxb	gqxv
灬	si4	oyyy	oyyy
巳	si4	nngn	nngn
四	si4	lhng	lhng
寺	si4	ffu	ffu
汜	si4	inn	inn
伺	si4	wngk	wngk
似	si4	wnyw	wnyw
兕	si4	mmgq	hnhq
姒	si4	vnyw	vnyw
祀	si4	pynn	pynn
泗	si4	ilg	ilg
饲	si4	qnnk	qnnk
驷	si4	clg	cglg
俟	si4	wctd	wctd
笥	si4	tngk	tngk
耜	si4	dinn	fsng
嗣	si4	kmak	kmak
肆	si4	dvfh	dvgh

song

汉字	拼音	86 版	98 版
忪	song1	nwcy	nwcy
松	song1	swcy	swcy
凇	song1	uswc	uswc
崧	song1	mswc	mswc
淞	song1	iswc	iswc
菘	song1	aswc	aswc
嵩	song1	mymk	mymk
怂	song3	wwnu	wwnu
悚	song3	ngki	nskg
耸	song3	wwbf	wwbf
竦	song3	ugki	uskg
讼	song4	ywcy	ywcy
宋	song4	psu	psu
诵	song4	yceh	yceh
送	song4	udpi	udpi
颂	song4	wcdm	wcdm

sou

汉字	拼音	86 版	98 版
嗖	sou1	kvhc	kehc
搜	sou1	rvhc	rehc
溲	sou1	ivhc	iehc
馊	sou1	qnvc	qnec
飕	sou1	mqvc	wrec
锼	sou1	qvhc	qehc
艘	sou1	tevc	tuec
螋	sou1	jvhc	jehc
叟	sou3	vhcu	ehcu
嗾	sou3	kytd	kytd
瞍	sou3	hvhc	hehc
擞	sou3	rovt	rovt
薮	sou3	aovt	aovt
嗽	sou4	kgkw	kskw

su

汉字	拼音	86 版	98 版
苏	su1	alwu	aewu
酥	su1	sgty	sgty
稣	su1	qgty	qgty
俗	su2	wwwk	wwwk
夙	su4	mgqi	wgqi
诉	su4	yryy	yryy
肃	su4	vijk	vhjw

涑	su4	igki	iskg
素	su4	gxiu	gxiu
速	su4	gkip	skpd
粟	su4	sou	sou
谡	su4	ylwt	ylwt
嗉	su4	kgxi	kgxi
塑	su4	ubtf	ubtf
愫	su4	ngxi	ngxi
溯	su4	iube	iube
僳	su4	wsoy	wsoy
蔌	su4	agkw	askw
觫	su4	qegi	qesk
簌	su4	tgkw	tskw

suan

汉字	拼音	86 版	98 版
狻	suan1	qtct	qtct
酸	suan1	sgct	sgct
蒜	suan4	afii	afii
算	suan4	thaj	thaj

sui

汉字	拼音	86 版	98 版
虽	sui1	kju	kju
荽	sui1	aevf	aevf
眭	sui1	hffg	hffg
睢	sui1	hwyg	hwyg
濉	sui1	ihwy	ihwy
绥	sui2	xevg	xevg
隋	sui2	bdae	bdae
随	sui2	bdep	bdep
遂	sui2	uepi	uepi
髓	sui3	medp	medp
岁	sui4	mqu	mqu
祟	sui4	bmfi	bmfi
谇	sui4	yywf	yywf
碎	sui4	dywf	dywf
隧	sui4	buep	buep
燧	sui4	ouep	ouep
穗	sui4	tgjn	tgjn
邃	sui4	pwup	pwup

sun

汉字	拼音	86 版	98 版
孙	sun1	biy	biy
狲	sun1	qtbi	qtbi
荪	sun1	abiu	abiu
飧	sun1	qwye	qwyv
损	sun3	rkmy	rkmy
笋	sun3	tvtr	tvtr
隼	sun3	wyfj	wyfj
榫	sun3	swyf	swyf

suo

汉字	拼音	86 版	98 版
嗍	suo1	kube	kube
唆	suo1	kcwt	kcwt
娑	suo1	iitv	iitv
挲	suo1	iitr	iitr
桫	suo1	siit	siit
梭	suo1	scwt	scwt
睃	suo1	hcwt	hcwt
嗦	suo1	kfpi	kfpi
羧	suo1	udct	ucwt
蓑	suo1	ayke	ayke
缩	suo1	xpwj	xpwj
所	suo3	rnrh	rnrh
唢	suo3	kimy	kimy
索	suo3	fpxi	fpxi
琐	suo3	gimy	gimy
锁	suo3	qimy	qimy

ta

汉字	拼音	86 版	98 版
她	ta1	vbn	vbn
他	ta1	wbn	wbn
它	ta1	pxb	pxb
趿	ta1	khey	khby
铊	ta1	qpxn	qpxn
塌	ta1	fjng	fjng
溻	ta1	ijng	ijng
遢	ta1	jnpd	jnpd
塔	ta3	fawk	fawk
獭	ta3	qtgm	qtsm
鳎	ta3	qgjn	qgjn
沓	ta4	ijf	ijf
挞	ta4	rdpy	rdpy
闼	ta4	udpi	udpi
榻	ta4	sjng	sjng
踏	ta4	khij	khij
蹋	ta4	khjn	khjn

tai

汉字	拼音	86 版	98 版
胎	tai1	eckg	eckg
台	tai2	ckf	ckf
邰	tai2	ckbh	ckbh
抬	tai2	rckg	rckg
苔	tai2	ackf	ackf
炱	tai2	ckou	ckou
跆	tai2	khck	khck
鲐	tai2	qgck	qgck
薹	tai2	afkf	afkf
呔	tai3	kdyy	kdyy
太	tai4	dyi	dyi
汰	tai4	idyy	idyy
态	tai4	dynu	dynu
肽	tai4	edyy	edyy
钛	tai4	qdyy	qdyy
泰	tai4	dwiu	dwiu
酞	tai4	sgdy	sgdy

tan

汉字	拼音	86 版	98 版
坍	tan1	fmyg	fmyg
贪	tan1	wynm	wynm
摊	tan1	rcwy	rcwy
滩	tan1	icwy	icwy
瘫	tan1	ucwy	ucwy
镡	tan2	qsjh	qsjh
弹	tan2	xujf	xujf
坛	tan2	ffcy	ffcy
昙	tan2	jfcu	jfcu
谈	tan2	yooy	yooy

郯	tan2	oobh	oobh
覃	tan2	sjj	sjj
痰	tan2	uooi	uooi
锬	tan2	qooy	qooy
谭	tan2	ysjh	ysjh
潭	tan2	isjh	isjh
檀	tan2	sylg	sylg
忐	tan3	hnu	hnu
坦	tan3	fjgg	fjgg
袒	tan3	pujg	pujg
钽	tan3	qjgg	qjgg
毯	tan3	tfno	eooi
叹	tan4	kcy	kcy
炭	tan4	mdou	mdou
探	tan4	rpws	rpws
碳	tan4	dmdo	dmdo

tang

汉字	拼音	86 版	98 版
汤	tang1	inrt	inrt
铴	tang1	qinr	qinr
羰	tang1	udmo	umdo
耥	tang1	diik	fsik
镗	tang2	qipf	qipf
饧	tang2	qnnr	qnnr
唐	tang2	yvhk	ovhk
堂	tang2	ipkf	ipkf
棠	tang2	ipks	ipks
塘	tang2	fyvk	fovk
搪	tang2	ryvk	rovk
溏	tang2	iyvk	iovk
瑭	tang2	gyvk	govk
樘	tang2	sipf	sipf
膛	tang2	eipf	eipf
糖	tang2	oyvk	oovk
螗	tang2	jyvk	jovk
螳	tang2	jipf	jipf
醣	tang2	sgyk	sgok
帑	tang3	vcmh	vcmh
倘	tang3	wimk	wimk
淌	tang3	iimk	iimk
傥	tang3	wipq	wipq
躺	tang3	tmdk	tmdk
烫	tang4	inro	inro
趟	tang4	fhik	fhik

tao

汉字	拼音	86 版	98 版
焘	tao1	dtfo	dtfo
涛	tao1	idtf	idtf
绦	tao1	xtsy	xtsy
掏	tao1	rqrm	rqtb
滔	tao1	ievg	ieeg
韬	tao1	fnhv	fnhe
饕	tao1	kgne	kgnv
洮	tao2	iiqn	iqiy
逃	tao2	iqpv	qipi
桃	tao2	siqn	sqiy
陶	tao2	bqrm	bqtb
啕	tao2	kqrm	kqtb
淘	tao2	iqrm	iqtb
萄	tao2	aqrm	aqtb
鼗	tao2	iqfc	qifc
讨	tao3	yfy	yfy
套	tao4	ddu	ddu

te

汉字	拼音	86 版	98 版
忑	te4	ghnu	ghnu
特	te4	trff	cffy
铽	te4	qany	qany
慝	te4	aadn	aadn

teng

汉字	拼音	86 版	98 版
疼	teng2	utui	utui
腾	teng2	eudc	eugg
誊	teng2	udyf	ugyf
滕	teng2	eudi	eugi
藤	teng2	aeui	aeui

ti

汉字	拼音	86 版	98 版
剔	ti1	jqrj	jqrj
梯	ti1	suxt	suxt
锑	ti1	quxt	quxt
踢	ti1	khjr	khjr
扌	ti2	rghg	rghg
绨	ti2	xuxt	xuxt
啼	ti2	kuph	kyuh
提	ti2	rjgh	rjgh
缇	ti2	xjgh	xjgh
鹈	ti2	uxhg	uxhg
题	ti2	jghm	jghm
蹄	ti2	khuh	khyh
醍	ti2	sgjh	sgjh
体	ti3	wsgg	wsgg
屉	ti4	nanv	nanv
剃	ti4	uxhj	uxhj
倜	ti4	wmfk	wmfk
悌	ti4	nuxt	nuxt
涕	ti4	iuxt	iuxt
逖	ti4	qtop	qtop
惕	ti4	njqr	njqr
替	ti4	fwfj	ggjf
裼	ti4	pujr	pujr
嚏	ti4	kfph	kfph

tian

汉字	拼音	86 版	98 版
天	tian1	gdi	gdi
添	tian1	igdn	igdn
田	tian2	llll	llll
恬	tian2	ntdg	ntdg
畋	tian2	lty	lty
甜	tian2	tdaf	tdfg
填	tian2	ffhw	ffhw
阗	tian2	ufhw	ufhw
忝	tian3	gdnu	gdnu
殄	tian3	gqwe	gqwe
腆	tian3	emaw	emaw
舔	tian3	tdgn	tdgn

掭	tian4	rgdn	rgdn

tiao

汉字	拼音	86 版	98 版
佻	tiao1	wiqn	wqiy
挑	tiao1	riqn	rqiy
祧	tiao1	pyiq	pyqi
苕	tiao2	avkf	avkf
条	tiao2	tsu	tsu
迢	tiao2	vkpd	vkpd
笤	tiao2	tvkf	tvkf
龆	tiao2	hwbk	hwbk
蜩	tiao2	jmfk	jmfk
髫	tiao2	devk	devk
鲦	tiao2	qgts	qgts
窕	tiao3	pwiq	pwqi
眺	tiao4	hiqn	hqiy
粜	tiao4	bmou	bmou
跳	tiao4	khiq	khqi

tie

汉字	拼音	86 版	98 版
贴	tie1	mhkg	mhkg
萜	tie1	amhk	amhk
帖	tie1	mhhk	mhhk
铁	tie3	qrwy	qtgy
餮	tie4	gqwe	gqwv

ting

汉字	拼音	86 版	98 版
厅	ting1	dsk	dsk
汀	ting1	ish	ish
听	ting1	krh	krh
烃	ting1	ocag	ocag
廷	ting2	tfpd	tfpd
亭	ting2	ypsj	ypsj
庭	ting2	ytfp	otfp
莛	ting2	atfp	atfp
停	ting2	wyps	wyps
婷	ting2	vyps	vyps
葶	ting2	ayps	ayps
蜓	ting2	jtfp	jtfp
霆	ting2	ftfp	ftfp
挺	ting3	rtfp	rtfp
梃	ting3	stfp	stfp
艇	ting3	tetp	tutp

tong

汉字	拼音	86 版	98 版
通	tong1	cepk	cepk
嗵	tong1	kcep	kcep
门	tong2	mhn	mhn
仝	tong2	waf	waf
同	tong2	mgkd	mgkd
佟	tong2	wtuy	wtuy
彤	tong2	myet	myet
茼	tong2	amgk	amgk
桐	tong2	smgk	smgk
砼	tong2	dwag	dwag
铜	tong2	qmgk	qmgk
童	tong2	ujff	ujff
酮	tong2	sgmk	sgmk
僮	tong2	wujf	wujf
潼	tong2	iujf	iujf
瞳	tong2	hujf	hujf
统	tong3	xycq	xycq
捅	tong3	rceh	rceh
桶	tong3	sceh	sceh
筒	tong3	tmgk	tmgk
恸	tong4	nfcl	nfce
痛	tong4	ucek	ucek

tou

汉字	拼音	86 版	98 版
偷	tou1	wwgj	wwgj
头	tou2	udi	udi
投	tou2	rmcy	rwcy
骰	tou2	memc	mewc
钭	tou3	qufh	qufh
透	tou4	tepv	tbpe

tu

汉字	拼音	86 版	98 版
凸	tu1	hgmg	hghg
秃	tu1	tmb	twb
突	tu1	pwdu	pwdu
图	tu2	ltui	ltui
徒	tu2	tfhy	tfhy
涂	tu2	iwty	iwgs
荼	tu2	awtu	awgs
途	tu2	wtpi	wgsp
屠	tu2	nftj	nftj
酴	tu2	sgwt	sgws
菟	tu2	aqky	aqky
土	tu3	ffff	ffff
吐	tu3	kfg	kfg
钍	tu3	qfg	qfg
兔	tu4	qkqy	qkqy
堍	tu4	fqky	fqky

tuan

汉字	拼音	86 版	98 版
湍	tuan1	imdj	imdj
团	tuan2	lfte	lfte
抟	tuan2	rfny	rfny
疃	tuan3	lujf	lujf
彖	tuan4	xeu	xeu

tui

汉字	拼音	86 版	98 版
忒	tui1	ani	anyi
推	tui1	rwyg	rwyg
颓	tui2	tmdm	twdm
腿	tui3	evep	evpy
退	tui4	vepi	vpi
煺	tui4	ovep	ovpy
蜕	tui4	jukq	jukq
褪	tui4	puvp	puvp

tun

汉字	拼音	86 版	98 版
吞	tun1	gdkf	gdkf

暾	tun1	jybt	jybt
屯	tun2	gbnv	gbnv
饨	tun2	qngn	qngn
豚	tun2	eey	egey
臀	tun2	nawe	nawe
氽	tun3	wiu	wiu

tuo

汉字	拼音	86 版	98 版
乇	tuo1	tav	tav
托	tuo1	rtan	rtan
拖	tuo1	rtbn	rtbn
脱	tuo1	eukq	eukq
驮	tuo2	cdy	cgdy
佗	tuo2	wpxn	wpxn
陀	tuo2	bpxn	bpxn
坨	tuo2	fpxn	fpxn
沱	tuo2	ipxn	ipxn
驼	tuo2	cpxn	cgpx
柁	tuo2	spxn	spxn
砣	tuo2	dpxn	dpxn
鸵	tuo2	qynx	qgpx
跎	tuo2	khpx	khpx
酡	tuo2	sgpx	sgpx
橐	tuo2	gkhs	gkhs
鼍	tuo2	kkln	kkln
妥	tuo3	evf	evf
庹	tuo3	yany	oany
椭	tuo3	sbde	sbde
拓	tuo4	rdg	rdg
柝	tuo4	sryy	sryy
唾	tuo4	ktgf	ktgf
箨	tuo4	trch	trcg

wa

汉字	拼音	86 版	98 版
挖	wa1	rpwn	rpwn
洼	wa1	iffg	iffg
娲	wa1	vkmw	vkmw
蛙	wa1	jffg	jffg
哇	wa1	kffg	kffg
娃	wa2	vffg	vffg
瓦	wa3	gnyn	gnny
佤	wa3	wgnn	wgny
袜	wa4	pugs	pugs
腽	wa4	ejlg	ejlg

wai

汉字	拼音	86 版	98 版
歪	wai1	gigh	dhgh
崴	wai3	mdgt	mdgv
外	wai4	qhy	qhy

wan

汉字	拼音	86 版	98 版
弯	wan1	yoxb	yoxb
剜	wan1	pqbj	pqbj
湾	wan1	iyox	iyox
蜿	wan1	jpqb	jpqb
豌	wan1	gkub	gkub
丸	wan2	vyi	vyi
纨	wan2	xvyy	xvyy
芄	wan2	avyu	avyu
完	wan2	pfqb	pfqb
玩	wan2	gfqn	gfqn
顽	wan2	fqdm	fqdm
烷	wan2	opfq	opfq
宛	wan3	pqbb	pqbb
挽	wan3	rqkq	rqkq
晚	wan3	jqkq	jqkq
婉	wan3	vpqb	vpqb
惋	wan3	npqb	npqb
绾	wan3	xpnn	xpng
脘	wan3	epfq	epfq
菀	wan3	apqb	apqb
琬	wan3	gpqb	gpqb
皖	wan3	rpfq	rpfq
畹	wan3	lpqb	lpqb
碗	wan3	dpqb	dpqb
万	wan4	dnv	gqe
腕	wan4	epqb	epqb

wang

汉字	拼音	86 版	98 版
汪	wang1	igg	igg
亡	wang2	ynv	ynv
王	wang2	gggg	gggg
网	wang3	mqqi	mrri
往	wang3	tygg	tygg
枉	wang3	sgg	sgg
罔	wang3	muyn	muyn
惘	wang3	nmun	nmun
辋	wang3	lmun	lmun
魍	wang3	rqcn	rqcn
妄	wang4	ynvf	ynvf
忘	wang4	ynnu	ynnu
旺	wang4	jgg	jgg
望	wang4	yneg	yneg

wei

汉字	拼音	86 版	98 版
危	wei1	qdbb	qdbb
威	wei1	dgvt	dgvd
偎	wei1	wlge	wlge
逶	wei1	tvpd	tvpd
隈	wei1	blge	blge
葳	wei1	adgt	adgv
微	wei1	tmgt	tmgt
煨	wei1	olge	olge
薇	wei1	atmt	atmt
巍	wei1	mtvc	mtvc
囗	wei2	lhng	lhng
为	wei2	ylyi	yeyi
韦	wei2	fnhk	fnhk
围	wei2	lfnh	lfnh
帏	wei2	mhfh	mhfh
沩	wei2	iyly	iyey
违	wei2	fnhp	fnhp
闱	wei2	ufnh	ufnh
桅	wei2	sqdb	sqdb
涠	wei2	ilfh	ilfh
唯	wei2	kwyg	kwyg
帷	wei2	mhwy	mhwy

惟	wei2	nwyg	nwyg
维	wei2	xwyg	xwyg
嵬	wei2	mrqc	mrqc
潍	wei2	ixwy	ixwy
伟	wei3	wfnh	wfnh
伪	wei3	wyly	wyey
尾	wei3	ntfn	nev
纬	wei3	xfnh	xfnh
苇	wei3	afnh	afnh
委	wei3	tvf	tvf
炜	wei3	ofnh	ofnh
玮	wei3	gfnh	gfnh
洧	wei3	ideg	ideg
娓	wei3	vntn	vnen
诿	wei3	ytvg	ytvg
萎	wei3	atvf	atvf
隗	wei3	brqc	brqc
猥	wei3	qtle	qtle
痿	wei3	utvd	utvd
艉	wei3	tenn	tune
韪	wei3	jghh	jghh
鲔	wei3	qgde	qgde
卫	wei4	bgd	bgd
未	wei4	fii	fggy
位	wei4	wug	wug
味	wei4	kfiy	kfy
畏	wei4	lgeu	lgeu
胃	wei4	lef	lef
軎	wei4	gjfk	lkf
尉	wei4	nfif	nfif
谓	wei4	yleg	yleg
喂	wei4	klge	klge
渭	wei4	ileg	ileg
猬	wei4	qtle	qtle
蔚	wei4	anff	anff
慰	wei4	nfin	nfin
魏	wei4	tvrc	tvrc

wen

汉字	拼音	86 版	98 版
温	wen1	ijlg	ijlg
瘟	wen1	ujld	ujld
亠	wen2	yyg	yyg
文	wen2	yygy	yygy
纹	wen2	xyy	xyy
闻	wen2	ubd	ubd
蚊	wen2	jyy	jyy
阌	wen2	uepc	uepc
雯	wen2	fyu	fyu
刎	wen3	qrjh	qrjh
吻	wen3	kqrt	kqrt
紊	wen3	yxiu	yxiu
稳	wen3	tqvn	tqvn
问	wen4	ukd	ukd
汶	wen4	iyy	iyy
璺	wen4	wfmy	emgy

weng

汉字	拼音	86 版	98 版
翁	weng1	wcnf	wcnf
嗡	weng1	kwcn	kwcn
蓊	weng3	awcn	awcn
瓮	weng4	wcgn	wcgy
蕹	weng4	ayxy	ayxy

wo

汉字	拼音	86 版	98 版
挝	wo1	rfpy	rfpy
倭	wo1	wtvg	wtvg
涡	wo1	ikmw	ikmw
莴	wo1	akmw	akmw
喔	wo1	kngf	kngf
窝	wo1	pwkw	pwkw
蜗	wo1	jkmw	jkmw
我	wo3	trnt	trny
沃	wo4	itdy	itdy
肟	wo4	efnn	efnn
卧	wo4	ahnh	ahnh
幄	wo4	mhnf	mhnf
握	wo4	rngf	rngf
渥	wo4	ingf	ingf
硪	wo4	dtrt	dtry
斡	wo4	fjwf	fjwf
龌	wo4	hwbf	hwbf

wu

汉字	拼音	86 版	98 版
乌	wu1	qngd	tnng
圬	wu1	ffnn	ffnn
污	wu1	ifnn	ifnn
邬	wu1	qngb	tnnb
呜	wu1	kqng	ktng
巫	wu1	awwi	awwi
屋	wu1	ngcf	ngcf
诬	wu1	yaww	yaww
钨	wu1	qqng	qtng
兀	wu1	gqv	gqv
无	wu2	fqv	fqv
毋	wu2	xde	nnde
吴	wu2	kgdu	kgdu
吾	wu2	gkf	gkf
芜	wu2	afqb	afqb
梧	wu2	sgkg	sgkg
浯	wu2	igkg	igkg
蜈	wu2	jkgd	jkgd
鼯	wu2	vnuk	enuk
五	wu3	gghg	gghg
午	wu3	tfj	tfj
仵	wu3	wtfh	wtfh
伍	wu3	wgg	wgg
妩	wu3	vfqn	vfqn
庑	wu3	yfqv	ofqv
忤	wu3	ntfh	ntfh
怃	wu3	nfqn	nfqn
迕	wu3	tfpk	tfpk
武	wu3	gahd	gahy
侮	wu3	wtxu	wtxy
捂	wu3	rgkg	rgkg
牾	wu3	trgk	cgkg
鹉	wu3	gahg	gahg
舞	wu3	rlgh	tglg
坞	wu4	fqng	ftng
勿	wu4	qre	qre

务	wu4	tlb	ter
戊	wu4	dnyt	dgty
阢	wu4	bgqn	bgqn
杌	wu4	sgqn	sgqn
芴	wu4	aqrr	aqrr
物	wu4	trqr	cqrt
误	wu4	ykgd	ykgd
悟	wu4	ngkg	ngkg
晤	wu4	jgkg	jgkg
焐	wu4	ogkg	ogkg
婺	wu4	cbtv	cnhv
痦	wu4	ugkd	ugkd
骛	wu4	cbtc	cnhg
雾	wu4	ftlb	fter
寤	wu4	pnhk	pugk
鹜	wu4	cbtg	cnhg
鋈	wu4	itdq	itdq

xi

汉字	拼音	86 版	98 版
夕	xi1	qtny	qtny
兮	xi1	wgnb	wgnb
汐	xi1	iqy	iqy
西	xi1	sghg	sghg
吸	xi1	keyy	kbyy
希	xi1	qdmh	rdmh
昔	xi1	ajf	ajf
析	xi1	srh	srh
矽	xi1	dqy	dqy
穸	xi1	pwqu	pwqu
郗	xi1	qdmb	rdmb
唏	xi1	kqdh	krdh
奚	xi1	exdu	exdu
息	xi1	thnu	thnu
浠	xi1	iqdh	irdh
牺	xi1	trsg	csg
悉	xi1	tonu	tonu
惜	xi1	najg	najg
欷	xi1	qdmw	rdmw
淅	xi1	isrh	isrh
烯	xi1	oqdh	ordh
硒	xi1	dsg	dsg
菥	xi1	asrj	asrj
晰	xi1	jsrh	jsrh
犀	xi1	nirh	nitg
稀	xi1	tqdh	trdh
粞	xi1	osg	osg
翕	xi1	wgkn	wgkn
舾	xi1	tesg	tusg
溪	xi1	iexd	iexd
皙	xi1	srrf	srrf
锡	xi1	qjqr	qjqr
僖	xi1	wfkk	wfkk
熄	xi1	othn	othn
熙	xi1	ahko	ahko
蜥	xi1	jsrh	jsrh
嘻	xi1	kfkk	kfkk
嬉	xi1	vfkk	vfkk
膝	xi1	eswi	eswi
樨	xi1	snih	snig
歙	xi1	wgkw	wgkw
熹	xi1	fkuo	fkuo
羲	xi1	ugtt	ugty
螅	xi1	jthn	jthn
蟋	xi1	jton	jton
醯	xi1	sgyl	sgyl
曦	xi1	jugt	jugy
鼷	xi1	vnud	enud
习	xi2	nud	nud
席	xi2	yamh	oamh
袭	xi2	dxye	dxye
觋	xi2	awwq	awwq
媳	xi2	vthn	vthn
隰	xi2	bjxo	bjxo
檄	xi2	sryt	sryt
洗	xi3	itfq	itfq
玺	xi3	qigy	qigy
徙	xi3	thhy	thhy
铣	xi3	qtfq	qtfq
喜	xi3	fkuk	fkuk
葸	xi3	alnu	alnu
屣	xi3	nthh	nthh
蓰	xi3	athh	athh
禧	xi3	pyfk	pyfk
戏	xi4	cat	cay
系	xi4	txiu	txiu
饩	xi4	qnrn	qnrn
细	xi4	xlg	xlg
阋	xi4	uvqv	ueqv
舄	xi4	vqou	eqou
隙	xi4	biji	biji
禊	xi4	pydd	pydd

xia

汉字	拼音	86 版	98 版
虾	xia1	jghy	jghy
瞎	xia1	hpdk	hpdk
匣	xia2	alk	alk
侠	xia2	wguw	wgud
狎	xia2	qtlh	qtlh
峡	xia2	mguw	mgud
柙	xia2	slh	slh
狭	xia2	qtgw	qtgd
硖	xia2	dguw	dgud
遐	xia2	nhfp	nhfp
暇	xia2	jnhc	jnhc
瑕	xia2	gnhc	gnhc
辖	xia2	lpdk	lpdk
霞	xia2	fnhc	fnhc
黠	xia2	lfok	lfok
下	xia4	ghi	ghi
吓	xia4	kghy	kghy
夏	xia4	dhtu	dhtu
罅	xia4	rmhh	tfbf

xian

汉字	拼音	86 版	98 版
仙	xian1	wmh	wmh
先	xian1	tfqb	tfqb
纤	xian1	xtfh	xtfh
氙	xian1	rnmj	rmk
祆	xian1	pygd	pygd
籼	xian1	omh	omh

莶	xian1	awgi	awgg
掀	xian1	rrqw	rrqw
跹	xian1	khtp	khtp
酰	xian1	sgtq	sgtq
锨	xian1	qrqw	qrqw
鲜	xian1	qgud	qguh
暹	xian1	jwyp	jwyp
闲	xian2	usi	usi
弦	xian2	xyxy	xyxy
贤	xian2	jcmu	jcmu
咸	xian2	dgkt	dgkd
涎	xian2	ithp	ithp
娴	xian2	vusy	vusy
舷	xian2	teyx	tuyx
衔	xian2	tqfh	tqgs
痫	xian2	uusi	uusi
鹇	xian2	usqg	usqg
嫌	xian2	vuvo	vuvw
冼	xian3	utfq	utfq
显	xian3	jogf	jof
险	xian3	bwgi	bwgg
猃	xian3	qtwi	qtwg
蚬	xian3	jmqn	jmqn
筅	xian3	ttfq	ttfq
跣	xian3	khtq	khtq
藓	xian3	aqgd	aqgu
燹	xian3	eeou	gego
县	xian4	egcu	egcu
岘	xian4	mmqn	mmqn
苋	xian4	amqb	amqb
现	xian4	gmqn	gmqn
线	xian4	xgt	xgay
限	xian4	bvey	bvy
宪	xian4	ptfq	ptfq
陷	xian4	bqvg	bqeg
馅	xian4	qnqv	qnqe
羡	xian4	uguw	uguw
献	xian4	fmud	fmud
腺	xian4	eriy	eriy
霰	xian4	faet	faet

xiang

汉字	拼音	86 版	98 版
乡	xiang1	xte	xte
芗	xiang1	axtr	axtr
香	xiang1	tjf	tjf
厢	xiang1	dshd	dshd
湘	xiang1	ishg	ishg
缃	xiang1	xshg	xshg
葙	xiang1	ashf	ashf
箱	xiang1	tshf	tshf
襄	xiang1	ykke	ykke
骧	xiang1	cyke	cgye
镶	xiang1	qyke	qyke
详	xiang2	yudh	yuh
庠	xiang2	yudk	ouk
祥	xiang2	pyud	pyuh
翔	xiang2	udng	ung
享	xiang3	ybf	ybf
响	xiang3	ktmk	ktmk
饷	xiang3	qntk	qntk
飨	xiang3	xtwe	xtwv
想	xiang3	shnu	shnu
鲞	xiang3	udqg	ugqg
相	xiang4	shg	shg
向	xiang4	tmkd	tmkd
巷	xiang4	awnb	awnb
项	xiang4	admy	admy
象	xiang4	qjeu	qkeu
像	xiang4	wqje	wqke
橡	xiang4	sqje	sqke
蟓	xiang4	jqje	jqke

xiao

汉字	拼音	86 版	98 版
枭	xiao1	qyns	qsu
哓	xiao1	katq	katq
枵	xiao1	skgn	skgn
骁	xiao1	catq	cgaq
宵	xiao1	pief	pief
消	xiao1	iieg	iieg
绡	xiao1	xieg	xieg
逍	xiao1	iepd	iepd
萧	xiao1	avij	avhw
硝	xiao1	dieg	dieg
销	xiao1	qieg	qieg
潇	xiao1	iavj	iavw
箫	xiao1	tvij	tvhw
霄	xiao1	fief	fief
魈	xiao1	rqce	rqce
嚣	xiao1	kkdk	kkdk
肖	xiao1	ief	ief
哮	xiao1	kftb	kftb
崤	xiao2	mqde	mrde
淆	xiao2	iqde	irde
小	xiao3	ihty	ihty
晓	xiao3	jatq	jatq
筱	xiao3	twht	twht
孝	xiao4	ftbf	ftbf
效	xiao4	uqty	urty
校	xiao4	suqy	sury
笑	xiao4	ttdu	ttdu
啸	xiao4	kvij	kvhw

xie

汉字	拼音	86 版	98 版
些	xie1	hxff	hxff
楔	xie1	sdhd	sdhd
歇	xie1	jqww	jqww
蝎	xie1	jjqn	jjqn
协	xie2	flwy	fewy
邪	xie2	ahtb	ahtb
胁	xie2	elwy	eewy
偕	xie2	wxxr	wxxr
斜	xie2	wtuf	wgsf
谐	xie2	yxxr	yxxr
携	xie2	rwye	rwyb
勰	xie2	llln	eeen
撷	xie2	rfkm	rfkm
缬	xie2	xfkm	xfkm
鞋	xie2	afff	afff
写	xie3	pgng	pgng
泄	xie4	iann	iann

泻	xie4	ipgg	ipgg
绁	xie4	xann	xann
卸	xie4	rhbh	tghb
屑	xie4	nied	nied
械	xie4	saah	saah
亵	xie4	yrve	yrve
渫	xie4	ians	ians
谢	xie4	ytmf	ytmf
榍	xie4	snie	snie
榭	xie4	stmf	stmf
廨	xie4	yqeh	oqeg
懈	xie4	nqeh	nqeg
獬	xie4	qtqh	qtqg
薤	xie4	agqg	agqg
邂	xie4	qevp	qevp
燮	xie4	oyoc	yooc
瀣	xie4	ihqg	ihqg
蟹	xie4	qevj	qevj
躞	xie4	khoc	khyc

xin

汉字	拼音	86版	98版
心	xin1	nyny	nyny
忻	xin1	nrh	nrh
芯	xin1	anu	anu
辛	xin1	uygh	uygh
昕	xin1	jrh	jrh
欣	xin1	rqwy	rqwy
锌	xin1	quh	quh
新	xin1	usrh	usrh
歆	xin1	ujqw	ujqw
薪	xin1	ausr	ausr
馨	xin1	fnmj	fnwj
鑫	xin1	qqqf	qqqf
囟	xin4	tlqi	tlri
信	xin4	wyg	wyg
衅	xin4	tluf	tlug

xing

汉字	拼音	86版	98版
星	xing1	jtgf	jtgf
惺	xing1	njtg	njtg
猩	xing1	qtjg	qtjg
腥	xing1	ejtg	ejtg
刑	xing2	gajh	gajh
邢	xing2	gabh	gabh
形	xing2	gaet	gaet
陉	xing2	bcag	bcag
型	xing2	gajf	gajf
硎	xing2	dgaj	dgaj
醒	xing3	sgjg	sgjg
擤	xing3	rthj	rthj
兴	xing4	iwu	igwu
杏	xing4	skf	skf
姓	xing4	vtgg	vtgg
幸	xing4	fufj	fufj
性	xing4	ntgg	ntgg
荇	xing4	atfh	atgs
悻	xing4	nfuf	nfuf

xiong

汉字	拼音	86版	98版
凶	xiong1	qbk	rbk
兄	xiong1	kqb	kqb
匈	xiong1	qqbk	qrbk
芎	xiong1	axb	axb
汹	xiong1	iqbh	irbh
胸	xiong1	eqqb	eqrb
雄	xiong2	dcwy	dcwy
熊	xiong2	cexo	cexo

xiu

汉字	拼音	86版	98版
休	xiu1	wsy	wsy
修	xiu1	whte	whte
咻	xiu1	kwsy	kwsy
庥	xiu1	ywsi	owsi
羞	xiu1	udnf	unhg
鸺	xiu1	wsqg	wsqg
貅	xiu1	eews	ewsy
馐	xiu1	qnuf	qnug
髹	xiu1	dews	dews
宿	xiu3	pwdj	pwdj
朽	xiu3	sgnn	sgnn
秀	xiu4	teb	tbr
岫	xiu4	mmg	mmg
绣	xiu4	xten	xtbt
袖	xiu4	pumg	pumg
锈	xiu4	qten	qtbt
溴	xiu4	ithd	ithd
嗅	xiu4	kthd	kthd

xu

汉字	拼音	86版	98版
圩	xu1	fgfh	fgfh
戌	xu1	dgnt	dgd
盱	xu1	hgfh	hgfh
胥	xu1	nhef	nhef
须	xu1	edmy	edmy
顼	xu1	gdmy	gdmy
虚	xu1	haog	hod
嘘	xu1	khag	khog
需	xu1	fdmj	fdmj
墟	xu1	fhag	fhog
吁	xu1	kgfh	kgfh
蓿	xu1	apwj	apwj
徐	xu2	twty	twgs
许	xu3	ytfh	ytfh
诩	xu3	yng	yng
栩	xu3	sng	sng
糈	xu3	onhe	onhe
醑	xu3	sgne	sgne
旭	xu4	vjd	vjd
序	xu4	ycbk	ocnh
叙	xu4	wtcy	wgsc
恤	xu4	ntlg	ntlg
洫	xu4	itlg	itlg
勖	xu4	jhln	jhet
绪	xu4	xftj	xftj
续	xu4	xfnd	xfnd
酗	xu4	sgqb	sgrb
婿	xu4	vnhe	vnhe
溆	xu4	iwtc	iwgc

絮	xu4	vkxi	vkxi
煦	xu4	jqko	jqko
蓄	xu4	ayxl	ayxl

xuan

汉字	拼音	86 版	98 版
轩	xuan1	lfh	lfh
宣	xuan1	pgjg	pgjg
谖	xuan1	yefc	yegc
喧	xuan1	kpgg	kpgg
揎	xuan1	rpgg	rpgg
萱	xuan1	apgg	apgg
暄	xuan1	jpgg	jpgg
煊	xuan1	opgg	opgg
儇	xuan1	wlge	wlge
玄	xuan2	yxu	yxu
痃	xuan2	uyxi	uyxi
悬	xuan2	egcn	egcn
旋	xuan2	ytnh	ytnh
漩	xuan2	iyth	iyth
璇	xuan2	gyth	gyth
选	xuan3	tfqp	tfqp
癣	xuan3	uqgd	uqgu
泫	xuan4	iyxy	iyxy
炫	xuan4	oyxy	oyxy
绚	xuan4	xqjg	xqjg
眩	xuan4	hyxy	hyxy
铉	xuan4	qyxy	qyxy
渲	xuan4	ipgg	ipgg
楦	xuan4	spgg	spgg
碹	xuan4	dpgg	dpgg
镟	xuan4	qyth	qyth

xue

汉字	拼音	86 版	98 版
削	xue1	iejh	iejh
靴	xue1	afwx	afwx
薛	xue1	awnu	atnu
穴	xue2	pwu	pwu
学	xue2	ipbf	ipbf
泶	xue2	ipiu	ipiu
踅	xue2	rrkh	rrkh
雪	xue3	fvf	fvf
鳕	xue3	qgfv	qgfv
血	xue4	tld	tld
谑	xue4	yhag	yhag

xun

汉字	拼音	86 版	98 版
勋	xun1	kmln	kmet
埙	xun1	fkmy	fkmy
熏	xun1	tglo	tglo
窨	xun1	pwuj	pwuj
獯	xun1	qtto	qtto
薰	xun1	atgo	atgo
曛	xun1	jtgo	jtgo
醺	xun1	sgto	sgto
郇	xun2	qjbh	qjbh
彐	xun2	vngg	vngg
寻	xun2	vfu	vfu
巡	xun2	vpv	vpv
旬	xun2	qjd	qjd
询	xun2	yqjg	yqjg
峋	xun2	mqjg	mqjg
恂	xun2	nqjg	nqjg
洵	xun2	iqjg	iqjg
浔	xun2	ivfy	ivfy
荀	xun2	aqjf	aqjf
循	xun2	trfh	trfh
鲟	xun2	qgvf	qgvf
浚	xun4	icwt	icwt
驯	xun4	ckh	cgkh
训	xun4	ykh	ykh
讯	xun4	ynfh	ynfh
汛	xun4	infh	infh
迅	xun4	nfpk	nfpk
徇	xun4	tqjg	tqjg
逊	xun4	bipi	bipi
殉	xun4	gqqj	gqqj
巽	xun4	nnaw	nnaw
蕈	xun4	asjj	asjj

ya

汉字	拼音	86 版	98 版
呀	ya1	kaht	kaht
丫	ya1	uhk	uhk
压	ya1	dfyi	dfyi
押	ya1	rlh	rlh
鸦	ya1	ahtg	ahtg
桠	ya1	sgog	sgog
鸭	ya1	lqyg	lqgg
垭	ya1	fgog	fgog
牙	ya2	ahte	ahte
伢	ya2	waht	waht
岈	ya2	maht	maht
芽	ya2	aaht	aaht
琊	ya2	gahb	gahb
蚜	ya2	jaht	jaht
崖	ya2	mdff	mdff
涯	ya2	idff	idff
睚	ya2	hdff	hdff
衙	ya2	tgkh	tgks
疋	ya3	nhi	nhi
哑	ya3	kgog	kgog
痖	ya3	ugog	ugod
雅	ya3	ahty	ahty
亚	ya4	gogd	god
讶	ya4	yaht	yaht
迓	ya4	ahtp	ahtp
娅	ya4	vgog	vgog
砑	ya4	daht	daht
氩	ya4	rngg	rgod
揠	ya4	rajv	rajv

yan

汉字	拼音	86 版	98 版
咽	yan1	kldy	kldy
恹	yan1	nddy	nddy
烟	yan1	oldy	oldy
胭	yan1	eldy	eldy
崦	yan1	mdjn	mdjn
淹	yan1	idjn	idjn
焉	yan1	ghgo	ghgo

菸	yan1	aywu	aywu
阉	yan1	udjn	udjn
湮	yan1	isfg	isfg
腌	yan1	edjn	edjn
鄢	yan1	ghgb	ghgb
嫣	yan1	vgho	vgho
阽	yan2	bhkg	bhkg
讠	yan2	yyn	yyn
延	yan2	thpd	thnp
闫	yan2	udd	udd
严	yan2	godr	gote
妍	yan2	vgah	vgah
言	yan2	yyyy	yyyy
岩	yan2	mdf	mdf
沿	yan2	imkg	iwkg
炎	yan2	oou	oou
研	yan2	dgah	dgah
盐	yan2	fhlf	fhlf
阎	yan2	uqvd	uqed
筵	yan2	tthp	tthp
蜒	yan2	jthp	jthp
颜	yan2	utem	utem
檐	yan2	sqdy	sqdy
剡	yan3	oojh	oojh
兖	yan3	ucqb	ucqb
奄	yan3	djnb	djnb
俨	yan3	wgod	wgot
衍	yan3	tifh	tigs
偃	yan3	wajv	wajv
厣	yan3	ddlk	ddlk
掩	yan3	rdjn	rdjn
眼	yan3	hvey	hvy
郾	yan3	ajvb	ajvb
琰	yan3	gooy	gooy
罨	yan3	ldjn	ldjn
演	yan3	ipgw	ipgw
魇	yan3	ddrc	ddrc
鼹	yan3	vnuv	enuv
厌	yan4	ddi	ddi
彦	yan4	uter	utee
砚	yan4	dmqn	dmqn
唁	yan4	kyg	kyg
宴	yan4	pjvf	pjvf
晏	yan4	jpvf	jpvf
艳	yan4	dhqc	dhqc
验	yan4	cwgi	cgwg
谚	yan4	yute	yute
堰	yan4	fajv	fajv
焰	yan4	oqvg	oqeg
焱	yan4	ooou	ooou
雁	yan4	dwwy	dwwy
滟	yan4	idhc	idhc
酽	yan4	sggd	sggt
谳	yan4	yfmd	yfmd
餍	yan4	ddwe	ddwv
燕	yan4	auko	akuo
赝	yan4	dwwm	dwwm

yang

汉字	拼音	86 版	98 版
央	yang1	mdi	mdi
泱	yang1	imdy	imdy
殃	yang1	gqmd	gqmd
秧	yang1	tmdy	tmdy
鸯	yang1	mdqg	mdqg
鞅	yang1	afmd	afmd
扬	yang2	rnrt	rnrt
羊	yang2	udj	uyth
阳	yang2	bjg	bjg
杨	yang2	snrt	snrt
炀	yang2	onrt	onrt
佯	yang2	wudh	wuh
疡	yang2	unre	unre
徉	yang2	tudh	tuh
洋	yang2	iudh	iuh
烊	yang2	oudh	ouh
蛘	yang2	judh	juh
仰	yang3	wqbh	wqbh
养	yang3	udyj	ugjj
氧	yang3	rnud	ruk
痒	yang3	uudk	uuk
怏	yang4	nmdy	nmdy
恙	yang4	ugnu	ugnu
样	yang4	sudh	suh
漾	yang4	iugi	iugi

yao

汉字	拼音	86 版	98 版
幺	yao1	xnny	xxxx
夭	yao1	tdi	tdi
吆	yao1	kxy	kxy
妖	yao1	vtdy	vtdy
腰	yao1	esvg	esvg
邀	yao1	rytp	rytp
侥	yao2	watq	watq
铫	yao2	qiqn	qqiy
爻	yao2	qqu	rru
尧	yao2	atgq	atgq
肴	yao2	qdef	rdef
姚	yao2	viqn	vqiy
轺	yao2	lvkg	lvkg
珧	yao2	giqn	gqiy
窑	yao2	pwrm	pwtb
谣	yao2	yerm	yetb
徭	yao2	term	tetb
摇	yao2	rerm	retb
遥	yao2	ermp	etfp
瑶	yao2	germ	getb
繇	yao2	ermi	etfi
鳐	yao2	qgem	qgeb
杳	yao3	sjf	sjf
咬	yao3	kuqy	kury
窈	yao3	pwxl	pwxe
舀	yao3	evf	eef
崾	yao3	msvg	msvg
药	yao4	axqy	axqy
要	yao4	svf	svf
鹞	yao4	ermg	etfg
曜	yao4	jnwy	jnwy
耀	yao4	iqny	igqy
钥	yao4	qeg	qeg

ye

汉字	拼音	86 版	98 版
椰	ye1	sbbh	sbbh
噎	ye1	kfpu	kfpu
耶	ye1	bbh	bbh
爷	ye2	wqbj	wrbj
揶	ye2	rbbh	rbbh
铘	ye2	qahb	qahb
也	ye3	bnhn	bnhn
冶	ye3	uckg	uckg
野	ye3	jfcb	jfch
业	ye4	ogd	ohhg
叶	ye4	kfh	kfh
曳	ye4	jxe	jnte
页	ye4	dmu	dmu
邺	ye4	ogbh	obh
夜	ye4	ywty	ywty
晔	ye4	jwxf	jwxf
烨	ye4	owxf	owxf
掖	ye4	rywy	rywy
液	ye4	iywy	iywy
谒	ye4	yjqn	yjqn
腋	ye4	eywy	eywy
靥	ye4	dddl	dddf

yi

汉字	拼音	86 版	98 版
一	yi1	ggll	ggll
衤	yi1	pui	puyy
伊	yi1	wvtt	wvtt
衣	yi1	yeu	yeu
医	yi1	atdi	atdi
依	yi1	wyey	wyey
咿	yi1	kwvt	kwvt
猗	yi1	qtdk	qtdk
铱	yi1	qyey	qyey
壹	yi1	fpgu	fpgu
揖	yi1	rkbg	rkbg
欹	yi1	dskw	dskw
漪	yi1	iqtk	iqtk
噫	yi1	kujn	kujn
黟	yi1	lfoq	lfoq
仪	yi2	wyqy	wyry
圯	yi2	fnn	fnn
夷	yi2	gxwi	gxwi
沂	yi2	irh	irh
诒	yi2	yckg	yckg
宜	yi2	pegf	pegf
怡	yi2	nckg	nckg
饴	yi2	qnck	qnck
咦	yi2	kgxw	kgxw
姨	yi2	vgxw	vgxw
荑	yi2	agxw	agxw
贻	yi2	mckg	mckg
眙	yi2	hckg	hckg
胰	yi2	egxw	egxw
痍	yi2	ugxw	ugxw
移	yi2	tqqy	tqqy
遗	yi2	khgp	khgp
颐	yi2	ahkm	ahkm
疑	yi2	xtdh	xtdh
嶷	yi2	mxth	mxth
彝	yi2	xgoa	xoxa
迤	yi3	tbpv	tbpv
酏	yi3	sgbn	sgbn
乙	yi3	nnll	nnll
已	yi3	nnnn	nnnn
以	yi3	nywy	nywy
钇	yi3	qnn	qnn
矣	yi3	ctdu	ctdu
苡	yi3	anyw	anyw
舣	yi3	teyq	tuyr
蚁	yi3	jyqy	jyry
倚	yi3	wdsk	wdsk
椅	yi3	sdsk	sdsk
旖	yi3	ytdk	ytdk
义	yi4	yqi	yri
亿	yi4	wnn	wnn
弋	yi4	agny	ayi
刈	yi4	qjh	rjh
忆	yi4	nnn	nnn
艺	yi4	anb	anb
仡	yi4	wtnn	wtnn
议	yi4	yyqy	yyry
亦	yi4	you	you
屹	yi4	mtnn	mtnn
异	yi4	naj	naj
佚	yi4	wrwy	wtgy
呓	yi4	kann	kann
役	yi4	tmcy	twcy
抑	yi4	rqbh	rqbh
译	yi4	ycfh	ycgh
邑	yi4	kcb	kcb
佾	yi4	wweg	wweg
峄	yi4	mcfh	mcgh
怿	yi4	ncfh	ncgh
易	yi4	jqrr	jqrr
绎	yi4	xcfh	xcgh
诣	yi4	yxjg	yxjg
驿	yi4	ccfh	cgcg
奕	yi4	yodu	yodu
弈	yi4	yoaj	yoaj
疫	yi4	umci	uwci
羿	yi4	naj	naj
轶	yi4	lrwy	ltgy
悒	yi4	nkcn	nkcn
挹	yi4	rkcn	rkcn
益	yi4	uwlf	uwlf
谊	yi4	ypeg	ypeg
埸	yi4	fjqr	fjqr
翊	yi4	ung	ung
翌	yi4	nuf	nuf
逸	yi4	qkqp	qkqp
意	yi4	ujnu	ujnu
溢	yi4	iuwl	iuwl
缢	yi4	xuwl	xuwl
肄	yi4	xtdh	xtdg
裔	yi4	yemk	yemk
瘗	yi4	uguf	uguf
蜴	yi4	jjqr	jjqr
毅	yi4	uemc	uewc
熠	yi4	onrg	onrg
镒	yi4	quwl	quwl

劓	yi4	thlj	thlj
殪	yi4	gqfu	gqfu
薏	yi4	aujn	aujn
翳	yi4	atdn	atdn
翼	yi4	nlaw	nlaw
臆	yi4	eujn	eujn
癔	yi4	uujn	uujn
镱	yi4	qujn	qujn
懿	yi4	fpgn	fpgn

yin

汉字	拼音	86 版	98 版
因	yin1	ldi	ldi
阴	yin1	beg	beg
姻	yin1	vldy	vldy
洇	yin1	ildy	ildy
茵	yin1	aldu	aldu
荫	yin1	abef	abef
音	yin1	ujf	ujf
殷	yin1	rvnc	rvnc
氤	yin1	rnld	rldi
铟	yin1	qldy	qldy
喑	yin1	kujg	kujg
堙	yin1	fsfg	fsfg
吟	yin2	kwyn	kwyn
垠	yin2	fvey	fvy
狺	yin2	qtyg	qtyg
寅	yin2	pgmw	pgmw
淫	yin2	ietf	ietf
银	yin2	qvey	qvy
鄞	yin2	akgb	akgb
夤	yin2	qpgw	qpgw
龈	yin2	hwbe	hwbv
霪	yin2	fief	fief
尹	yin3	vte	vte
引	yin3	xhh	xhh
吲	yin3	kxhh	kxhh
饮	yin3	qnqw	qnqw
蚓	yin3	jxhh	jxhh
隐	yin3	bqvn	bqvn
瘾	yin3	ubqn	ubqn
印	yin4	qgbh	qgbh
茚	yin4	aqgb	aqgb
胤	yin4	txen	txen

ying

汉字	拼音	86 版	98 版
应	ying1	yid	oigd
英	ying1	amdu	amdu
莺	ying1	apqg	apqg
婴	ying1	mmvf	mmvf
瑛	ying1	gamd	gamd
嘤	ying1	kmmv	kmmv
撄	ying1	rmmv	rmmv
缨	ying1	xmmv	xmmv
罂	ying1	mmrm	mmtb
樱	ying1	smmv	smmv
璎	ying1	gmmv	gmmv
鹦	ying1	mmvg	mmvg
膺	ying1	ywwe	owwe
鹰	ying1	ywwg	owwg
迎	ying2	qbpk	qbpk
茔	ying2	apff	apff
盈	ying2	eclf	bclf
荥	ying2	apiu	apiu
荧	ying2	apou	apou
莹	ying2	apgy	apgy
萤	ying2	apju	apju
营	ying2	apkk	apkk
萦	ying2	apxi	apxi
楹	ying2	secl	sbcl
滢	ying2	iapy	iapy
蓥	ying2	apqf	apqf
潆	ying2	iapi	iapi
蝇	ying2	jkjn	jkjn
嬴	ying2	ynky	yevy
赢	ying2	ynky	yemy
瀛	ying2	iyny	iyey
郢	ying3	kgbh	kgbh
颍	ying3	xidm	xidm
颖	ying3	xtdm	xtdm
影	ying3	jyie	jyie
瘿	ying3	ummv	ummv
映	ying4	jmdy	jmdy
硬	ying4	dgjq	dgjr
媵	ying4	eudv	eugv

yo

汉字	拼音	86 版	98 版
哟	yo1	kxqy	kxqy
唷	yo1	kyce	kyce

yong

汉字	拼音	86 版	98 版
拥	yong1	reh	reh
痈	yong1	uek	uek
邕	yong1	vkcb	vkcb
庸	yong1	yveh	oveh
雍	yong1	yxty	yxty
墉	yong1	fyvh	fovh
慵	yong1	nyvh	novh
壅	yong1	yxtf	yxtf
镛	yong1	qyvh	qovh
臃	yong1	eyxy	eyxy
鳙	yong1	qgyh	qgoh
饔	yong1	yxte	yxtv
喁	yong2	kjmy	kjmy
永	yong3	ynii	ynii
甬	yong3	cej	cej
咏	yong3	kyni	kyni
泳	yong3	iyni	iyni
俑	yong3	wceh	wceh
勇	yong3	celb	ceer
涌	yong3	iceh	iceh
恿	yong3	cenu	cenu
蛹	yong3	jceh	jceh
踊	yong3	khce	khce
佣	yong4	weh	weh
用	yong4	etnh	etnh

you

汉字	拼音	86 版	98 版
优	you1	wdnn	wdny

忧	you1	ndnn	ndny
攸	you1	whty	whty
呦	you1	kxln	kxet
幽	you1	xxmk	mxxi
悠	you1	whtn	whtn
蝤	you2	jusg	jusg
尢	you2	dnv	dnv
尤	you2	dnv	dnyi
由	you2	mhng	mhng
犹	you2	qtdn	qtdy
邮	you2	mbh	mbh
油	you2	img	img
疣	you2	udnv	udny
莜	you2	awht	awht
莸	you2	aqtn	aqty
铀	you2	qmg	qmg
蚰	you2	jmg	jmg
游	you2	iytb	iytb
鱿	you2	qgdn	qgdy
猷	you2	usgd	usgd
蝣	you2	jytb	jytb
友	you3	dcu	dcu
有	you3	def	def
卣	you3	hlnf	hlnf
酉	you3	sgd	sgd
莠	you3	ateb	atbr
铕	you3	qdeg	qdeg
牖	you3	thgy	thgs
黝	you3	lfol	lfoe
柚	you4	smg	smg
又	you4	cccc	cccc
右	you4	dkf	dkf
幼	you4	xln	xet
佑	you4	wdkg	wdkg
侑	you4	wdeg	wdeg
囿	you4	lded	lded
宥	you4	pdef	pdef
诱	you4	yten	ytbt
蚴	you4	jxln	jxet
釉	you4	tomg	tomg
鼬	you4	vnum	enum

yu

汉字	拼音	86 版	98 版
纡	yu1	xgfh	xgfh
迂	yu1	gfpk	gfpk
淤	yu1	iywu	iywu
瘀	yu1	uywu	uywu
渝	yu2	iwgj	iwgj
于	yu2	gfk	gfk
余	yu2	wtu	wgsu
妤	yu2	vcbh	vcnh
欤	yu2	gngw	gngw
於	yu2	ywuy	ywuy
盂	yu2	gflf	gflf
臾	yu2	vwi	ewi
鱼	yu2	qgf	qgf
俞	yu2	wgej	wgej
禺	yu2	jmhy	jmhy
竽	yu2	tgfj	tgfj
舁	yu2	vaj	eaj
娱	yu2	vkgd	vkgd
狳	yu2	qtwt	qtws
谀	yu2	yvwy	yewy
馀	yu2	qnwt	qnws
渔	yu2	iqgg	iqgg
萸	yu2	avwu	aewu
隅	yu2	bjmy	bjmy
雩	yu2	ffnb	ffnb
嵛	yu2	mwgj	mwgj
愉	yu2	nwgj	nwgj
揄	yu2	rwgj	rwgj
腴	yu2	evwy	eewy
逾	yu2	wgep	wgep
愚	yu2	jmhn	jmhn
榆	yu2	swgj	swgj
瑜	yu2	gwgj	gwgj
虞	yu2	hakd	hkgd
觎	yu2	wgeq	wgeq
窬	yu2	pwwj	pwwj
舆	yu2	wflw	elgw
蝓	yu2	jwgj	jwgj
予	yu3	cbj	cnhj
与	yu3	gngd	gngd
伛	yu3	waqy	wary
宇	yu3	pgfj	pgfj
屿	yu3	mgng	mgng
羽	yu3	nnyg	nnyg
雨	yu3	fghy	fghy
俣	yu3	wkgd	wkgd
禹	yu3	tkmy	tkmy
语	yu3	ygkg	ygkg
圄	yu3	lgkd	lgkd
圉	yu3	lfuf	lfuf
庾	yu3	yvwi	oewi
瘐	yu3	uvwi	uewi
窳	yu3	pwry	pwry
龉	yu3	hwbk	hwbk
聿	yu4	vhk	vhk
玉	yu4	gyi	gyi
驭	yu4	ccy	cgcy
聿	yu4	vfhk	vgk
芋	yu4	agfj	agfj
妪	yu4	vaqy	vary
饫	yu4	qntd	qntd
育	yu4	ycef	ycef
郁	yu4	debh	debh
昱	yu4	juf	juf
狱	yu4	qtyd	qtyd
峪	yu4	mwwk	mwwk
浴	yu4	iwwk	iwwk
钰	yu4	qgyy	qgyy
预	yu4	cbdm	cnhm
域	yu4	fakg	fakg
欲	yu4	wwkw	wwkw
谕	yu4	ywgj	ywgj
阈	yu4	uakg	uakg
喻	yu4	kwgj	kwgj
寓	yu4	pjmy	pjmy
御	yu4	trhb	ttgb
裕	yu4	puwk	puwk
遇	yu4	jmhp	jmhp
鹆	yu4	wwkg	wwkg
愈	yu4	wgen	wgen

煜	yu4	ojug	ojug
蓣	yu4	acbm	acnm
誉	yu4	iwyf	igwy
毓	yu4	txgq	txyk
蜮	yu4	jakg	jakg
豫	yu4	cbqe	cnhe
燠	yu4	otmd	otmd
鹬	yu4	cbtg	cnhg
鬻	yu4	xoxh	xoxh

yuan

汉字	拼音	86 版	98 版
鸢	yuan1	aqyg	ayqg
冤	yuan1	pqky	pqky
眢	yuan1	qbhf	qbhf
鸳	yuan1	qbqg	qbqg
渊	yuan1	itoh	itoh
箢	yuan1	tpqb	tpqb
芫	yuan2	afqb	afqb
元	yuan2	fqb	fqb
员	yuan2	kmu	kmu
园	yuan2	lfqv	lfqv
沅	yuan2	ifqn	ifqn
垣	yuan2	fgjg	fgjg
爰	yuan2	eftc	egdc
原	yuan2	drii	drii
圆	yuan2	lkmi	lkmi
袁	yuan2	fkeu	fkeu
援	yuan2	refc	regc
缘	yuan2	xxey	xxey
鼋	yuan2	fqkn	fqkn
塬	yuan2	fdri	fdri
源	yuan2	idri	idri
猿	yuan2	qtfe	qtfe
辕	yuan2	lfke	lfke
橼	yuan2	sxxe	sxxe
螈	yuan2	jdri	jdri
媛	yuan2	vefc	vegc
远	yuan3	fqpv	fqpv
苑	yuan4	aqbb	aqbb
怨	yuan4	qbnu	qbnu
院	yuan4	bpfq	bpfq
垸	yuan4	fpfq	fpfq
掾	yuan4	rxey	rxey
瑗	yuan4	gefc	gegc
愿	yuan4	drin	drin

yue

汉字	拼音	86 版	98 版
曰	yue1	jhng	jhng
约	yue1	xqyy	xqyy
哕	yue3	kmqy	kmqy
月	yue4	eeee	eeee
刖	yue4	ejh	ejh
岳	yue4	rgmj	rmj
悦	yue4	nukq	nukq
钺	yue4	qant	qann
阅	yue4	uukq	uukq
跃	yue4	khtd	khtd
粤	yue4	tlon	tlon
越	yue4	fhat	fhan
樾	yue4	sfht	sfhn
龠	yue4	wgka	wgka
瀹	yue4	iwga	iwga

yun

汉字	拼音	86 版	98 版
氲	yun1	rnjl	rjld
晕	yun1	jplj	jplj
云	yun2	fcu	fcu
匀	yun2	qud	qud
纭	yun2	xfcy	xfcy
芸	yun2	afcu	afcu
昀	yun2	jqug	jqug
郧	yun2	kmbh	kmbh
耘	yun2	difc	fsfc
允	yun3	cqb	cqb
狁	yun3	qtcq	qtcq
陨	yun3	bkmy	bkmy
殒	yun3	gqkm	gqkm
孕	yun4	ebf	bbf
运	yun4	fcpi	fcpi
郓	yun4	plbh	plbh
恽	yun4	nplh	nplh
酝	yun4	sgfc	sgfc
愠	yun4	njlg	njlg
韫	yun4	fnhl	fnhl
韵	yun4	ujqu	ujqu
熨	yun4	nfio	nfio
蕴	yun4	axjl	axjl

za

汉字	拼音	86 版	98 版
匝	za1	amhk	amhk
咂	za1	kamh	kamh
拶	za1	rvqy	rvqy
杂	za2	vsu	vsu
砸	za2	damh	damh
咋	za3	kthf	kthf

zai

汉字	拼音	86 版	98 版
灾	zai1	pou	pou
甾	zai1	vlf	vlf
哉	zai1	fakd	fakd
栽	zai1	fasi	fasi
宰	zai3	puj	puj
载	zai3	falk	fald
崽	zai3	mlnu	mlnu
仔	zai3	wbg	wbg
再	zai4	gmfd	gmfd
在	zai4	dhfd	dhfd

zan

汉字	拼音	86 版	98 版
糌	zan1	othj	othj
簪	zan1	taqj	taqj
咱	zan2	kthg	kthg
昝	zan3	thjf	thjf
攒	zan3	rtfm	rtfm
趱	zan3	fhtm	fhtm
暂	zan4	lrjf	lrjf
赞	zan4	tfqm	tfqm

錾	zan4	lrqf	lrqf
瓒	zan4	gtfm	gtfm

zang

汉字	拼音	86 版	98 版
赃	zang1	myfg	mofg
臧	zang1	dndt	auah
脏	zang1	eyfg	eofg
驵	zang3	cegg	cgeg
奘	zang4	nhdd	ufdu
葬	zang4	agqa	agqa

zao

汉字	拼音	86 版	98 版
遭	zao1	gmap	gmap
糟	zao1	ogmj	ogmj
凿	zao2	ogub	oufb
早	zao3	jhnh	jhnh
枣	zao3	gmiu	smuu
蚤	zao3	cyju	cyju
澡	zao3	ikks	ikks
藻	zao3	aiks	aiks
灶	zao4	ofg	ofg
皂	zao4	rab	rab
唣	zao4	kran	kran
造	zao4	tfkp	tfkp
噪	zao4	kkks	kkks
燥	zao4	okks	okks
躁	zao4	khks	khks

ze

汉字	拼音	86 版	98 版
则	ze2	mjh	mjh
择	ze2	rcfh	rcgh
泽	ze2	icfh	icgh
责	ze2	gmu	gmu
迮	ze2	thfp	thfp
啧	ze2	kgmy	kgmy
帻	ze2	mhgm	mhgm
笮	ze2	tthf	tthf
舴	ze2	tetf	tutf
箦	ze2	tgmu	tgmu
赜	ze2	ahkm	ahkm
仄	ze4	dwi	dwi
昃	ze4	jdwu	jdwu

zei

汉字	拼音	86 版	98 版
贼	zei2	madt	madt

zen

汉字	拼音	86 版	98 版
怎	zen3	thfn	thfn
谮	zen4	yaqj	yaqj

zeng

汉字	拼音	86 版	98 版
增	zeng1	fulj	fulj
憎	zeng1	nulj	nulj
缯	zeng1	xulj	xulj
罾	zeng1	lulj	lulj
锃	zeng4	qkgg	qkgg
甑	zeng4	uljn	uljy
赠	zeng4	mulj	mulj

zha

汉字	拼音	86 版	98 版
哳	zha1	krrh	krrh
喳	zha1	ksjg	ksjg
揸	zha1	rsjg	rsjg
渣	zha1	isjg	isjg
楂	zha1	ssjg	ssjg
齇	zha1	thlg	thlg
扎	zha1	rnn	rnn
馇	zha1	qnsg	qnsg
札	zha2	snn	snn
轧	zha2	lnn	lnn
闸	zha2	ulk	ulk
铡	zha2	qmjh	qmjh
眨	zha3	htpy	htpy
砟	zha3	dthf	dthf
吒	zha4	ktan	ktan
乍	zha4	thfd	thff
诈	zha4	ythf	ythf
咤	zha4	kpta	kpta
炸	zha4	othf	othf
痄	zha4	uthf	uthf
蚱	zha4	jthf	jthf
榨	zha4	spwf	spwf
柞	zha4	sthf	sthf

zhai

汉字	拼音	86 版	98 版
斋	zhai1	ydmj	ydmj
摘	zhai1	rumd	ryud
宅	zhai2	ptab	ptab
翟	zhai2	nwyf	nwyf
窄	zhai3	pwtf	pwtf
债	zhai4	wgmy	wgmy
砦	zhai4	hxdf	hxdf
寨	zhai4	pfjs	paws
瘵	zhai4	uwfi	uwfi

zhan

汉字	拼音	86 版	98 版
沾	zhan1	ihkg	ihkg
毡	zhan1	tfnk	ehkd
旃	zhan1	ytmy	ytmy
粘	zhan1	ohkg	ohkg
詹	zhan1	qdwy	qdwy
谵	zhan1	yqdy	yqdy
瞻	zhan1	hqdy	hqdy
斩	zhan3	lrh	lrh
展	zhan3	naei	naei
盏	zhan3	glf	galf
崭	zhan3	mlrj	mlrj
搌	zhan3	rnae	rnae
占	zhan4	hkf	hkf
战	zhan4	hkat	hkay
栈	zhan4	sgt	sgay
站	zhan4	uhkg	uhkg
绽	zhan4	xpgh	xpgh
湛	zhan4	iadn	idwn

蘸	zhan4	asgo	asgo

zhang

汉字	拼音	86 版	98 版
张	zhang1	xtay	xtay
章	zhang1	ujj	ujj
鄣	zhang1	ujbh	ujbh
嫜	zhang1	vujh	vujh
彰	zhang1	ujet	ujet
漳	zhang1	iujh	iujh
獐	zhang1	qtuj	qtuj
樟	zhang1	sujh	sujh
璋	zhang1	gujh	gujh
蟑	zhang1	jujh	jujh
仉	zhang3	wmn	wwn
涨	zhang3	ixty	ixty
掌	zhang3	ipkr	ipkr
丈	zhang4	dyi	dyi
仗	zhang4	wdyy	wdyy
帐	zhang4	mhty	mhty
杖	zhang4	sdyy	sdyy
胀	zhang4	etay	etay
账	zhang4	mtay	mtay
障	zhang4	bujh	bujh
嶂	zhang4	mujh	mujh
幛	zhang4	mhuj	mhuj
瘴	zhang4	uujk	uujk

zhao

汉字	拼音	86 版	98 版
钊	zhao1	qjh	qjh
招	zhao1	rvkg	rvkg
昭	zhao1	jvkg	jvkg
找	zhao3	rat	ray
沼	zhao3	ivkg	ivkg
爪	zhao3	rhyi	rhyi
召	zhao4	vkf	vkf
兆	zhao4	iqv	qii
诏	zhao4	yvkg	yvkg
赵	zhao4	fhqi	fhri
笊	zhao4	trhy	trhy
棹	zhao4	shjh	shjh
照	zhao4	jvko	jvko
罩	zhao4	lhjj	lhjj
肇	zhao4	ynth	yntg

zhe

汉字	拼音	86 版	98 版
蜇	zhe1	rrju	rrju
遮	zhe1	yaop	oaop
着	zhe1	udhf	uhf
折	zhe2	rrh	rrh
哲	zhe2	rrkf	rrkf
辄	zhe2	lbnn	lbnn
蛰	zhe2	rvyj	rvyj
谪	zhe2	yumd	yyud
摺	zhe2	rnrg	rnrg
磔	zhe2	dqas	dqgs
辙	zhe2	lyct	lyct
者	zhe3	ftjf	ftjf
锗	zhe3	qftj	qftj
赭	zhe3	fofj	fofj
褶	zhe3	punr	punr
这	zhe4	ypi	ypi
柘	zhe4	sdg	sdg
浙	zhe4	irrh	irrh
蔗	zhe4	ayao	aoao
鹧	zhe4	yaog	oaog

zhen

汉字	拼音	86 版	98 版
椹	zhen1	sadn	sdwn
贞	zhen1	hmu	hmu
针	zhen1	qfh	qfh
侦	zhen1	whmy	whmy
浈	zhen1	ihmy	ihmy
珍	zhen1	gwet	gwet
桢	zhen1	shmy	shmy
真	zhen1	fhwu	fhwu
砧	zhen1	dhkg	dhkg
祯	zhen1	pyhm	pyhm
斟	zhen1	adwf	dwnf
甄	zhen1	sfgn	sfgy
蓁	zhen1	adwt	adwt
榛	zhen1	sdwt	sdwt
箴	zhen1	tdgt	tdgk
臻	zhen1	gcft	gcft
胗	zhen1	ewet	ewet
帧	zhen1	mhhm	mhhm
诊	zhen3	ywet	ywet
枕	zhen3	spqn	spqn
轸	zhen3	lwet	lwet
畛	zhen3	lwet	lwet
疹	zhen3	uwee	uwee
缜	zhen3	xfhw	xfhw
稹	zhen3	tfhw	tfhw
圳	zhen4	fkh	fkh
阵	zhen4	blh	blh
鸩	zhen4	pqqg	pqqg
振	zhen4	rdfe	rdfe
朕	zhen4	eudy	eudy
赈	zhen4	mdfe	mdfe
镇	zhen4	qfhw	qfhw
震	zhen4	fdfe	fdfe

zheng

汉字	拼音	86 版	98 版
争	zheng1	qvhj	qvhj
征	zheng1	tghg	tghg
怔	zheng1	nghg	nghg
峥	zheng1	mqvh	mqvh
狰	zheng1	qtqh	qtqh
钲	zheng1	qghg	qghg
睁	zheng1	hqvh	hqvh
铮	zheng1	qqvh	qqvh
筝	zheng1	tqvh	tqvh
蒸	zheng1	abio	abio
徵	zheng1	tmgt	tmgt
拯	zheng3	rbig	rbig
整	zheng3	gkih	skth
挣	zheng4	rqvh	rqvh
正	zheng4	ghd	ghd
证	zheng4	yghg	yghg

诤	zheng4	yqvh	yqvh
郑	zheng4	udbh	udbh
政	zheng4	ghty	ghty
症	zheng4	ughd	ughd

zhi

汉字	拼音	86 版	98 版
之	zhi1	pppp	pppp
支	zhi1	fcu	fcu
卮	zhi1	rgbv	rgbv
汁	zhi1	ifh	ifh
芝	zhi1	apu	apu
枝	zhi1	sfcy	sfcy
知	zhi1	tdkg	tdkg
织	zhi1	xkwy	xkwy
肢	zhi1	efcy	efcy
栀	zhi1	srgb	srgb
祗	zhi1	pyqy	pyqy
胝	zhi1	eqay	eqay
脂	zhi1	exjg	exjg
蜘	zhi1	jtdk	jtdk
只	zhi1	kwu	kwu
执	zhi2	rvyy	rvyy
侄	zhi2	wgcf	wgcf
直	zhi2	fhf	fhf
值	zhi2	wfhg	wfhg
埴	zhi2	ffhg	ffhg
职	zhi2	bkwy	bkwy
植	zhi2	sfhg	sfhg
殖	zhi2	gqfh	gqfh
絷	zhi2	rvyi	rvyi
跖	zhi2	khdg	khdg
摭	zhi2	ryao	roao
踯	zhi2	khub	khub
止	zhi3	hhhg	hhgg
旨	zhi3	xjf	xjf
址	zhi3	fhg	fhg
纸	zhi3	xqan	xqan
芷	zhi3	ahf	ahf
祉	zhi3	pyhg	pyhg
咫	zhi3	nykw	nykw
指	zhi3	rxjg	rxjg
枳	zhi3	skwy	skwy
轵	zhi3	lkwy	lkwy
趾	zhi3	khhg	khhg
黹	zhi3	ogui	oiu
酯	zhi3	sgxj	sgxj
至	zhi4	gcff	gcff
志	zhi4	fnu	fnu
忮	zhi4	nfcy	nfcy
豸	zhi4	eer	etyt
制	zhi4	rmhj	tgmj
帙	zhi4	mhrw	mhtg
帜	zhi4	mhkw	mhkw
治	zhi4	ickg	ickg
炙	zhi4	qou	qou
质	zhi4	rfmi	rfmi
郅	zhi4	gcfb	gcfb
峙	zhi4	mffy	mffy
栉	zhi4	sabh	sabh
陟	zhi4	bhit	bhht
挚	zhi4	rvyr	rvyr
桎	zhi4	sgcf	sgcf
秩	zhi4	trwy	ttgy
致	zhi4	gcft	gcft
贽	zhi4	rvym	rvym
轾	zhi4	lgcf	lgcf
掷	zhi4	rudb	rudb
痔	zhi4	uffi	uffi
窒	zhi4	pwgf	pwgf
鸷	zhi4	rvyg	rvyg
彘	zhi4	xgxx	xxtx
智	zhi4	tdkj	tdkj
滞	zhi4	igkh	igkh
痣	zhi4	ufni	ufni
蛭	zhi4	jgcf	jgcf
骘	zhi4	bhic	bhhg
稚	zhi4	twyg	twyg
置	zhi4	lfhf	lfhf
雉	zhi4	tdwy	tdwy
膣	zhi4	epwf	epwf
觯	zhi4	qeuf	qeuf
踬	zhi4	khrm	khrm

zhong

汉字	拼音	86 版	98 版
中	zhong1	khk	khk
忠	zhong1	khnu	khnu
终	zhong1	xtuy	xtuy
盅	zhong1	khlf	khlf
钟	zhong1	qkhh	qkhh
舯	zhong1	tekh	tukh
衷	zhong1	ykhe	ykhe
锺	zhong1	qtgf	qtgf
螽	zhong1	tujj	tujj
肿	zhong3	ekhh	ekhh
种	zhong3	tkhh	tkhh
冢	zhong3	peyu	pgey
踵	zhong3	khtf	khtf
仲	zhong4	wkhh	wkhh
众	zhong4	wwwu	wwwu
重	zhong4	tgjf	tgjf

zhou

汉字	拼音	86 版	98 版
啁	zhou1	kmfk	kmfk
州	zhou1	ytyh	ytyh
舟	zhou1	tei	tui
诌	zhou1	yqvg	yqvg
周	zhou1	mfkd	mfkd
洲	zhou1	iyth	iyth
粥	zhou1	xoxn	xoxn
妯	zhou2	vmg	vmg
轴	zhou2	lmg	lmg
碡	zhou2	dgxu	dgxy
肘	zhou3	efy	efy
帚	zhou3	vpmh	vpmh
纣	zhou4	xfy	xfy
咒	zhou4	kkmb	kkwb
宙	zhou4	pmf	pmf
绉	zhou4	xqvg	xqvg
昼	zhou4	nyjg	nyjg
胄	zhou4	mef	mef

荮	zhou4	axfu	axfu
皱	zhou4	qvhc	qvby
酎	zhou4	sgfy	sgfy
骤	zhou4	cbci	cgbi
籀	zhou4	trql	trql

zhu

汉字	拼音	86 版	98 版
朱	zhu1	rii	tfi
侏	zhu1	wriy	wtfy
诛	zhu1	yriy	ytfy
邾	zhu1	ribh	tfbh
洙	zhu1	iriy	itfy
茱	zhu1	ariu	atfu
株	zhu1	sriy	stfy
珠	zhu1	griy	gtfy
诸	zhu1	yftj	yftj
猪	zhu1	qtfj	qtfj
铢	zhu1	qriy	qtfy
蛛	zhu1	jriy	jtfy
槠	zhu1	syfj	syfj
潴	zhu1	iqtj	iqtj
橥	zhu1	qtfs	qtfs
竹	zhu2	ttgh	thth
竺	zhu2	tff	tff
烛	zhu2	ojy	ojy
逐	zhu2	epi	gepi
舳	zhu2	temg	tumg
瘃	zhu2	ueyi	ugey
躅	zhu2	khlj	khlj
主	zhu3	ygd	ygd
拄	zhu3	rygg	rygg
渚	zhu3	iftj	iftj
煮	zhu3	ftjo	ftjo
嘱	zhu3	knty	knty
麈	zhu3	ynjg	oxxg
瞩	zhu3	hnty	hnty
伫	zhu4	wpgg	wpgg
住	zhu4	wygg	wygg
助	zhu4	egln	eget
苎	zhu4	apgf	apgf
杼	zhu4	scbh	scnh
注	zhu4	iygg	iygg
贮	zhu4	mpgg	mpgg
驻	zhu4	cygg	cgyg
柱	zhu4	sygg	sygg
炷	zhu4	oygg	oygg
祝	zhu4	pykq	pykq
疰	zhu4	uygd	uygd
蛀	zhu4	jygg	jygg
筑	zhu4	tamy	tawy
铸	zhu4	qdtf	qdtf
箸	zhu4	tftj	tftj
翥	zhu4	ftjn	ftjn
著	zhu4	aftj	aftj

zhua

汉字	拼音	86 版	98 版
抓	zhua1	rrhy	rrhy

zhuai

汉字	拼音	86 版	98 版
拽	zhuai4	rjxt	rjnt

zhuan

汉字	拼音	86 版	98 版
专	zhuan1	fnyi	fnyi
砖	zhuan1	dfny	dfny
颛	zhuan1	mdmm	mdmm
转	zhuan3	lfny	lfny
啭	zhuan4	klfy	klfy
撰	zhuan4	rnnw	rnnw
篆	zhuan4	txeu	txeu
馔	zhuan4	qnnw	qnnw

zhuang

汉字	拼音	86 版	98 版
妆	zhuang1	uvg	uvg
庄	zhuang1	yfd	ofd
桩	zhuang1	syfg	sofg
装	zhuang1	ufye	ufye
丬	zhuang4	uygh	uygh
壮	zhuang4	ufg	ufg
状	zhuang4	udy	udy
幢	zhuang4	mhuf	mhuf
撞	zhuang4	rujf	rujf

zhui

汉字	拼音	86 版	98 版
隹	zhui1	wyg	wyg
追	zhui1	wnnp	tnpd
骓	zhui1	cwyg	cgwy
椎	zhui1	swyg	swyg
锥	zhui1	qwyg	qwyg
坠	zhui4	bwff	bwff
缀	zhui4	xccc	xccc
惴	zhui4	nmdj	nmdj
缒	zhui4	xwnp	xtnp
赘	zhui4	gqtm	gqtm

zhun

汉字	拼音	86 版	98 版
肫	zhun1	egbn	egbn
窀	zhun1	pwgn	pwgn
谆	zhun1	yybg	yybg
准	zhun3	uwyg	uwyg

zhuo

汉字	拼音	86 版	98 版
拙	zhuo1	rbmh	rbmh
倬	zhuo1	whjh	whjh
捉	zhuo1	rkhy	rkhy
桌	zhuo1	hjsu	hjsu
涿	zhuo1	ieyy	igey
卓	zhuo2	hjj	hjj
灼	zhuo2	oqyy	oqyy
茁	zhuo2	abmj	abmj
斫	zhuo2	drh	drh
浊	zhuo2	ijy	ijy
浞	zhuo2	ikhy	ikhy
诼	zhuo2	yeyy	ygey
酌	zhuo2	sgqy	sgqy
啄	zhuo2	keyy	kgey

琢	zhuo2	geyy	ggey
禚	zhuo2	pyuo	pyuo
擢	zhuo2	rnwy	rnwy
濯	zhuo2	inwy	inwy
镯	zhuo2	qlqj	qlqj

zi

汉字	拼音	86 版	98 版
吱	zi1	kfcy	kfcy
孜	zi1	bty	bty
兹	zi1	uxxu	uxxu
咨	zi1	uqwk	uqwk
姿	zi1	uqwv	uqwv
赀	zi1	hxmu	hxmu
资	zi1	uqwm	uqwm
淄	zi1	ivlg	ivlg
缁	zi1	xvlg	xvlg
谘	zi1	yuqk	yuqk
孳	zi1	uxxb	uxxb
嵫	zi1	muxx	muxx
滋	zi1	iuxx	iuxx
粢	zi1	uqwo	uqwo
辎	zi1	lvlg	lvlg
觜	zi1	hxqe	hxqe
趑	zi1	fhuw	fhuw
锱	zi1	qvlg	qvlg
龇	zi1	hwbx	hwbx
髭	zi1	dehx	dehx
鲻	zi1	qgvl	qgvl
訾	zi1	hxyf	hxyf
茈	zi3	ahxb	ahxb
籽	zi3	obg	obg
子	zi3	bbbb	bbbb
姊	zi3	vtnt	vtnt
秭	zi3	ttnt	ttnt
耔	zi3	dibg	fsbg
笫	zi3	ttnt	ttnt
梓	zi3	suh	suh
紫	zi3	hxxi	hxxi
滓	zi3	ipuh	ipuh
字	zi4	pbf	pbf
自	zi4	thd	thd
恣	zi4	uqwn	uqwn
渍	zi4	igmy	igmy
眦	zi4	hhxn	hhxn

zong

汉字	拼音	86 版	98 版
宗	zong1	pfiu	pfiu
综	zong1	xpfi	xpfi
棕	zong1	spfi	spfi
腙	zong1	epfi	epfi
踪	zong1	khpi	khpi
鬃	zong1	depi	depi
总	zong3	uknu	uknu
偬	zong3	wqrn	wqrn
纵	zong4	xwwy	xwwy
粽	zong4	opfi	opfi

zou

汉字	拼音	86 版	98 版
邹	zou1	qvbh	qvbh
驺	zou1	cqvg	cgqv
诹	zou1	ybcy	ybcy
陬	zou1	bbcy	bbcy
鄹	zou1	bctb	bcib
鲰	zou1	qgbc	qgbc
辶	zou3	pyny	pyny
走	zou3	fhu	fhu
奏	zou4	dwgd	dwgd
揍	zou4	rdwd	rdwd

zu

汉字	拼音	86 版	98 版
租	zu1	tegg	tegg
菹	zu1	aieg	aieg
足	zu2	khu	khu
卒	zu2	ywwf	ywwf
族	zu2	yttd	yttd
镞	zu2	qytd	qytd
诅	zu3	yegg	yegg
阻	zu3	begg	begg
组	zu3	xegg	xegg
俎	zu3	wweg	wweg
祖	zu3	pyeg	pyeg

zuan

汉字	拼音	86 版	98 版
躜	zuan1	khtm	khtm
缵	zuan3	xtfm	xtfm
纂	zuan3	thdi	thdi
赚	zuan4	muvo	muvw
钻	zuan4	qhkg	qhkg
攥	zuan4	rthi	rthi

zui

汉字	拼音	86 版	98 版
嘴	zui3	khxe	khxe
最	zui4	jbcu	jbcu
罪	zui4	ldjd	lhdd
蕞	zui4	ajbc	ajbc
醉	zui4	sgyf	sgyf

zun

汉字	拼音	86 版	98 版
尊	zun1	usgf	usgf
遵	zun1	usgp	usgp
樽	zun1	susf	susf
鳟	zun1	qguf	qguf
撙	zun3	rusf	rusf

zuo

汉字	拼音	86 版	98 版
昨	zuo2	jthf	jthf
阝	zuo3	bnh	bnh
左	zuo3	daf	daf
佐	zuo3	wdag	wdag
酢	zuo4	sgtf	sgtf
作	zuo4	wthf	wthf
坐	zuo4	wwff	wwfd
阼	zuo4	bthf	bthf
怍	zuo4	nthf	nthf
祚	zuo4	pytf	pytf

胙	zuo4	ethf	ethf	座	zuo4	ywwf	owwf
唑	zuo4	kwwf	kwwf	做	zuo4	wdty	wdty

习题答案

第 1 章

思考与练习

一、填空题

1. 中文录入　德文输入
2. 英文字母　标点符号　操作命令

二、判断题

1. 对
2. 对

三、思考题

1. 打开电脑中的记事本，将输入法切换到搜狗五笔字型输入法，输入半角状态下的小写字母 a，然后单击【全/半角】按钮，输入法此时变为全角输入状态，再次在记事本上输入小写字母 a，可以看到两个 a 所占的空间大小不同，通过上述步骤即可完成切换全/半角的操作。

2. 右键单击【输入法】按钮，在弹出的快捷菜单中选择【设置】菜单项，打开【文字服务和输入语言】对话框，切换到【常规】选项卡，单击【默认输入语言】区域的下拉按钮，在弹出的列表框中选择【搜狗五笔输入法】选项，单击【确定】按钮即可完成将五笔字型输入法设置为默认输入法的操作。

第 2 章

思考与练习

一、填空题

1. 主键盘区　编辑键区　状态指示灯区
2. 61　数字键　控制键

二、判断题

1. 错
2. 对

3. 错

三、思考题

1. 启动并运行金山打字通程序，进入主界面，选择【英文打字】选项，弹出【选择模式】对话框，选择【自由模式】，单击【确定】按钮，进入【英文打字】界面，选择准备进行练习的项目，如选择【单词练习】选项，进入【第一关：单词练习】界面，在文本框中，根据上面给出的英文字母，在键盘上按下相应的按键来输入对应的字母。

2. 启动并运行金山打字通程序，进入主界面，选择【五笔打字】选项，进入【五笔打字】界面，选择进行练习的项目，如选择【单字练习】选项，进入【单字练习】界面，用户可以根据编码提示来练习单字输入。

第 3 章

思考与练习

一、填空题

1. 笔画　单字
2. 横　撇　折

二、判断题

1. 对
2. 错

三、思考题

1. 以输入“囮”字为例进行介绍。首先使用拼音输入法在剪贴板中打出“囮”(é)字，切换到极品五笔输入法，用鼠标右键单击输入法状态条，在弹出的菜单中选择【手工造词】菜单项，弹出【手工造词】对话框，选择【造词】单选项，在【词语】文本框中输入“囮”字，在【外码】文本框中输入“囮”字的编码 LWXI，单击【添加】按钮，此时可以看到“囮”字及其编码出现在【词语列表】文本框中，单击【关闭】按钮，返回记事本程序，在极品五笔输入状态下直接输入 LWXI 就可录入“囮”字了，通过以上步骤即可完成用极品五笔输入生僻字的操作。

2. 在记事板中切换到极品五笔输入法，用鼠标右键单击输入法状态条，在弹出的快捷菜单中选择【设置】菜单项，打开【输入法设置】对话框，选择【外码提示】复选框，单击【确定】按钮，当录入编码 a 时，除了显示 a 对应的“工”字外，还会提示所有编码以 a 开头的字和词组。

第 4 章

思考与练习

一、填空题

1. 单结构　交结构

2. 第一　25

二、判断题

1. 错

2. 错

三、思考题

1. 在 7000 多个汉字中，大约有 10%的汉字只由 2 个字根组成，如汉字“她、生、此和字”等，其编码长度为 2。五笔字型是用 25 个字母键来输入汉字的，只能组成 25×25=625 个编码，两码的编码空间是 625，因此会产生大量重码的情况。为了把这些编码离散区分开来，需要在这些汉字的字根后面再补加一个识别码，因此产生了末笔字型识别码。

2. “能连不交”的原则是指在拆分汉字的时候，如果一个汉字可以拆分成几个基本字根“连”的关系，则不要拆分成“交”的关系。

第 5 章

思考与练习

一、填空题

1. 字母键　空格键

2. 600　第 2 个字根所在键　空格键

二、判断题

1. 对

2. 对

三、思考题

1. 以同一区的 5 个字组成一个短语，进行强化记忆，如“一地在要工，上是中国同，和的有人我，主产不为这，民了发以经”。

将简码汉字组成具有一定意义的词组或短语，如“中国人民、有人要上工地、我的、是不是、我和工人同在一工地”等。

一级简码汉字的简码基本上是该汉字全部编码的第一个代码；有 5 个汉字的简码是全

部编码中的第 2 或 3 个代码，分别为“有、不、这、发、以”；有两个汉字的简码中不包含该汉字的编码，分别为“我”和“为”。

除了“不、有”两个字外，所有的一级简码汉字均按照首笔笔画排入“横、竖、撇、捺和折”5 个区中。

2. 三级简码汉字的输入方法为：第 1 个字根所在键+第 2 个字根所在键+第 3 个字根所在键+空格键。三级简码的输入由于省略了第 4 个字根和末笔识别码的判定，从而节省了输入时间。

第 6 章

思考与练习

一、填空题

1. 处理汉字比以前多　编码规则简单明了
2. 25　5　区号　位号

二、判断题

1. 对
2. 错

三、思考题

1. 双字词组的输入方法为：首字的第 1 个码元+首字的第 2 个码元+次字的第 1 个码元+次字的第 2 个码元。

2. 二级简码的输入方法为：第 1 个码元所在键+第 2 个码元所在键+空格键。

第 7 章

思考与练习

一、填空题

1. 汉字　数字
2. 字体　字形　字符间距

二、判断题

1. 错
2. 错

三、思考题

1. 选中企业简介的文字内容，单击【段落】下拉按钮，在弹出的面板中单击【启动器】

按钮，弹出【段落】对话框，在【缩进和间距】选项卡下的【缩进】组中的【特殊】下拉列表中选择【首行】选项，在后面的【缩进值】微调框中输入数值，在【间距】组中的【行距】下拉列表中选择某个选项，单击【确定】按钮，通过以上步骤即可完成设置段落格式的操作。

2. 按住 Ctrl 键选中要设置底纹的内容，单击【段落】下拉按钮，在弹出的选项中单击【边框】下拉按钮，在弹出的下拉列表中选择【边框和底纹】选项，弹出【边框和底纹】对话框，在【底纹】选项卡下的【填充】下拉列表中选择一种颜色， 在【适用于】列表中选择【文字】选项，单击【确定】按钮，可以看到选中的文字已经添加了底纹，通过以上步骤即可完成设置底纹的操作。